NCS

Hair Colorist

곽진만 · 김미정 · 김미선 · 김명주 · 김성아
유현주 · 이수인 · 이세희 · 이정례 · 이재숙
이효숙 · 전홍신 · 정지영 · 정현숙 · 정희영

청구문화사

학습자료 구성 안내

▶ 소 개

NCS기반 스페셜 헤어 컬러리스트 학습 자료는 NCS이·미용학습모듈을 기반으로 이·미용의 한 부분인 헤어컬러의 공통능력단위인 기초 헤어컬러링과 응용 헤어컬러링으로 나눠 내용을 구성하였다.

기초 헤어컬러링의 구성은 모발생리학, 기초 색채이론과 실무, 염색 기초이론으로 구성하여 헤어살롱 현장에서 활용도를 높일 수 있도록 만들었으며, 응용 헤어컬러링은 컬러 디자인에 필요한 색채학, 재염색 기법의 실무인 컬러 체인지 그리고 컬러 디자인으로 구성하여 여러 가지의 테크닉과 그에 따른 활용방법을 다루었으므로 보다 전문가로써 성장할 수 있게 만들었다.

▶ 구 성

기초 헤어컬러링과 응용 헤어컬러링으로 학습 자료 구성은 학습안내, 자기진단, 학습내용으로 구성되어 있다.

학습안내는 전체적인 개요와 구성을 설명하고, 학습자에게 효과적인 활용방법 및 학습방법을 안내하는 역할을 한다.

자기진단은 학습내용을 학습하기 전에 학습자의 능력에 대한 수준을 진단하고, 필요한 학습활동을 안내하는 역할을 한다.

Ⅰ. 기초 헤어컬러링의 학습내용은 3단원으로 구성되어 있다.

Ⅰ-1단원은 모발생리학으로써 모발과 피부의 구조, 멜라닌 세포와 멜라닌 색소, 모발의 생명주기, 모발의 구성성분, 모발의 특성으로 구성하였다.

Ⅰ-2단원은 기초 색채이론과 실무로 색채의 이해, 2차 색상과 3차 색상, 색상의 중화를 다루었다.

Ⅰ-3단원은 염색 기초이론과 실무로 미용 위생과 작업도구 관리, 패치 테스트와 스트랜드 테스드, 염모제의 종류와 득징, 반영구 염모제와 산화 염모제의 작업과성, 탈색의 원리와 블리치 레벨의 이해, 염색의 결과색상, 두피와 모발 진단, 멋내기 염색 도포방법, 백모 염색의 작업방법으로 구성하였다.

Ⅱ. 응용 헤어컬러링의 학습내용은 3단원으로 구성되어 있다.

Ⅱ-1단원은 색채학의 내용으로 색채의 대비 효과와 색채의 심리적 기능, 색채의 심리, 그리고 PCCS톤의 색채 용어와 퍼스널 컬러의 진단으로 구성하였다.

Ⅱ-2단원은 재염색 기법의 실무로 고객 상담과 스타일 분석, 색상의 일치성 판단을 통한 연연장 기법과 클린징 기법의 활용, 레벨 업과 레벨다운 기법으로 구성하였다.

Ⅱ-3단원은 컬러 디자인의 전반적인 개요를 정리하였으며, 디자인의 구성요소, 컬러 디자인의 테크닉인 위빙과 슬라이스 기법을 통한 질감 표현 방법, 호일 워크 작업방법, 컬러 디자인의 실제에서는 두 가지의 예시를 통하여 디자인 컬러의 표현 방법과 활용을 완성도 있게 구성하였다.

학습내용의 구성은 학습목표, 학습활동, 학습정리, 종합평가로 구성하였으며, 학습활동은 이론학습과 실습과제로 구성하였고, 이론학습에는 헤어컬러링의 기초적인 내용으로 구성하였다.

기초 헤어컬러링에서는 총 11가지의 실습과제를 통하여 현장에서의 활용이 되는 내용으로 실습을 제시하였고, 응용 헤어컬러링에서는 총 9가지의 실습과제를 통하여 현장에서 완성도 높은 헤어 컬러리스트가 될 수 있도록 제시하였다.

마지막으로 종합평가에는 각 학습내용의 학습을 마친 후 학습자들의 성취수준을 평가하고, 부족한 부분을 피드백 받을 수 있도록 하기 위한 체크리스트가 제시되어 있다.

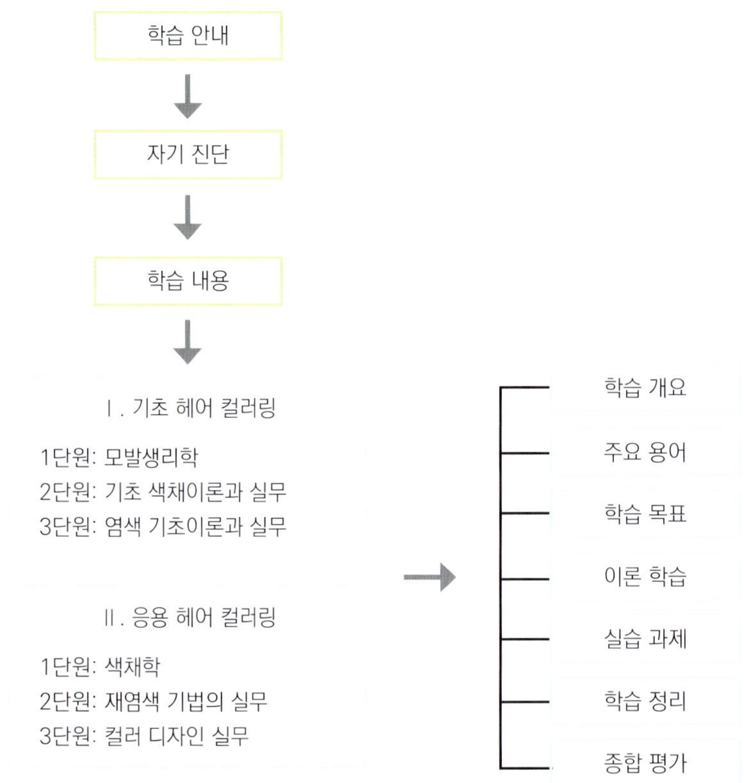

[교재 개발 구성도]

자기 진단(기초 헤어컬러링)

▶ 기초 헤어컬러링 체크리스트

다음은 살롱업무를 수행하는데 요구되는 능력 수준을 스스로 알아볼 수 있는 체크리스트이다. 본인의 평소행동을 잘 생각해 보고, 일치하는 정도에 ✓ 표 해 보자.

영역	문항	미흡하다	보통이다	우수하다
모발 생리학	1. 모발과 피부의 구조에 대하여 설명할 수 있다.	①	②	③
	2. 멜라닌 세포의 생합성 과정과 멜라닌 색소에 대하여 설명할 수 있다.	①	②	③
	3. 모발의 생명주기에 대하여 설명할 수 있다.	①	②	③
	4. 모발의 구성성분에 대하여 설명할 수 있다.	①	②	③
	5. 모발의 특성에 대하여 설명할 수 있다.	①	②	③
기초색채 이론과 실무	6. 색채의 인지에 관하여 설명할 수 있다.	①	②	③
	7. 기본색을 통한 2차 색상과 3차 색상을 만들 수 있다.	①	②	③
	8. 색상의 중화를 정의하고 결과를 만들 수 있다.	①	②	③
염색 기초이론과 실무	9. 미용 위생과 시술도구 관리 필요성에 관하여 설명할 수 있다.	①	②	③
	10. 패치 테스트와 스트랜드 테스트의 방법에 관하여 설명할 수 있다.	①	②	③
	11. 염모제의 종류와 특징 설명할 수 있다.	①	②	③
	12. 반영구 염모제의 작업방법에 관하여 설명하고 적용할 수 있다.	①	②	③
	13. 산화 염모제에 관하여 설명할 수 있다.	①	②	③
	14. 탈색의 원리를 정의 할 수 있다.	①	②	③
	15. 블리치 레벨 진단과 결과를 만들 수 있다.	①	②	③
	16. 염색의 결과색상에 관하여 설명할 수 있다	①	②	③
	17. 염색작업 시 두피와 모발을 진단할 수 있다.	①	②	③
	18. 멋내기 염색방법을 설명하고 적용할 수 있다.	①	②	③
	19. 백모 염색 시 문제점과 활용방법을 적용할 수 있다.	①	②	③
	20. 액상화 작업과 염색샴푸에 관하여 이해하고 적용할 수 있다.	①	②	③

▶ 진단방법

체크리스트의 문항별로 자신이 체크한 결과를 아래 표를 이용하여 해당하는 개수를 적어보자.

문항 번호	학습 내용	수준	개수
1-5	모발 생리학	미흡하다	(　　)개
		보통이다	(　　)개
		우수하다	(　　)개
6-8	기초 색채 이론과 실무	미흡하다	(　　)개
		보통이다	(　　)개
		우수하다	(　　)개
9-19	염색 기초 이론과 실무	미흡하다	(　　)개
		보통이다	(　　)개
		우수하다	(　　)개

▶ 진단결과

진단방법에 따라 자신의 수준을 진단한 후, 한 문항이라도 '미흡하다'가 나오면 그 부분이 부족한 것이기 때문에, 해당하는 내용을 학습하시오.

자기 진단(기초 헤어컬러링)

▶ 응용 헤어컬러링 체크리스트

다음은 살롱업무를 수행하는데 요구되는 능력 수준을 스스로 알아볼 수 있는 체크리스트이다. 본인의 평소행동을 잘 생각해 보고, 일치하는 정도에 ✓표 해 보자.

영역	문항	미흡하다	보통이다	우수하다
색채학	1. 색채의 대비관하여 설명하고 컬러 디자인 작업 시 적용할 수 있다.	①	②	③
	2. 색채의 심리적 기능을 통한 입체적 시각효과를 디자인할 수 있다.	①	②	③
	3. 색채의 심리를 통한 색의 특성을 이해하고 활용할 수 있다.	①	②	③
	4. PCCS톤의 색채 용어와 사계절 구분을 할 수 있다.	①	②	③
	5. 퍼스널 컬러의 진단과정을 이해하고 고객서비스에 적용할 수 있다.	①	②	③
재염색 기법의 실무	5. 고객 상담과 고객 스타일 분석을 통한 고객 상담을 진행할 수 있다.	①	②	③
	6. 재염색의 일치성과 연연장 기법을 이해하고 적용할 수 있다.	①	②	③
	7. 재염색의 레벨 업 기법을 이해하고 적용할 수 있다.	①	②	③
	8. 재염색의 레벨다운 기법을 이해하고 적용할 수 있다.			
컬러 디자인 실무	9. 컬러 디자인의 목적에 관하여 설명할 수 있다.	①	②	③
	10. 디자인 구성요소에 관하여 설명하고 분석할 수 있다.	①	②	③
	11. 컬러 디자인 테크닉을 고객서비스에 적용할 수 있다.	①	②	③
	12. 호일 워크 작업의 진행과정을 이해하고 적용할 수 있다.	①	②	③
	13. 컬러 디자인과정을 통해 이미지 연출에 적용할 수 있다.	①	②	③

▶ 진단방법

체크리스트의 문항별로 자신이 체크한 결과를 아래 표를 이용하여 해당하는 개수를 적어보자.

문항 번호	학습 내용	수준	개수
1-4	색채학	미흡하다	( )개
		보통이다	( )개
		우수하다	( )개
5-9	재염색 기법의 실무	미흡하다	( )개
		보통이다	( )개
		우수하다	( )개
10-14	컬러 디자인 실무	미흡하다	( )개
		보통이다	( )개
		우수하다	( )개

▶ 진단결과

진단방법에 따라 자신의 수준을 진단한 후, 한 문항이라도 '미흡하다'가 나오면 그 부분이 부족한 것이기 때문에, 해당하는 내용을 학습하시오.

CONTENTS

자기 진단(기초 헤어컬러링)

오리엔테이션의 나의 기분

첫 학기를 시작하며, 새로운 학우들과 환경, 개강 첫 날 여러분의 기분은 어떤가요?

혹, 새로운 환경에 대한 호기심, 부끄러움으로 지난 밤 설레임 때문에 잠을 설쳐 피곤함, 두려움, 매우기쁨 등 여러분의 기분을 선택하여 보자.

자기 소개서

성명		학번	
생일		나이	
C.P		E-mail	
비상 연락망		취미	
주소			

본교에 입학 동기와 미용학과에 관심을 갖게 된 동기	
졸업 후 목표	
졸업 후 목표를 위한 실천 계획	
내 인생의 최종 목표	
내 인생의 최종 목표를 위한 실천 계획	
학과 수업에 바라는 점	
학우들에게 바라는 점	

미용사

▶ 미용 헤어학과 연관된 자격증 ◀

1. 주요 업무

미용사는 고객에게 적합한 머리 스타일을 연출하고, 기타 고객의 머리 손질에 관련된 서비스를 제공하는 일을 담당한다. 고객의 얼굴이나 머리 형태에 따라 알맞은 머리 모양을 권하고, 고객의 모발 상태와 형태, 모발의 손상 정도를 확인하여 머리 모양을 결정한다. 가위나 빗, 염모제, 각종 미용설비를 사용하여 고객의 머리를 자르고, 염색 및 파마하며, 고객이 스스로 왁스나 스프레이, 젤 등을 이용하여 헤어스타일을 연출할 수 있는 방법을 조언한다. 고객에게 모발을 건강하게 가꾸는 방법이나 손질 방법에 대한 조언을 하기도 하며, 약혼이나 결혼식 등 특별한 날에 어울리는 머리스타일을 연출해 주기도 한다. 매니큐어, 얼굴관리, 화장, 머리장식 등 미용에 관련된 기타 다양한 서비스를 제공한다.

[출처] 한국직업능력개발원

2. 요구되는 적성 및 흥미

미용사는 사람의 용모를 다루는 직업이므로 용모에 대한 미적 감각과 손재주 등이 요구된다. 자신만의 독창적인 머리 스타일을 만드는 법을 연구하고 개발하기 위한 노력과 성실함, 인내심이 필요하다. 고객에 대한 서비스 정신과 적극적이고 원만한 대인관계능력 및 의사소통능력이 요구된다. 예술형과 탐구형의 흥미를 가진 사람에게 적합하며, 적응력, 인내, 책임감, 사회성 등의 성격을 가진 사람들에게 유리하다.

3. 진로 및 전망

미용학과, 피부미용학과, 스타일리스트학과, 헤어디자인과 등이 있으며, 방송 연예의 스타일리스트로 활동 및 헤어 디자이너로 고객의 이미지 작업을 하는 모든 분야에서 활용되고 있다. 국가공인자격시험으로 한국 산업인력공단에서 실시하는 미용사 자격시험이 있다.

컬러리스트(산업기사)

▶ 색채학과 연관된 자격증 ◀

1. 주요 업무

색채를 전문적으로 다루는 전문가로서, 색채 연출을 통해 이미지의 부가가치를 높여주는 일을 하는 사람을 말한다. 컬러리스트는 감성과 개성이 드러나는 제품을 만들기 위해서 가장 중요한 요소가 되는 색채와 관련된 자료를 수집·분석하여 제품에 맞는 색채를 기획, 적용하는 업무를 한다.

[출처] 컬러리스트 | 두산백과

2. 요구되는 적성 및 흥미

컬러리스트는 미적 감각과 창의성이 요구되며, 컬러를 예측하고 정보를 수집하여 브랜드에 맞게 색채를 조정할 수 있는 능력이 있어야 한다. 섬세한 성격의 사람에게 유리하며 팀원이나 디자인의뢰인들과 원활한 인간관계를 형성할 수 있어야 한다. 예술형과 탐구형의 흥미를 가진 사람에게 적합하며, 리더십, 적응성 혁신 등의 성격을 가진 사람들에게 유리하다.

3. 진로 및 전망

미용학과, 공업디자인과, 공업디자인학과, 공예과, 산업디자인과, 산업디자인학과, 시각디자인과, 시각디자인학과, 대학에서 미술관련 학과나 패션관련 , 컬러리스트가 활동하는 것은 주로 섬유와 패션 분야에서이지만, 그밖에도 각종 제품의 디자인, 그래픽 및 영상, 미용, 출판 등과 같이 상품의 색상을 중요시하고 컬러로 이미지 작업을 하는 모든 분야에서 활용되고 있다. 국가공인자격시험으로 2002년부터 한국 산업인력공단에서 실시하는 컬러리스트 자격시험이 있다.

헤어 스타일리스트와 헤어 컬러리스트

▶ 헤어 컬러와 컬러 디자인과 연관된 자격증 ◀

1. 주요 업무

미용사로서 헤어 살롱에서 하는 업무는 크게 두 가지로 나누어 말할 수 있다. 헤어 스타일리스트와 헤어 컬러리스트로 말할 수 있다. 헤어 스타일리스트는 주로 영화 제작이나 방송 녹화에서 등장인물의 머리를 손질하는 사람을 의미하며 헤어살롱에서 커트와 파마와 같은 스타일 연출하는 전문적인 일을 하는 사람을 말한다. 헤어 컬러리스트는 고객의 염색을 전문적으로 시술하는 사람을 말하며 고객의 계절적인 성향을 분석하고 그에 어울리는 색상을 추천 고객의 아름다움을 만드는 전문가를 말한다.

2. 요구되는 적성 및 흥미

헤어 컬러리스트는 미적 감각과 창의성이 요구되며, 컬러를 예측하고 정보를 수집하여 브랜드에 맞게 색채를 조정할 수 있는 능력이 있어야 한다. 섬세한 성격의 사람에게 유리하며 팀원이나 디자인의뢰인들과 원활한 인간관계를 형성할 수 있어야 한다. 예술형과 탐구형의 흥미를 가진 사람에게 적합하며, 리더십, 적응성 혁신 등의 성격을 가진 사람들에게 유리하다.

3. 진로 및 전망

미용학과, 피부미용학과, 스타일리스트학과, 헤어디자인과 등이 있으며, 방송 연예의 스타일리스트로 활동 및 헤어 디자이너로 고객의 이미지 작업을 하는 모든 분야에서 활용되고 있다. 민간자격시험으로 한국 헤어컬러리스트협회에서 실시하는 컬러 전문 상담사(헤어 컬러리스트과정) 자격시험을 시행하고 있다.

컬러 코디 컨설턴트(color cody consultant)

▶ 색채학과 연관된 자격증 ◀

1. 주요 업무

컬러와 연관된 여러 업종에서 다양한 서비스의 형태로써 컬러코디 조언자 및 퍼스널 컬러 진단이 가능한 충분한 지식과 기능을 가진 전문가로 컬러코디 컨설턴트는 보다 다방면에서 우리가 생각하는 범위보다 훨씬 더 폭넓게 활동하고 있으며 컬러코디 컨설턴트는 고객 유형에 어울리는 컬러를 분석 및 조언하는 전문가이다.

2. 요구되는 적성 및 흥미

컬러코디 컨설턴트는 미적 감각과 창의성이 요구되며, 컬러를 예측하고 정보를 수집하여 브랜드에 맞게 색채를 조정할 수 있는 능력이 있어야 한다. 섬세한 성격의 사람에게 유리하며 팀원이나 디자인의뢰인들과 원활한 인간관계를 형성할 수 있어야 한다. 예술형과 탐구형의 흥미를 가진 사람에게 적합하며, 리더십, 적응성 혁신 등의 성격을 가진 사람들에게 유리하다.

3. 진로 및 전망

컬러코디 컨설턴트는 패션, 메이크업, 헤어 컬러, 화장품 업체, 건축 인테리어 등 다양한 분야에서 그 활동 범위는 점점 더 넓어지고 있기 때문에 전망이 매우 밝다고 할 수 있다. 민간자격으로 한국 헤어컬러리스트협회에서 실시하는 컬러코디 컨설턴트 민간자격시험을 실시하고 있다.

트리콜로지스트

▶ 모발 생리학과의 연관된 자격증 ◀

1. 주요 업무

'트리콜로지스트'는 두피 스케일링, 마사지, 샴푸 등의 기능적인 업무는 물론 의료적인 인체 생리학, 피부학, 화학, 영양학 등의 이론을 갖추어야 한다. 매일 새롭게 등장하고 있는 두피 및 모발 관련 신기술을 지속적으로 습득해 다시 현장에 적용해야 하기 때문에 꾸준한 노력이 요구되는 전문 직업이다.

따라서 고객과의 신뢰구축을 이끌어 내는 대인능력, 탈모 상황의 요인이 될 수 있는 많은 정보를 확보할 수 있는 정보획득 능력, 각 탈모 요소별 조합과 분석을 통해 진단 및 관리 방안을 제시할 수 있는 진단능력이 '트리콜로지스트'에게 중요하다.

2. 요구되는 적성 및 흥미

'트리콜로지스트'가 되기 위해서는 헤어 케어와 두피 관리에 대한 전문 지식과 두피를 건강하게 관리하고 모발을 아름답게 꾸미기 위한 전반적인 이론, 실기 내용을 배운다. 고객에 대한 서비스 정신과 적극적이고 원만한 대인관계능력 및 의사소통능력이 요구된다. 예술형과 탐구형의 흥미를 가진 사람에게 적합하며, 적응력, 인내, 책임감, 사회성 등의 성격을 가진 사람들에게 유리하다.

지난 1896년 영국 런던에서 최초로 교육과정이 설립된 두피 모발학은 고객의 두피와 모발을 꾸준히 관리해 탈모를 비롯한 두피와 모발 관련 질병을 예방, 관리하는 분야로 미국이나 유럽에서는 130여년의 오랜 전통을 가지고 있다. 〈출처〉 파이낸셜 뉴스 '트리콜로지스트' 윤정남 기자

3. 진로 및 전망

미용학과, 피부미용학과, 스타일리스트학과, 헤어디자인과 등이 있으며, 트리콜로지스트는 여러 가지 탈모 현상과 두피 모발에 관한 문제점들을 연구 및 조사해 해결방법을 제시하는 전문 직업이다. 특히 최근 탈모 인구가 증가하면서 트리콜로지스트의 수요가 증가하고 있으며 한국 헤어컬러리스트협회에서 민간자격을 진행하고 있다.

I - i

모발 생리학

학습 개요

최고의 헤어 컬러링 서비스는 최소의 모발 손상과 최고의 효과를 나타내는 것이다. 모발의 구조와 특성 및 모발색소에 대한 이해는 최고의 헤어컬러링 시술을 위한 필수적인 지식이다. 이 단원에서는 모발과 피부의 기초 지식, 멜라닌 세포와 멜라닌 색소의 특징, 모발의 성장주기에 관하여 학습한다.

주요 용어

모근부, 모간부, 모유두, 기저세포, 보표피(cuticle), 모피질(Cortex), 모수질(medullar), 멜라노사이트(Melanocyte), 멜라닌(Melanin), 유 멜라닌(Eu-melanin), 페오 멜라닌(Pheo-melanin), 성장기(Anagen), 퇴화기(Catagen), 휴지기(Talogen), 케라틴(Keratin)

MEMO

01 모발과 피부의 구조

학습목표

1. 모발의 구조는 피부를 중심으로 모근부와 모간부로 나눠 설명할 수 있다.
2. 모근부의 각 기관별 기능과 특성을 이해하고 설명할 수 있다.
3. 모간부의 각 기관별 기능과 특성을 이해하고 설명할 수 있다.

1. 모발과 피부의 구조 이해

모발은 피부면 내부로 들어가 있는 모근부와 외부로 나와 있는 모간부로 크게 구별된다. 모근 부분은 모발 성장이 일어나는 부분으로 이를 둘러싼 여러 부속기관들이 존재하며 각각의 기능과 특성을 이루고 있다. 모간부분은 눈에 보이는 모발부분으로 모근부분의 세포 분열을 통하여 길이, 부피성장을 한 세포들이 일정 시간이 지난 뒤 각화되어 나온 생명력이 없는 단백질 성분으로 이루어진 부분으로 다양한 미용현상에 직접적으로 영향을 받는 부분이다.

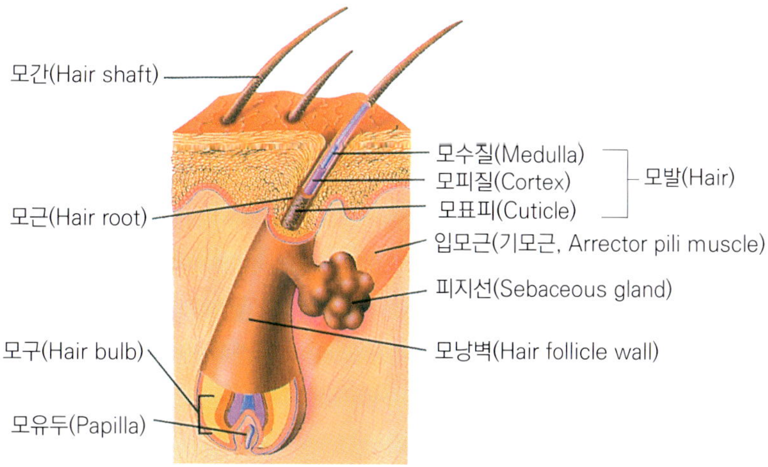

[그림 i -1] 모발의 모근부분과 모근부분의 구조

MEMO

2. 모발의 모근부와 모간부

1) 모발의 모근부

모발의 모근부는 피부의 내부에 존재하는 부분으로 다양한 부속기관을 갖는데 크게 모낭, 모구, 모유두, 모모 세포, 멜라닌 생성 세포, 피지선, 기모근으로 구성되어 있다.

(1) 모세혈관

모세혈관에서 가스와 영양부의 교환 작용이 이루어지며 영양소를 공급한다.

(2) 기모근

인체의 근육과 같은 부분으로 신경계의 지시에 따라 수축한다. 기모근이 수축되면 모낭이 잡아당겨서 머리카락이 서게 된다. 이러한 현상은 심리적인 원인이 되기도 한다.

(3) 피지선

피지선은 수많은 세포와 중심핵으로 이루어진 주머니로 피지를 분비한다.

(4) 피지

피지는 지방이 내포된 세포가 터질 때 분비되는 내용물을 피지라고 한다. 피지는 외부의 공격으로부터 피부를 보호한다. 또한 피지의 정상적인 흐름을 통해 두피와 두발에 유연성과 건강함을 유지시켜준다.

(5) 땀샘

땀을 분비하여 체온을 조절하여준다. 외부의 온도가 높을 경우 수분의 증발만이 체온을 조절하기 위한 유일한 방법이다 땀은 산성으로 pH 4 ~ 6.8이며 방부성과 항균성이 유지된다.

(6) 모유두

모유두는 수많은 혈관의 조직과 세포로 구성되어 있으며 모세혈관을 통하여 들어온 영양소를 공급시켜주는 역할을 한다.

(7) 기저세포

모유두를 통하여 영양을 공급 받아 모발의 성장을 이루어지게 만드는 곳으로 모세

MEMO

포가 세포 분열을 통하여 자 세포를 만들어내고, 이는 다른 세포의 형성에 의하여 자연스럽게 위로 밀려 올라간다. 그리고 모근의 위쪽에서 케라틴의 연결을 형성하여 모발을 만들어낸다.

(8) 모낭

모발을 둘러싸고 있는 주머니라고 한다.

(9) 모모 세포(Germinal cell)

모모 세포는 모발 세포를 생산하는 세포로서 모유두의 모세혈관으로부터 영양분과 산소를 공급받는다. 모모 세포에서 분열된 모세포는 시간이 지나감에 따라 새로운 모세포의 생산으로 피부 쪽으로 밀려 올라오게 되고, 모근부의 1/3시섬에 와서는 모유두로부터 산소와 영양을 공급받지 못해 모세포 내 핵이 파괴되면서 생명력을 잃게 된다. 즉 세포에서 핵이 사라지고 점점 수분이 증발됨으로써 각화(keratinization, 케라틴화)된다.

(10) 멜라닌 색소 생성 세포(Melanocyte)

모발의 색상을 결정하는 멜라닌 색소를 생성하는 세포로써 주로 모모 세포사이에 존재한다. 멜라닌 형성과정에서 기능이 저하되거나 세포가 파괴될 때 흰 모발이 나타난다.

2) 모발의 모간부

모발의 모간부는 모근부의 무핵세포가 밀려오면서 각화되어 피부의 외부로 눈에 보이는 부분을 말하며 크게 모표피, 모피질, 모수질로 이루어져 있다.

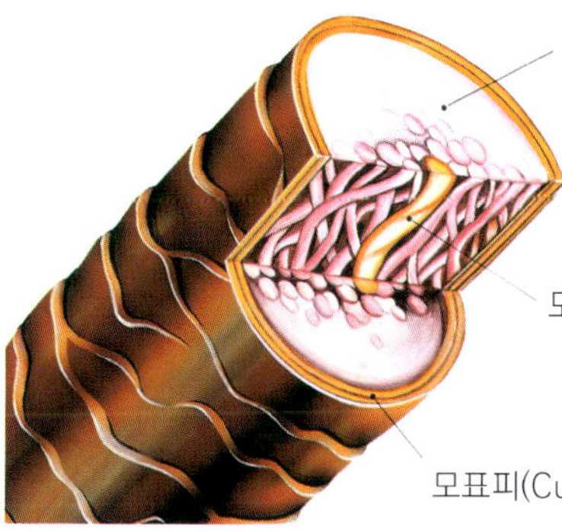

[그림 i -2] 모간부의 구조

MEMO

(1) 모표피(Cuticle)

모발의 가장 겉 표면으로 외부와 직접 접촉하는 부분으로 딱딱하고 납작한 세포이다. 즉 생선 비늘과 같은 형태로 여러 겹으로 겹쳐져있으며, 이 모표피는 3개의 층으로 구분하는데 에피 큐티클(Epicuticule), 엑소 큐티클(Exocuticule), 엔도 큐티클(Endocuticule)로 나누며, 이를 프로테인 구조라 한다. 또한 외부의 영향으로부터 보호할 수 있는 저항력을 가지고 있으며, 이에 따라 모발의 손상정도를 측정하는데 그 겹침의 단단함과 상태 및 두께에 따라 판단할 수 있다. 모표피의 손상이 심하게 되면, 모발 내부의 단백질 성분이 소실되어 이를 다공성모 또는 손상모로 진단할 수 있다. 또한 모표피는 친유성의 성질을 가지고 있으며 모발의 광택을 부여하고 알칼리성분에 의해 팽윤되며 산성성분에 의하여 수축되는 특징을 갖는다.

가. 기능 및 특징

① 모발 내부 구조 보호
② 친유성
③ 모발의 광택 부여
④ 알칼리 성분에 의해 모표피가 팽윤
⑤ 모표피는 산성성분에 의해 수축
⑥ 모발의 가장 겉 층
⑦ 반투명의 비늘
⑧ 인중에 따라 평균 3~10 겹
⑨ 황 성분이 가장 많은 부분
⑩ 유연성, 흡수성, 투과성

(2) 모피질(Cortex)

모피질은 모발의 85~90%의 가장 넓은 면적을 가지고 있으며, 모피질의 구조는 결정영역(주쇄결합)과 비결정영역(측쇄결합)으로 구분한다. 결정영역 섬유다발들의 피질세포들을 보면 가장 큰 섬유다발들인 거대섬유(Macro-fibril)와 거대섬유를 구성하고 있는 여러 개의 미세섬유(Micro-fibril) 그리고 미세섬유를 구성하고 있는 11개의 원섬유(Proto-fibril)로 구성되어진다.

원섬유는 다시 3개의 폴리펩티드체인(Poly peptide chain)들로 구성되어 있고 이들 3개의 폴리펩티드 체인들은 서로 화학적 결합들로 연결되어 있다. 원섬유는 형태상으로 용수철과 같은 나선형으로 꼬여있으며 이를 헬릭스(Helix)구조라고 한다. 나선형의 꼬인 용수철 모양은 힘을 주면 늘어나고 힘을 빼면 다시 원래의 모양으로 돌아가는 특징을 갖게 되며 이로 인하여 모발의 탄력성이 생기게 된다. 또한 화학적 시술에 의해 변화되기 전의 헬릭스 구조를 알파 헬릭스(α-helix)구조라 하며, 변화 후의 구조를 베타 헬릭스(β-helix)구조라고 한다.

가. 비결정영역의 모발결합 구조

① 시스틴 결합(Cystine Bond)

- 시스틴 결합은 2개의 S가 결합되어 이황화결합(-S-S-)이라고 하며, 수소(H)에

MEMO

의해 환원되어 시스테인(-SH·HS-)이 되고, 산소(O2)에 의해 산화되어 시스틴으로 (-S-S-)로 결합한다.

② **수소 결합(Ionic Bond)**

• 이온결합으로 수분에 의해 결합이 끊어지고 건조에 의해 다시 연결이 된다. 아미노산의 산성부위에 있는 산소 원자가 다른 아미노산의 산성부위에 있는 수소 원자 (C=O···HN)를 끌어당길 때 일어난다.

③ **염 결합(Hydrogen Bond)**

• 이온결합으로 알칼리에 의해 결합이 끊어지고 산에 의해 다시 연결이 된다. 알칼리성 아미노산 잔기와 산성 아미노산 잔기 간에 전자 궤도를 이동하여 형성되는 이온성 결합(COO^- NH_3^-)이다.

④ **펩타이드 결합**

• 알칼리성(COO^-)과 산성(NH_3^-)의 아미노산 측쇄잔기(CO-NH)의 축합중합 반응으로 물(H_2O)이 제거된 결합이다.

⑤ **소수성 결합**

• 비극성의 측쇄잔기가 중심부에 파묻히는 것처럼 되고 바깥쪽에는 극성의 측쇄잔기가 둘러싸인 듯한 모발의 결합이다(NCS이용학습모듈, 2016).
모피질은 친수성의 성질을 갖고 있어 모표피가 손상된 경우 모피질의 단백질이 유실되기 쉽고 다양한 화학적, 물리적 작용인 모발염색, 퍼머넌트웨이브, 드라이, 세팅 등을 이용하여 모발의 변화를 유도한다. 또한 모발의 탄성을 유발하고 멜라닌 색소가 분포되어 있어 모발의 색을 결정하는 부분이다.

나. 기능 및 특징

① 모발의 중간 부분
② 모발의 가장 넓은 층
③ 단백질 결합 구조
④ 멜라닌 색소
⑤ 단단함, 유연성

(3) 모수질(Medullar)

모수질은 존재 유무가 확실치는 않으나 보편적으로 모발이 가는 모발일수록 없을 가능성이 많다. 모발의 구조 중 가장 중심부에 위치하며 빈 공간의 벌집모양의 다각형 세포가 길이방향으로 나열되어있는 곳이다. 모수질은 공기를 함유하고 있어 보온효과가 있다고 알려지고 있으며, 형태가 일정하지 않은 단백질의 간충물질도 들어있다.

MEMO

가. 기능 및 특징

① 모발의 가장 안쪽 부분
② 존재 유무
③ 공기 함유
④ 보온 기능

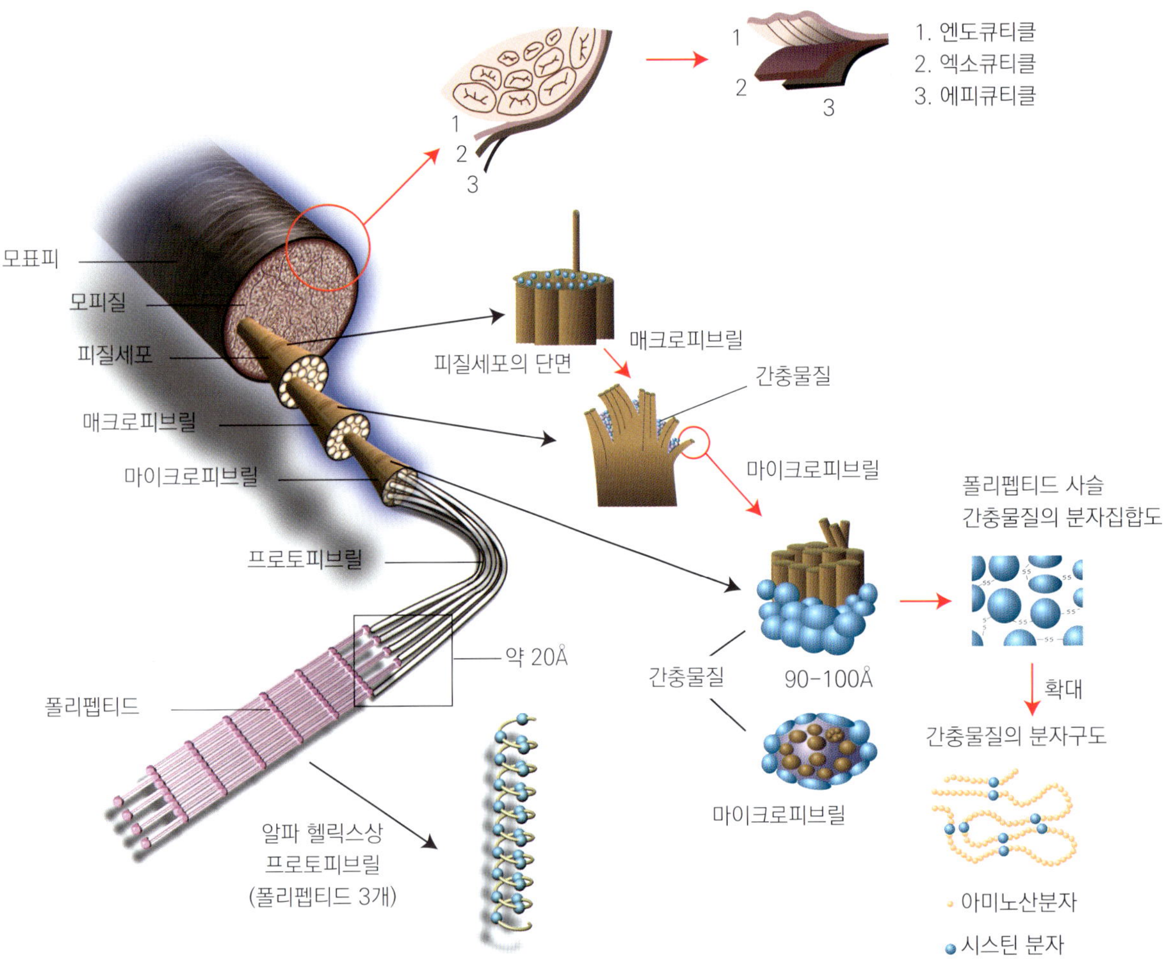

[그림 i-3] 모발의 내부 구조

MEMO

02 멜라닌 세포와 멜라닌 색소

학습목표

1. 멜라닌 세포의 생합성 과정에 관하여 이해하고 설명할 수 있다.
2. 멜라닌 색소의 특징에 관하여 파악하고 염·탈색 작업에 적용할 수 있다.

1. 멜라닌 세포(Melanocyte)

멜라닌 색소는 멜라닌 세포에서 생성되며, 멜라닌 색소가 생성되는 과정은 뇌하수체에서 분비되는 색소세포자극 호르몬으로 인하여 멜라닌 세포에 있는 아미노산의 일종인 티로신(Tyrosine)은 티로시나아제(Tyrosinase)의 산화효소작용으로 도파(DOPA)가 형성되고 이는 다시 도파퀴논(Dopaquinone)으로 진행되며, 다음의 과정에서 두 가지로 나눠지게 된다.

멜라노사이트

1. 입자형 멜라닌(유 멜라닌)
2. 분사형 멜라닌(페오 멜라닌)

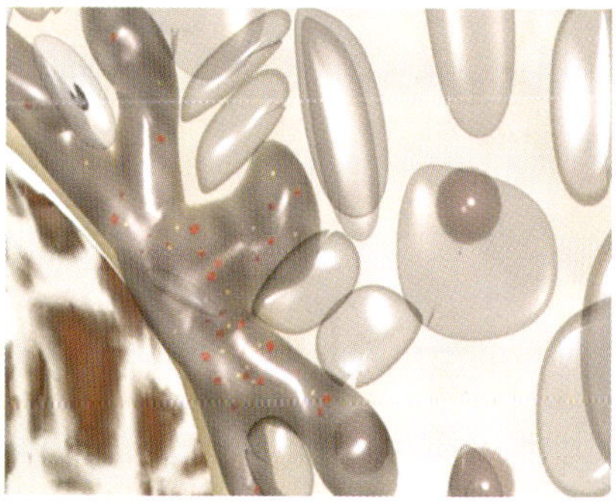

[그림 i -4] 멜라노사이트

멜라닌 세포에서 생화학적 합성과정을 거치며, 두 가지 종류의 멜라닌 색소가 생성되며, 생성된 멜라닌 색소를 유 멜라닌(입자형 멜라닌, Eu-melanin)과 페오 멜라닌(분사형 멜라닌, Pheo-melanin)이라 한다.

MEMO

1) 유 멜라닌 색소의 생합성

유 멜라닌 색소의 생성과정은 티로신(Tyrosine)이 티로시나아제(Tyrosinase)와 산소(O)의 산화효소작용으로 3,4-디하이드록시페닐알라닌(3,4-dihydroxyphenylalanine), 즉, 도파로 전환될 때 발현 양과 활성에 따라 멜라닌 색소의 양이 결정된다(TRP-1, Tyrosinase related protein-1)은 멜라닌 색소 생성에 관여하며 티로시나아제를 안정화시켜 보호한다). 다음 산화단계에서 도파퀴논(Dopa quinone)으로 전환된 후 일련의 과정을 거치고 도파퀴논은 아미노기(-NH2)와 치환되어 루코도파크롬(Leucodopachrome)으로 전환된다. 다시 루코도파크롬이 산화되어 도파크롬(Dopachrome)이 되고 도파크롬을 5,6-디하이드록시인돌(5,6DHI과 (5,6-dihydroxyindole-2-carboxylic acid)의 자동산화(Tautomer) 되는 것을 촉진한다. 이분자는 다시 산화하여 인돌퀴논(Indol equinone)을 형성함으로 유 멜라닌 색소가 형성된다.

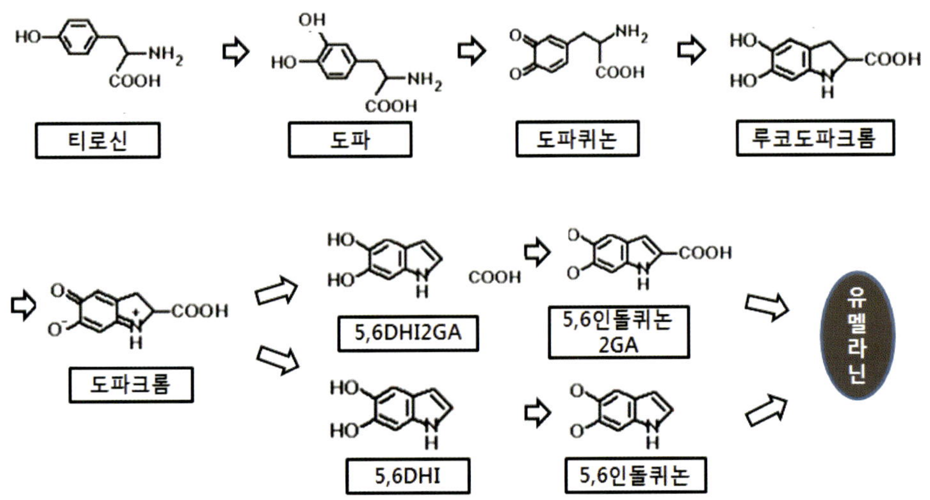

[그림 i -5] 유 멜라닌 생합성 과정

2) 페오 멜라닌의 생합성

페오 멜라닌 생성과정은 도파퀴논(Dopa quinone) 형성까지는 동일하나 도파퀴논에서 황을 함유하고 있는 시스테인 아미노산과 반응하여 시스테닐 도파(Systeinyl dopa)로 생성, 이때 5-S-시스테닐 도파와 2-S-시스테닐 도파로 생성된다. 여러 가지 경로의 산화와 환원작용을 거쳐 대사산물을 형성하며 최종적인 페오 멜라닌 색소가 형성된다. 멜라닌 색소의 생성과정에 시스테인 아미노산은 유 멜라닌에서 페오 멜라닌으로 변화작용을 한다.

MEMO

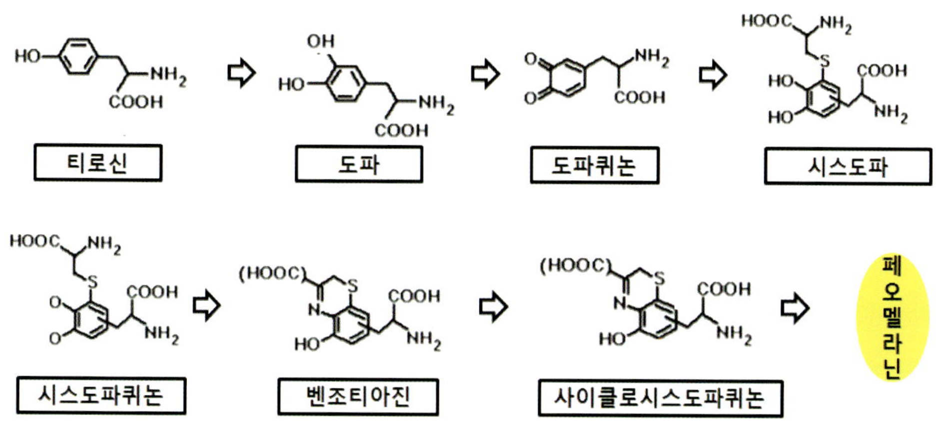

[그림 i -6] 페오 멜라닌 생합성 과정

멜라닌 세포는 모양이 불가사리와 같이 몇 개의 돌기를 가지고 있는 형태를 지니고 있으며 모모 세포가 있는 모기질에 위치하고 있다. 모모 세포에서 모세포가 생성되면 멜라닌 세포는 돌기를 뻗어 멜라닌 색소를 모세포에 집어넣는다.

일반적으로 동양인의 모발색은 갈색 혹은 검정색이라고 하지만, 자세히 들여다보면, 각 개인마다 모발색이 다르다는 것을 알 수 있다. 모발의 색상이 개인마다 다른 이유는 우리의 얼굴이 다르듯이 유전자 코드에서 발현되는 모발의 색상이 다르기 때문이다. 모발의 색상은 멜라닌 색소의 분포에 따라 달라진다.

2. 유 멜라닌과 페오 멜라닌

유 멜라닌은 모발의 황갈색에서 검정색을 나타내는 색소이다. 페오 멜라닌에 비하여 분자 크기가 커서 입자형태로 보이기 때문에 입자형 멜라닌이라고도 한다. 반면 페오 멜라닌은 노란색 또는 빨간색을 나타내는 색소이다. 유 멜라닌에 비해 입자크기가 작기 때문에 모발 내 흩뿌려진 형태로 분사형 멜라닌이라고도 한다. 모발의 탈색 작업 시 검정색, 갈색의 유 멜라닌 색소가 먼저 탈색되고 빨강, 노란색의 페오 멜라닌 색소가 나중에 탈색되는 것은 입자크기가 큰 유 멜라닌 색소가 탈색성분과 더 빨리 화합되기 때문이다.

[표 i -1] 유 멜라닌과 페오 멜라닌 색소의 비교

구분 / 종류	분자크기	색상	형태
유 멜라닌	크다	황갈색 ~ 검정색	입자형 멜라닌
페오 멜라닌	작다	노랑 또는 빨강	분사형 멜라닌

MEMO

멜라닌은 모발의 모피질 내에 위치하고 있으며, 유 멜라닌과 페오 멜라닌의 양과 비율에 따라 다양한 모발 색을 나타낸다. 예를 들어 금발의 경우 약간의 페오 멜라닌만 있으며, 검정모발의 경우, 금발에 비해 유 멜라닌과 페오 멜라닌의 양이 많이 함유되어 있다.

[그림 i -7] 유 멜라닌과 페오 멜라닌 색소

멜라닌 색소는 산소의 산화작용에 의해 제거가 된다. 이때 유 멜라닌의 색소가 먼저 제거되고 다음 페오 멜라닌의 색소가 제거된다.

유 멜라닌의 색소는 다시 파랑, 빨강, 노랑의 순서로 제거가 되며, 이어 페오 멜라닌의 색소인 노랑의 색소가 제거되며, 제거되고 남은 멜라닌 색소가 일정한 명도와 반사 빛을 표현하게 되는데 이것을 블리치 레벨이라고 한다.

백모의 경우 여러 가지 가설이 있다. 백모는 멜라닌 색소의 생산이 중단되기 때문이다. 백모의 원인은 멜라닌 세포에서 티로신이라는 아미노산이 결핍되고, 티로시나아제 효소의 결핍에서 야기된다고 한다.

MEMO

03 모발의 성장주기

학습목표

1. 모발의 성장 단계별 특징과 성장주기에 관하여 설명할 수 있다.

1. 모발의 성장주기

모발의 성장주기란? 생성되고, 성장하며, 빠지기를 거듭한다. 또한 새로운 모발이 생성되고, 성장하는 순환주기로 정의할 수 있다. 모발의 성장주기는 모발을 성장시키는 성장기(Anagen), 성장을 종료하고 모구부가 축소하는 시기인 퇴화기(Catagen), 모유두가 활동을 멈추고 모발을 두피에 머무르게 하다 탈모가 되는 시기인 휴지기(Talogen)이다. 그러므로 모발의 성장주기는 성장기, 퇴화기, 휴지기로 나눌 수 있다.

태아의 경우 2개월에서 5개월 사이에 모낭이 형성된다. 또한 각각의 두발은 3단계를 거치며 새롭게 성장을 이루게 된다. 정상적인 두피에서 모발은 약 100,000 ~ 150,000개의 모발이 존재하고 두발은 평균적으로 한 달에 1 ~ 1.5cm 정도로 자라며 각각의 두발은 약 4 ~ 7년 정도의 생명 주기를 가지고 있다.

하루에 정상적으로 빠지는 모발의 수는 몇 개일까? 일반적으로 50 ~ 100개가 빠진다. 그렇다면, 하루에 100개의 모발이 빠진다면, 1000일이 지나면 우리 모발은 100,000개의 모발이 다 빠지고, 대머리가 되어야 한다. 그러나 사람의 모발은 거의 같은 모량을 유지하고 있다. 이것은 모발이 빠지는 반면, 새로운 모발들이 생성 및 성장되기 때문이다.

1) 성장기(Anagen)

모발의 성장이 왕성한 시기로서 대략 3 ~ 5년간 지속되고, 모유두와 모근부가 가장 발달되는 시기이며, 이를 통해 산소 및 영양분 공급이 왕성해지는 시기이다. 또한 전체 모발의 80 ~ 90%가 성장기에 해당하며, 이 시기의 모발은 한 달에 1 ~ 1.5cm 정도 자란다.

MEMO

2) 퇴화기(Catagen)

모발의 성장이 멈추는 시기로 대략 2 ~ 4주 정도 된다. 퇴화기의 모구는 모유두와 분리되어 산소와 영양소 공급이 차단된다. 이로 인하여 모모세포의 분열이 중지되고, 멜라닌 색소의 생성도 중지된다. 모근부는 1/3정도로 줄어들어 모구의 모양도 점점 쪼그라들게 된다. 퇴화기 동안은 기존 모발의 퇴화와 동시에 모유두 주위에 새로운 배세포(Germ cell)가 만들어지기도 한다. 배세포는 새로운 모발성장을 위한 씨앗이라고 생각하면 된다. 이러한 배세포는 새로운 성장기가 시작될 신호를 기다리며, 퇴화기를 지나게 된다.

3) 휴지기(Talogen)

휴지기란 말 그대로 휴식의 시기이다. 퇴화기를 통해 쪼그라든 모근부는 모낭 벽에 붙어 있게 된다. 새로 시작되는 성장기 모발이 성장함에 따라 휴지기 모발은 약 3 ~ 4개월 동안 유지하다 자연스럽게 밀려 올라가면서 빠지게 된다. 휴지기에 해당되는 모발의 수는 전체모발의 약 10%에 해당된다.

[그림 i-8] 모발의 성장기

[그림 i-9] 모발의 퇴화기

[그림 i-10] 모발의 휴지기

04 모발의 구성성분

MEMO

학습목표

1. 모발의 주성분인 케라틴 단백질의 구성성분에 파악하고 설명할 수 있다.
2. 아미노산외의 구성성분에 대하여 설명할 수 있다.

1.모발의 주요 성분이해

모발은 구조상으로 모표피, 모피질, 모수질의 3층으로 구분하며, 케라틴(Keratin)이라는 각화된 단백질 80 ~ 85%, 멜라닌 색소 3 ~ 4%, 수분 10 ~ 15%, 지질 1 ~ 9%, 미량원소 0.6 ~ 1%로 구성되어 있다

1) 케라틴(Keratin)

모발의 주성분은 단백질로 케라틴(Keratin)이라는 물질은 사람의 손톱과 같이 경케라틴(단단한 케라틴)과 피부와 같은 쿠션감이 있는 연 케라틴(부드러운 케라틴)으로 구별된다.

모발의 단백질은 단단하게 각화된 형태로 존재함으로 경 케라틴으로 분류된다. 일반적인 단백질은 약 20종류의 아미노산으로 구성되어있으며, 모발 케라틴은 18종의 아미노산으로 구성되어있고, 그중에서도 시스틴(Cystine)이 다량 함유되어 있는 것이 특징이다. 모발을 구성하고 있는 18종의 아미노산의 명칭과 대략적인 함유량은 다음과 같다.

MEMO

[표 ⅰ-2] 모발 케라틴 구성 18종 아미노산

종류	명칭	함유량	필수 아미노산	역할
중성 아미노산 (monoamino monocarbo-xylic acid)	글리신(glycine)	6.50		콜레스테롤 억제 간 기능 억제 혈당 저하 지방 분해 / 다이어트
	알라닌(alanine)	4.40		만성피로억제 간 기능 강화 콜레스테롤 억제 알코올 해독
	세린(serine)	9.41		인슐린 생산 촉진 혈당저하 정력 강화
	트레오닌(threonine)	6.76	필수	지방간 방지, 면역체계에 도움을 준다.
	발린(valine)	4.72	필수	근육활동 두뇌안정 정서안정
	루이신(leucine)	11.30	필수	헤모글로빈의 구성요소 폐경 골다공증
	이소루신 (isoleucine)	4.80	필수	성장에 빠뜨릴 수 없는 아미노산 정력 강화
	메티오닌 (methionine)	0.71	필수	간과 신장 세포 재생 탈모방지
	시스틴(cystine)	13.72 ~ 16.00		당뇨억제 인슐린생산촉진 간 기능 강화
	페닐알라닌 (phenylalanine)	3.70	필수	혈관보호 정신안정/뇌세포 재생 호르몬 활동
	티로신(tyrosine)	5.80		어린이 성장발육 질소대사
	트립토판(tryptophan)	0.70	필수	영아의 발육 성인의 질소대사
산성 아미노산 (monoamino dicarboxylic acid)	아스파라긴산 (asparaginic acid)	7.27		숙취해소 간장보호 고혈압 개선
	글루타민산 (glutamic acid)	15.00		음식의 조미 위장강화

MEMO

염기성 아미노산 (diamino nocarboxylic acid)	라이신(lysine)	3.30	필수	소화액의 분비 몸의 성장요소 소아발육 항체형성 호르몬 촉진 정력증강
	아르기닌(arginine)	10.40	아동에게 필수	결석여파 노폐물의 소독화 불임예방 정자생산 성장활력
	히스티딘(histidine)	0.70	아동에게 필수	청각의 신경세포 아름다운 피부
환상 아미노산	포폴린(proline)	6.75		신체영향 콜레스테롤 제거

2) 수분

모발내의 수분은 일반적인 상태에서 즉, 온도 25℃ ,습도 65%에서 약 10 ~ 15% 함유하고 있다. 피부에서 수분이 피부의 결과 탄력 등 피부건강에 중요한 역할을 하듯 모발에서도 수분은 광택과 유연함, 정전기량 등 함유량에 따라 크게 좌우된다. 특히 손상된 모발의 경우 수분의 유지력이 떨어져 모발의 수분함유량이 모발손상의 척도가 되기도 한다. 모발의 수분함유량은 평상시 약 10 ~ 15%이며, 샴푸 직후에는 30 ~ 35%, 블로우 드라이 이후에는 약 10% 이하로 수분함유량이 떨어진다.

3) 멜라닌(Melanin)

모발의 구성성분에는 모발의 색상을 결정해주는 색소세포가 존재한다. 이렇게 모발과 피부의 색상을 결정해주는 색소세포를 멜라닌이라고 배웠다. 색소세포는 모발내 모피질의 멜라닌 형성세포(Melanocyte)에서 만들어진다. 멜라닌색소는 유 멜라닌(Eu-melanin)과 페오 멜라닌(Pheo-melanin) 두 가지 형태로 존재하며 두 멜라닌의 비율과 양에 따라 색와 밝기기 달리진다.

4) 지질(Lipid)

모발의 모근부에는 피지선이 존재하며, 그 피지선에서 분비된 모발외부 표면의 피지와 모발의 지질세포가 자체적으로 함유하고 있는 지질의 형태로 존재한다. 피지선은 두피에 가장 많이 분포되어 피부 및 모발 표면에 얇은 약 산성막을 형성하고 있다.

MEMO

5) 미량원소(Microelement)

미량원소란? 아주 적은 양의 영양소이며, 생명 유지 및 형태유지를 위해 필수적으로 요구되는 기타원소를 말한다.

모발에는 탄소(C) 60 ~ 50%, 산소(O) 30 ~ 25%, 질소(N) 12 ~ 8%, 황(S) 5%, 수소(H) 5 ~ 4% 이외에도 미량의 다양한 원소들이 아주 적은 양으로 존재한다. 미량원소에는 철, 구리, 아연 등과 같은 금속성분과 요오드, 셀레늄, 비소와 같은 비금속 무기성분들이 약 30여종 존재하는 것으로 보고되고 있다. 이러한 성분은 여러 가지 화학적 시술과 환경적인 요인에 의해 체내 외에서 축척이 이루어지는 걸로 추축되어지고 있다. 모발 내 성분분석(CG/MS)을 통해 유해한 중금속이 체내에 축적 되는 양을 파악하는 도구로 이용하기도 한다.

MEMO

05 모발의 특성

학습목표

1. 모발의 물리적, 화학적 특성에 관하여 이해하고 설명할 수 있다.

1.모발의 물리적 특성

1) 굵기

모표피의 겹 수가 많으면 많을수록 모발은 두께는 굵으며, 인종, 환경, 탈모정도에 따라 굵기를 달리하기도하고 연령과 건강상태 탈모진행상태 등에 따라 굵기 변화를 갖게 된다. 굵은 모발은 일반적으로 큐티클이 단단하게 자리 잡은 건강모발일 경우가 많고 '경모'라 일컬으며 가늘고 얇은 모발을 '연모'라 한다. 배냇머리나 솜털처럼 가는 모발을'취모'라 한다. 모표피가 두꺼우면 모발의 보호 기능은 향상되나 퍼머넌트나 헤어컬러링 시 제품의 침투 어려우므로 모발의 특성파악에 따른 제품선정과 작업과정을 잘 선택해야한다.

2) 인장강도와 신도

모발을 잡아 당겼을 때 끊어 질 때까지 견디는 힘이자 가해진 하중을 인장강도(g) 라하며, 끊어지기 전까지 늘어난 비율을 신도(%)라고 한다. 인장강도와 신도를 측정 시에는 통상온도인 25℃와 습도 65%의 표준상태에서 측정해야하며, 일반적으로 건강한 모발은 건조한 상태에서 평균 150g의 강도와 40%의 신도를 가지고 있지만 젖은 상태에서는 평균 90g의 강도와 50%의 신도를 나타낸다.

3) 탄성

모발에 일정한 힘을 가했을 때 늘어났다가 다시 제자리로 돌아가는 것을 의미한다. 그러나 과도한 힘을 가하면 제자리로 돌아오지 못하고 끊어지게 되는데 이때 가해지는 힘이 인장강도이다. 이러한 모발의 탄성은 모발내부의 측쇄결합이 절단 되었다가 다시 재결합하는 모발의 특성 때문이다.

MEMO

[표 i-3] 모발의 탄성도 비교

모발상태	수분함량 (%)	늘어나는 정도 (%)
보통상태의 모발	10 ~ 15	20 ~ 30
샴푸직후 젖은 모발	30 ~ 35	50 ~ 60
펌제 도포한 모발	35	70

4) 밀도

일정한 두피의 면적 안에 모발의 수, 즉 숱의 정도를 모발의 밀도라 한다. 모발의 밀도는 일반적으로 인종, 모질 등에 따라 다르며 금발이 가장 밀도가 높고 흑색과 적색모발이 밀도가 상대적으로 낮은 편이다. 또한 평균적으로 모발의 수는 여성이 남성보다 많다.

5) 고착력

한 가닥의 모발을 두피로부터 뽑아내는데 필요한 힘을 고착력이라 한다. 성장기 모발은 50g정도의 힘이 필요하고, 휴지기모발의 경우는 20g정도의 힘이 한 가닥의 모발을 뽑는데 필요하다. 따라서 동양인의 흑갈색모발이 평균 약10만개로 추산할 때 성장기모발을 동시에 뽑을 때 필요한 힘은 50g ~ 10만개로 계산해 총 5톤의 힘이 필요함을 산출 할 수 있다.

6) 흡습성

모발이 수분을 포함하고 흡수하는 성질을 의미한다. 모발의 단백질 성분인 케라틴이 친수성이기 때문에 생기는 현상이다. 건강한 모발의 경우 샴푸 직후에는 30%정도의 수분을 함유하고 있으며, 평상시에는 대개 11 ~ 13%의 수분을 함유하고 있다. 모발 손상이 될 경우 다공성이 되어 일반적으로 흡수성도 증가한다.

7) 팽윤성

모발이 수분을 흡수해 그 부피가 늘어나는 현상을 모발의 팽윤성이라 한다. 건강한 보통 모발을 물에 담가두면 팽윤성에 의해 길이는 약 1 ~ 2%, 직경은 15%, 무게는 30%정도 증가한다.

MEMO

8) 대전성

모발에 브러싱을 하면 그 마찰에 의해 정전기가 발생하여 모발은 +로, 브러시는 -로 대전해 +전기를 가진 모발끼리는 서로 반발하고 +전기를 가진 모발과 -전기를 가진 브러시는 끌어당기는 현상이 나타나게 되는데 이를 모발의 대전성이라 한다.

9) 열변성과 광변성

모발의 주성분은 단백질인 관계로 단백질은 높은 열과 빛에 의해 색과 구조가 변한다. 모발은 높은 열에 의해 팽윤, 변색되거나 아예 타서 분해된다. 이를 열변성이라고 하며, 적외선과 자외선에 의해 모발케라틴이 변성되어 손상되는 성질을 광변성이라고 한다.

[그림 i -11] 모발의 특성

2. 화학적 특성

1) 모발과 pH(power of Hydrogen Ions :수소이온농도 지수)

수소이온농도지수란? 물 한 방울을 전기적으로 분해시켜서 수소(H^+)이온과 수산(OH^-)이온으로 나누었을때 수소이온이 어느 정도 포함되어 있는가를 나타내는 지표이다.

MEMO

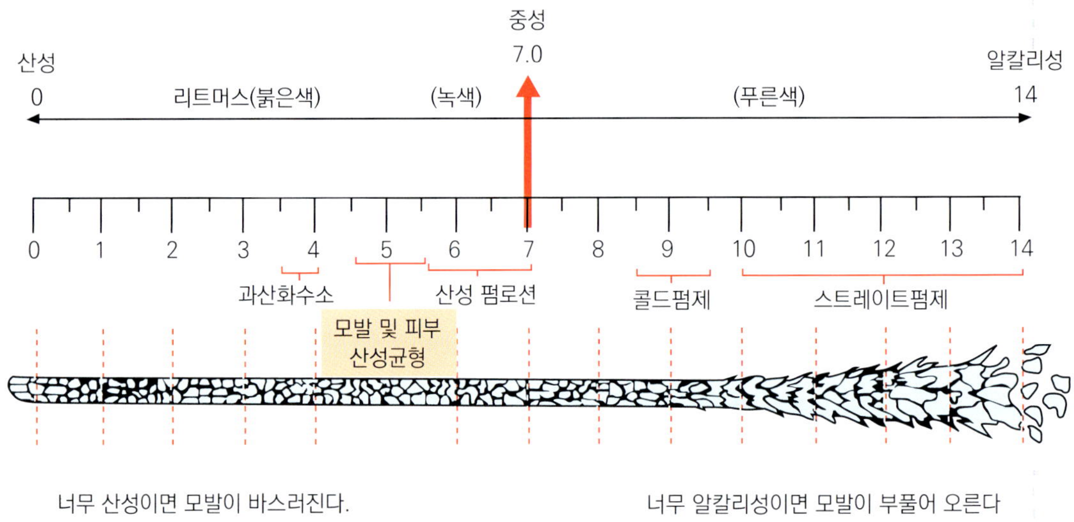

[그림 i -12] 모발의 pH에 의한 변화

산성과 알칼리성의 정도를 0 ~ 14까지의 수치로 나타내 구분하는 것으로 7은 중성, 1 ~ 7은 산성, 7 ~ 14까지를 알칼리성으로 표현한다. 모발은 여러 개의 아미노산들이 화학 결합을 통하여 모발을 이루고 있는데 이때 가장 안정적인 상태의 pH는 4.5 ~ 5.5 범위로 나타나 이런 상태를 모발의 등전점이라 한다.

MEMO

읽/을/거/리

모발의 성장

기네스북에 오른 가장 긴 모발은 5.63m로 세계에서 가장 머리가 긴 사람으로 중국 광시성에 살고 있는 지오 샤오핑이라는 여성이 새롭게 등재됐다.

세계 기네스 기록협회에 따르면 "그의 머리 길이는 무려 5.63m에 이른다."고 밝혔다. 이론적으로 보면 하나의 모낭에서 자라나는 모발은 1달에 약 1.5cm 이며, 성장기 기간은 약 3 ~ 5년 정도이다. 즉 1년 동안 자라는 모발길이는 12 개월 × 1.5cm = 18cm, 성장기를 5년으로 계산하면 18cm × 5년 = 90cm, 성장기를 최대 10년으로 계산해도 180cm 이다. 그러므로 정상적인 모발의 경우 5m 이상으로 자라는 것은 어려운 일이다. 그래서 기네스 기록에 기록을 세운다는 것은 정말 신기한 일이 아닐 수 없다.

[출처] 피플타임 -
http://www.peopletime.co.kr/bbs/board.php?bo_table=acquire&wr_id=3725

실습 과제 Ⅰ-1. 멜라닌 색소의 양에 따른 비교

1. 실습 준비물

반영구 염모제(파랑, 빨강, 노랑) 각 1개, 그림 붓 3개, 호일 30cm 1장, 종이컵 1개

2. 실습 진행 요령(실습 소요시간: 30분)

[표 ⅰ-4] 모발의 멜라닌 색소 양에 따른 이해

	자연모 레벨	파+빨+노
9	아주 밝은 황갈색	1+1 / 2+1
8	밝은 황갈색	2+2+2
7	황갈색	3+3+3
6	어두운 황갈색	4+4+4
5	밝은 갈색	5+5+6
4	갈색	6+6+7
3	어두운 갈색	7+7+8
2	아주 어두운 갈색	6+6+9
1	흑색	9+9+10

① 표 Ⅰ-4와 같이 각 명도별 파랑, 빨강, 노랑을 숫자의 칸만큼 색을 칠한다.
② 각각의 명도 단계별 색소의 함유량의 차이에 의하여 그림 Ⅰ-13의 자연모 밝기가 만들어 지게 된다.

유 멜라닌(입자형)과 페오 멜라닌(분사형)

	파 랑	빨 강	노 랑
9			
8			
7			
6			
5			
4			
3			
2			
1			

3. 실습 결과

[그림 i -13] 자연모 레벨의 단계

자연모의 레벨은 멜라닌 색소의 함유된 양의 차이를 이해하기 위한 예시이다.

Ⅰ-1. 학습 정리

1. 모발은 피부를 중심으로 내부의 모근부와 외부의 모간부로 나뉜다.
2. 모근부는 피부의 내부에 존재하는 부분으로 다양한 부속기관을 갖는데 크게 모낭, 모구, 모유두, 모모 세포, 멜라닌 생성 세포, 피지선, 기모근 등으로 구성되어 있다.
3. 모유두는 모세혈관을 통해 산소와 영양분을 모기질에 공급하고 이곳에 모발의 기원이 되는 모모 세포들은 이를 바탕으로 세포 분열을 통하여 모발 세포를 생산하게 된다.
4. 모간부는 모근부의 무핵세포가 밀려오면서 각화되어 피부의 외부로 눈에 보이는 부분을 말하며 크게 모표피, 모피질, 모수질로 이루어져 있다.
5. 모표피는 비늘형태로 겹겹이 겹쳐져 있고 친유성의 성질로 외부로부터 모발을 보호하는 역할을 하게 됨으로써 모발의 손상도에 가장 큰 영향력을 미치게 된다.
6. 모피질은 결정영역과 비결정영역으로 나뉘며, 결정영역은 여러 단계의 섬유다발인 거대섬유, 미세섬유, 원섬유로 이루어져 있고 헬릭스 구조를 통하여 모발의 탄성을 갖는다. 비결정영역은 결정영역 사이에 간충물질로 존재한다.
7. 멜라닌 세포는 피부를 포함한 모발의 색상을 나타내는 멜라닌 색소를 만들어내는 세포이다.
8. 모발을 구성하고 있는 색소는 크게 두 가지로 유 멜라닌(Eu-melanin, 입자형 멜라닌)과 페오 멜라닌(Pheo-melanin, 분사형 멜라닌)이다. 유 멜라닌은 크기가 크고 갈색에서부터 검은색을 나타내는 색소이다. 페오 멜라닌은 크기가 작고 노란색 또는 빨간색을 나타내는 색소이다.
9. 모발의 성장주기는 성장기, 퇴화기, 휴지기로 나뉜다.
10. 모발은 케라틴 단백질이 주성분이고 그 외에도 멜라닌 색소와 수분, 지질, 미량 원소로 구성되어 있다.
11. 모발은 물리적인 특성과 화학적인 특성을 가지고 있다.

I - ii

기초 색채이론

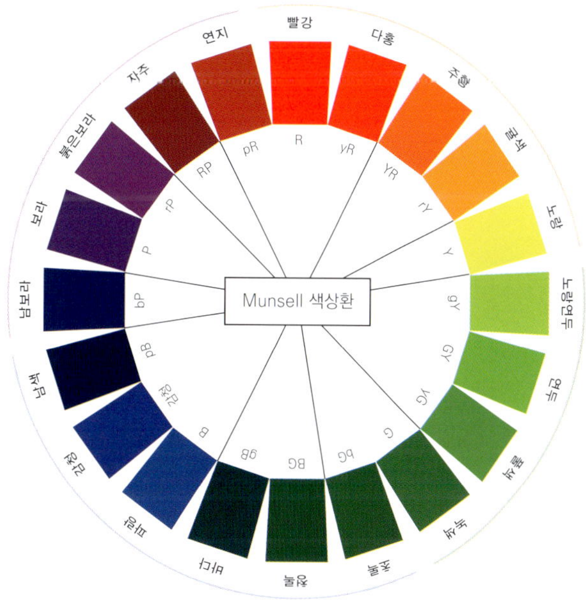

학습 개요

헤어 컬러링은 미술시간에 배워온 색상의 발색과는 차이가 있다. 왜냐하면 모발은 흰색 도화지가 아니기 때문에 모발색이 어떤지에 따라 동일한 색상도 발색이 달라진다. 이 단원에서는 색채의 이해를 통하여 헤어 컬러링에서 빛과 색의 이해와 2차 색상과 3차 색상의 활용과 색상의 중화의 테크닉에 관하여 학습한다.

주요 용어

먼셀 색채계(Munsell color system), 나노-미터(nanometer), 유채색, 무채색, 색의 3속성, 기본색상, 색의 삼원색, 2차 색상, 3차 색상, 보색, 색상의 중화

MEMO

01 색체의 이해

학습목표

1. 빛의 이해를 통하여 사물의 색이 보이는 원리를 설명할 수 있다.
2. 색의 3속성에 관하여 이해하고 설명할 수 있다.

1. 빛과 색의 이해

사물의 색을 볼 수 있는 것은 빛이 존재하기 때문이며, 색에 있어 빛은 바로 어원이 되기도 한다. 즉, 컬러의 어원은 가려진 것이 드러난다는 의미가 그 기본이 된다. 태양광은 우리가 볼 수 있는 빛의 범위를 가시광선의 범위라고 하는데 태양광은 우리들 눈에 보이지 않는 백색광으로 되어 있고, 백색광에는 우리의 눈에 색채로 지각되는 부분이 있어 이를 가시광선이라고 한다. 태양광선이 프리즘을 통하여 분광시키면 가시광선의 7가지의 단색광으로 분해되는데, 1666년 영국의 아이작 뉴턴(Isaac newton)은 빛을 프리즘에 통과시켜 "빨강, 주황, 노랑, 초록, 파랑, 남색, 보라" 등의 여러 가지 색깔로 분해된다는 것을 밝혔으며, 이 단색광으로 분광된 색의 띠를 스펙트럼이라고 한다.

미국의 화가이며 색채 연구가인 먼셀(Albert henry munsell)은 1913년에 먼셀 색채계(Munsell color system)를 완성하고, 각 색채를 "색상, 명도, 채도"의 3가지 속성에 의거하여 분류하였으며, 독일의 화학자 오스트발트(W. Ostwald)는 색채를 회전 혼색기의 분할면적 비율을 변화 시켜 정밀 분석하였다.

색채는 광원으로부터 나오는 빛이 물체에 비추어 반사, 흡수, 투과 되어 우리 눈의 망막과 시신경의 자극으로 감각되는 현상에 의해 나타나며, "빛, 시각, 물체"를 색 지각의 3요소라고 한다.

1) 빛

일반적으로 빛이라고 생각하는 태양광은 백색광이지만 우리의 눈으로 지각되는 빛의 범위를 가시광선의 범위라고 한다. 가시광선의 범위는 380 ~ 780 nm(Nanometer)의 파장을 가지며, 프리즘에 빛을 통과 시키면 빨강, 주황, 노랑, 초록, 파랑, 남색, 보라의 단색광으로 분광 되고, 빛의 파장에 따라 380 ~ 450 nm는 보라, 450

MEMO

~ 500 nm는 파랑, 500 ~ 570 nm는 녹색, 570 ~ 590 nm는 노랑, 590 ~ 620 nm는 주황, 620 ~ 780 nm의 범위는 빨강에 해당된다.

프리즘을 통과한 빛은 굴절현상을 일으키고, 파장이 길면 굴절률이 작으며, 파장이 짧으면 굴절률은 길어진다. 빨강은 장파장이며, 780 nm 이상의 파장을 적외선이라 한다. 또한 라디오에 사용하는 전파 등이 이에 속하며, 보라는 단파장이고, 380 nm 이하의 파장을 자외선이라 하여 의료에 사용하는 X선이 이에 속한다.

Tip 나노-미터(Nanometer)란?

빛의 파장같이 짧은 길이를 나타내는 단위로 1나노미터는 1미터의 10억분의 1이다.
기호는 nm사용을 한다.

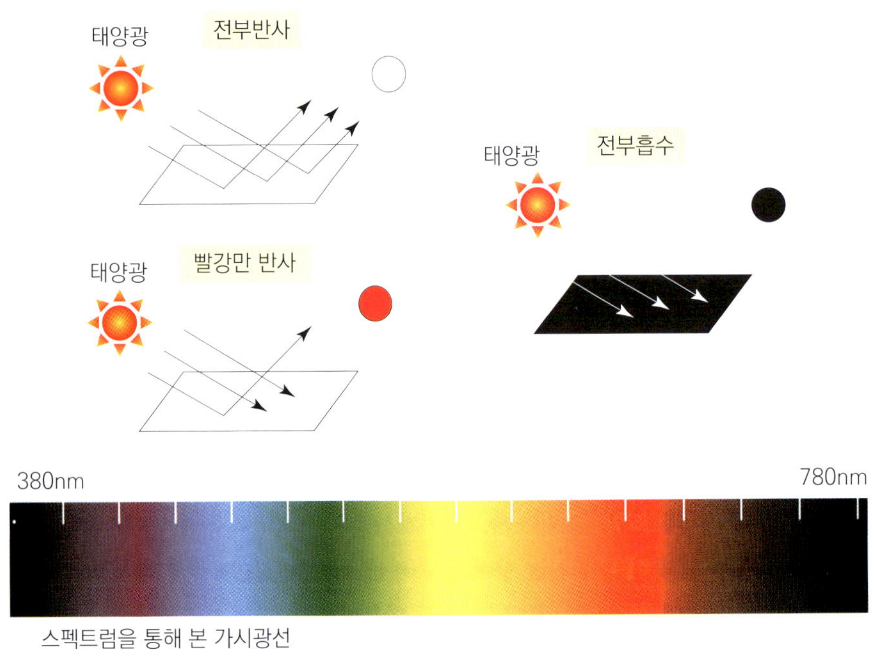

[그림 ii-1] 빛의 반사와 스펙트럼

MEMO

2. 색의 3 속성

1) 색상(Hue)

먼셀색상을 표기할 때는 먼저 색상환을 10으로 나누고 필요에 따라 각각의 사이를 다시 반분한다. 다시 설명을 한다면, 파랑(B),빨강(R), 노랑(Y), 보라(P), 녹색(G)색을 기본색으로 다음 그 중간에 주황(YR), 연두(GY), 청록(BG), 남색(PB), 자주(RP)를 두어서 합계 10가지의 색상으로 나눈다. 그리고 각 색상 사이를 다시 또 10등분하여 번호를 붙인다. 이 분할에 따를 때 가장 파랑색다운 색상이 5B, 가장 보라다운 색상은 5P가 된다.

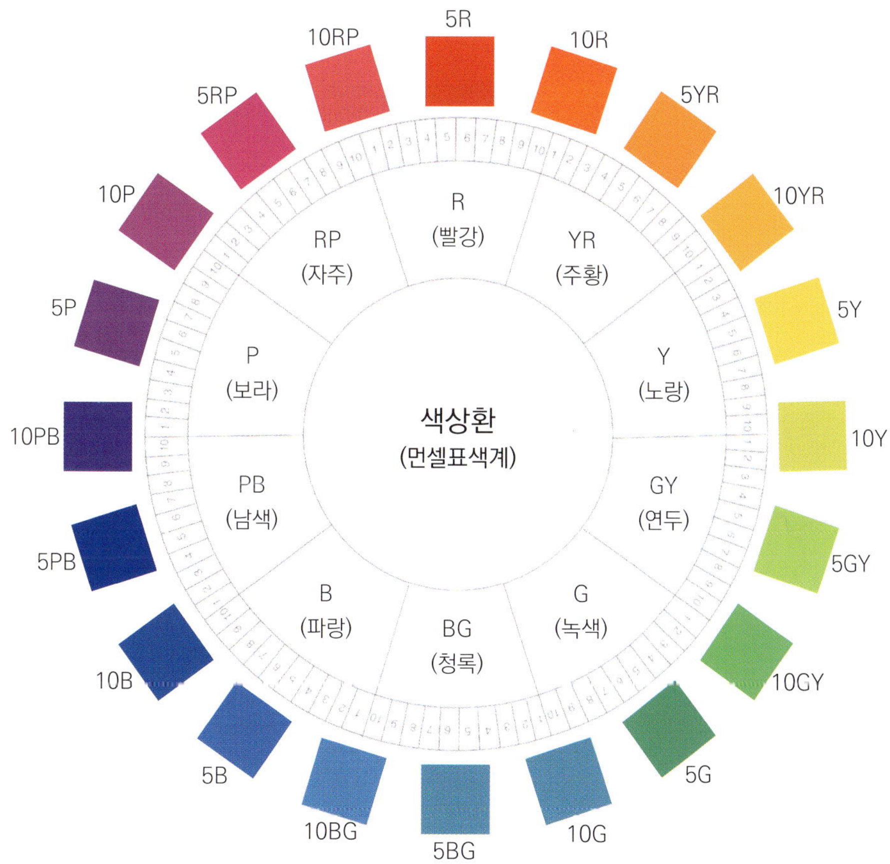

[그림 ⅱ-2] 먼셀의 색상환표

MEMO

2) 명도(Value)

색의 밝고 어두운 정도를 명도라고 하며, 색의 3속성 중에서 가장 이해하기 쉬운 것이 명도이다. 이것은 물리적으로는 시감 반사율의 고저를 말하는 것인데, 먼셀 색채계에서는 흰색을 명도 10, 검정색을 0으로 하여 그 사이의 회색 단계를 11등분하여 차례로 번호를 매겨 만들어졌다. 또한 유채색의 명도를 나타내는 경우 유채색의 밝음의 감각이 무채색의 기준과 동등한 곳의 명도기호를 사용한다.

[그림 ii-3] 무채색의 명도 단계

[그림 ii-4] 유채색의 명도 단계

3) 채도(Chroma)

채도란? 한마디로 색의 선명도에 대한 강약이라고 할 수 있다. 색상의 진하고 엷음을 나타내는 포화도라고도 한다. 아무것도 섞지 않아 맑고 깨끗하며 원색에 가까운 것을 채도가 높다고 표현한다. 채도는 스펙트럼 색에 가까울수록 높아지며, 한 색상 중에서 가장 채도가 높은 색을 그 색상 중의 순색이라 한다. 또한 흰색과 검은색은 채도가 없기 때문에 무채색이라 불린다.

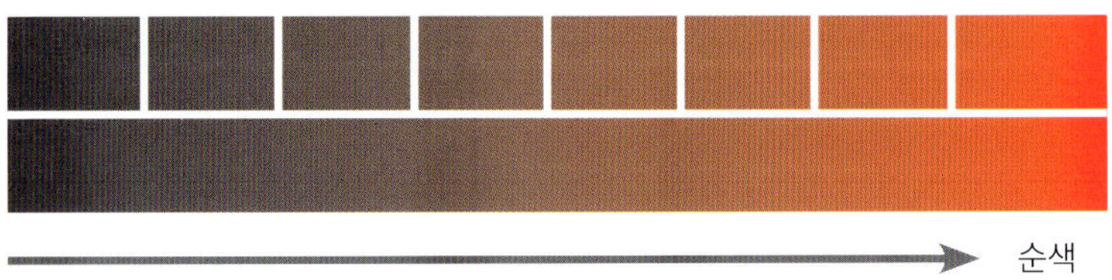

[그림 ii-5] 유채색의 명도 단계

MEMO

02 기본색과 색상의 중화

학습목표

1. 색의 삼원색을 통하여 모발을 구성하고 있는 멜라닌 색소에 대하여 설명할 수 있다
2. 2차 색상과 3차 색상의 구성을 통한 12색상환을 만들 수 있다.
3. 색의 보색과 색상의 중화, 중화의 범주를 이해하고 설명할 수 있다.

1. 기본색

일반적으로 색의 삼원색 이라고 하면 과거에는 빨강, 파랑, 노랑의 색을 말하였으나, 정확하게 말하면 자홍(Magenta), 청록(Cyan), 노랑(Yellow) 색이다.

그러나 염색에서의 삼원색은 빨강, 파랑, 노랑으로 삼원색이 섞이면 갈색계열의 색이 만들어지게 되며, 삼원색을 사용하여 2차 색상과 3차 색상을 만들 수 있다. 또한 모발을 구성하고 있는 멜라닌 색소의 기본색은 색원물질(염모제가 산화되기 전의 물질)인 삼원색으로 구성되어있다.

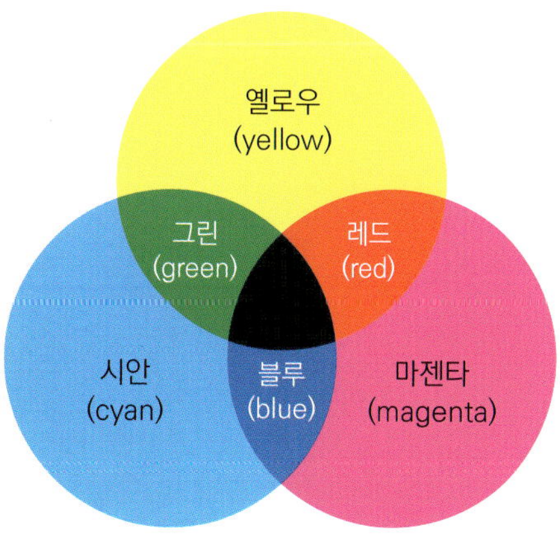

[그림 ii-6] 색의 삼원색

MEMO

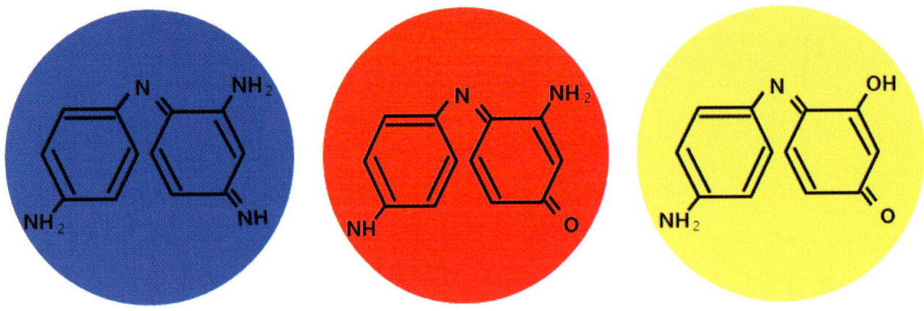

[그림 ii-7] 염색의 삼원색 색원물질

2. 2차 색상(등화색)

2차 색상은 색 공간내에서 삼원색을 서로 혼합하여 만들어지는 색상을 말한다. 즉, 두 가지 이상의 색을 혼합하여 다른 색을 만들 수 있는데 이것을 혼색이라고 한다.

2차 색상인 오렌지를 만들기 위해 파랑과 빨강을 1 : 1의 비율로 혼합을 했다고 가정을 했을 때 조색된 결과가 오렌지로 만들어졌을지 생각을 하여야만 한다. 그 이유는 색의 힘에 따라 혼합되는 비율은 달라져야 할 것이다. 반영구 염모제를 만들어 내는 회사마다 염모제의 진한(채도) 정도가 다르기 때문이다. 만약 A사의 반영구 염모제를 사용하여 조색할 때 비율을 빨강과 노랑을 2 : 1의 비율로 혼합하여 오렌지를 만들었다고 가정을 한다면, B사의 제품 역시 같은 비율로 혼합하여 오렌지의 결과로 만들 수 없을 것이다. 이는 제조사마다 색소를 함유하는 양이 다르므로 이러한 결과를 얻는다.

(a) 빨강 + 파랑 = 보라　　(b) 노랑 +빨강 = 오렌지　　(c) 파랑 + 노랑 = 초록

[그림 ii-8] 2차 색상 혼합의 예

MEMO

3. 3차 색상

3차색은 색 공간에서 삼원색과 2차색을 혼합하여 만들어 지는 색상이며, 이렇게 만들어진 색들은 서로 혼합하여 명도를 달리함으로써 수많은 색과 색상이 만들어지게 된다.

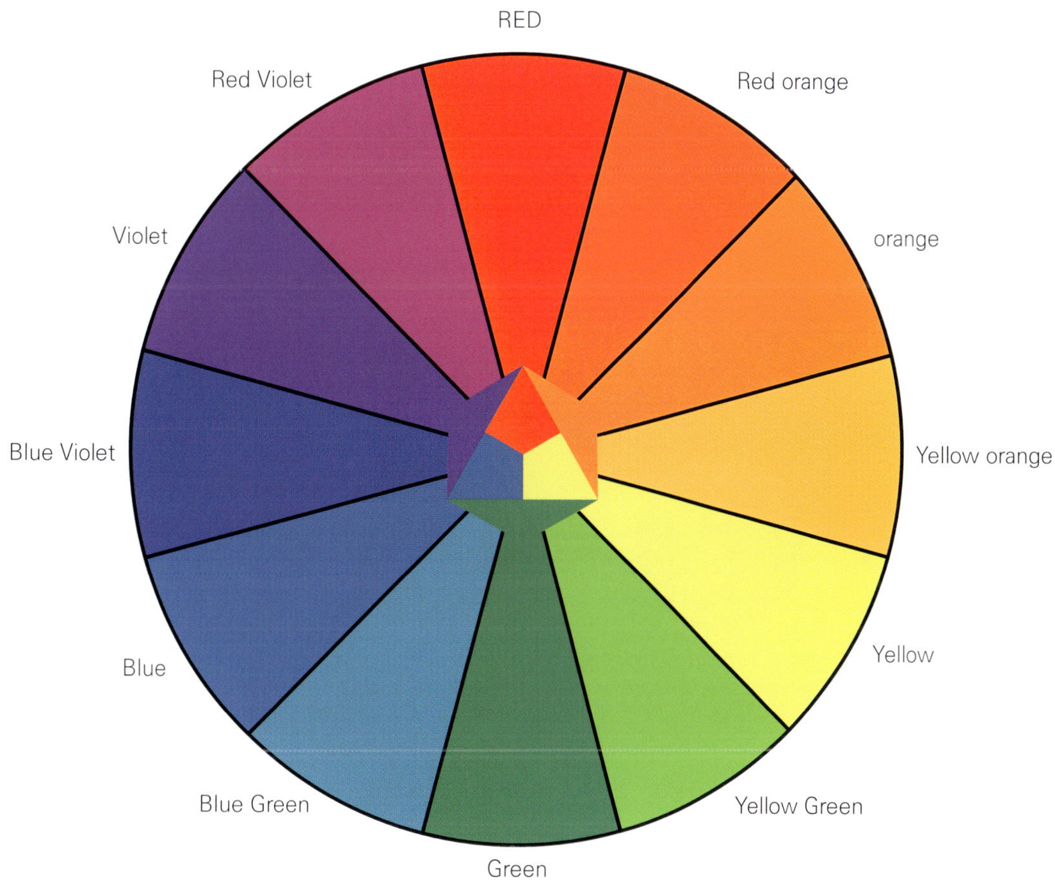

[그림 ⅱ-9] 12색상환표

4. 색의 보색

색상환에서 서로 마주 보고 있는 정반대 편에 놓인 색상을 보색관계라고 한다.

① 색을 혼합하게 되면 갈색계열로 된다.

② 나란히 배색하면 서로의 색이 강조된다.

③ 색상환에서 서로 마주보고 있는 색상이다.

MEMO

5. 색상의 중화

고객의 모발에 오렌지의 색상이 있다고 가정을 하고, 고객이 희망하는 색상이 갈색의 기본색이라고 한다면 어떻게 작업할 것인가?

오렌지의 색상을 제거하고 갈색을 바를 것인가? 아니면, 고객이 희망하는 갈색을 그냥 바를 것인가?

이 문제의 해결방법은 색상의 중화를 활용하는 것이다. 즉, 오렌지의 중화색상인 파랑을 활용하여 모발의 색상을 갈색계열로 전화시켜 주는 것이다.

1) 색상의 중화

특정 반사빛을 없애고 갈색계열로 변화시키는 것이다.

① 보색계열의 반사빛을 사용한다.

② 반사빛의 강도를 일치시킨다.

③ 보색을 첨가하면 명도와 채도가 낮아짐에 유의한다.

(a) 노랑에서의 보색인 보라를 사용 색상의 중화한 결과

(b) 파랑에서의 보색인 오렌지를 사용 색상의 중화한 결과

(c) 빨강에서의 보색인 초록을 사용 색상의 중화한 결과

[그림 ii-10] 색상중화 예시

MEMO

2) 중화의 범주

색상 중화의 범주는 정확한 갈색계열로 전환시키는 것은 아니지만, 차가운 색상의 계열을 따듯한 색상계열로 또는 따듯한 색상의 계열을 차가운 색상계열로 전환시키는 것을 말한다. 또한 어떠한 특정색상의 농도를 떨어트리는 것을 말한다.

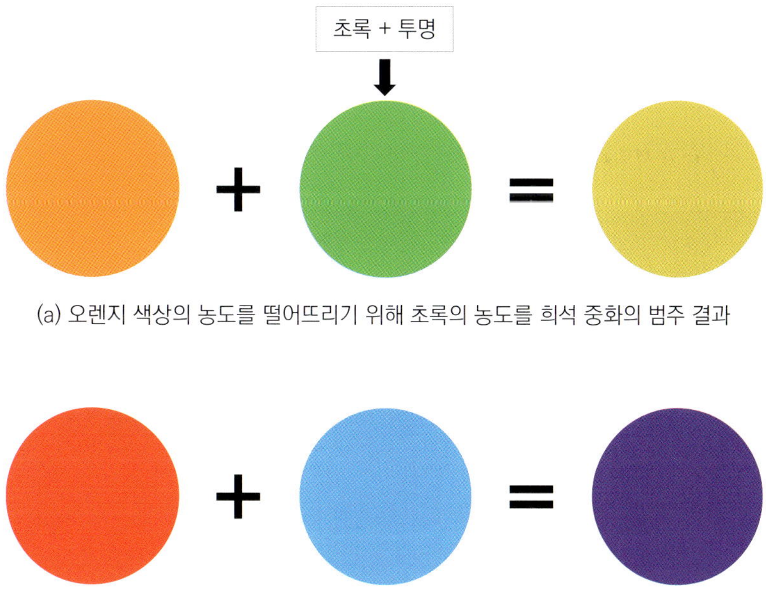

(a) 오렌지 색상의 농도를 떨어뜨리기 위해 초록의 농도를 희석 중화의 범주 결과

(b) 따뜻한 색상에서 차가운 색상으로의 전환한 중화의 범주 결과

[그림 ii-11] 색상중화의 범주 예시

Tip 중화의 범주

모발의 색상이 빨강(따듯한 계열)을 가지고 있다. 파랑을 사용하여 보라색(차가운 계열)으로 전환, 가지고 있는 색상이 오렌지의 색상을 가지고 있는데 오렌지의 색상이 너무 강하여 색의 느낌을 떨어뜨리고 싶어 초록을 투명과 희석 색의 농도를 약하게 하여 사용하면 중화는 되나 완벽한 갈색의 중화가 아니라 오렌지의 기운이 조금 떨어지는 결과를 얻는다.

실습 과제 Ⅰ-2. 12색상과 중화색상 칩 만들기

1. 실습 준비물

반영구 염모제(파랑, 빨강, 노랑) 각 1개, 그림붓 3개, 물통

2. 실습 진행 요령(실습 소요시간: 60분)

① 그림 Ⅱ-12와 같이 반영구 염모제를 사용하여 12색상환과 중화색상 칩을 만든다.

기본색	2차 색상	3차 색상
빨강(Red)	보라색(+)	적보라색(+)
		청보라색(+)
노랑(Yellow)	오렌지색(+)	주황색(+)
		주홍색(+)
파랑(Blue)	초록색(+)	청록색(+)
		연두색(+)

기본색	2차 색상	3차 색상
빨강(Red)	초록색(+)	갈색계열
노랑(Yellow)	보라색(+)	갈색계열
파랑(Blue)	오렌지색(+)	갈색계열

[그림 ii-12] 2차 색상과 중화색상 실습의 예

12색상환과 중화색상 칩 포트폴리오

1차 색상	2차 색상	3차 색상
빨강(Red)		적보라색
		청보라색
노랑(Yellow)		주황색
		주홍색
파랑(Blue)		청록색
		연두색

기본색	2차 색상	3차 색상
빨강(Red)	초록색(+)	갈색계열
노랑(Yellow)	보라색(+)	갈색계열
파랑(Blue)	오렌지색(+)	갈색계열

3. 실습평가: 포트폴리오

평가 항목		
지식	상	색과 제품의 특성에 대한 연관성을 통한 색상의 구성과 적용이 모두 완벽한 경우
	중	색과 제품의 특성에 대한 연관성을 통한 색상의 구성과 적용이 미숙한 경우
	하	색과 제품의 특성에 대한 연관성을 통한 색상의 구성과 적용하지 못하는 경우
기술	상	12색상환을 구성과 색상의 중화를 모두 완벽하게 제출한 경우
	중	12색상환을 구성과 색상의 중화 중 한 가지라도 미숙하게 제출한 경우
	하	12색상환을 구성과 색상의 중화, 모두 미숙하게 제출한 경우
태도	상	실습준비, 진행과정, 마무리 정리 등 모두 완벽하게 수업에 임한 경우
	중	실습준비, 진행과정, 마무리 정리 중 한 가지라도 부족한 경우
	하	실습준비, 진행과정, 마무리 정리 모두 부족한 경우

자료출처: NCS이용학습모듈, 2016

Ⅰ-2. 학습 정리

1. 1666년 영국의 아이작 뉴턴(Isaac newton)은 빛을 프리즘에 통과시켜 빨강, 주황, 노랑, 초록, 파랑, 남색, 보라의 여러 가지 색깔로 분해한다는 것을 밝혔으며 이 단색광으로 분광된 색의 띠를 "스펙트럼"이라고 한다.
2. 먼셀(A. Munsell)은 1913년에 먼셀 색체계(Munsell color system)를 완성하여 각 색채를 색상, 명도, 채도의 3가지 속성에 의거하여 분류하였다.
3. 빛의 파장은 380 ~ 780nm이며 사람의 눈이 볼 수 있는 빛이라 하여 가시광선이라고 한다.
4. 각 파장에 따른 색은 380 ~ 450nm는 보라, 450 ~ 500nm는 파랑, 500 ~ 570nm는 녹색, 570 ~ 590nm는 노랑, 590 ~ 620nm는 주황, 620 ~ 780nm의 범위는 빨강에 해당 된다.
5. 색의 3 속성은 색상, 명도, 채도로 분류를 한다.
6. 색의 삼원색은 일반적으로 빨강, 파랑, 노랑의 색을 말하였으나, 정확하게 말하면 마잰다(Magenta), 시안(Cyan), 옐로우(Yellow)를 색의 삼원색이다.
7. 염색에서의 삼원색은 파랑, 빨강, 노랑으로 한다.
8. 2차 색상과 3차 색상은 색 공간 내에서 서로 다른 색과 색이 혼합되어 수많은 색과 색상이 만들어 지게 된다.
9. 색의 보색 색상환에서 서로 마주 보고 있는 정반대 편에 놓인 색상을 보색 관계라고 한다.
10. 색상의 중화는 특정 반사 빛을 없애고 갈색 계열로 전환시키는 것이다.
11. 중화의 범주는 차가운 색상 계열을 따듯한 색상의 계열로 또는 따듯한 색상의 계열을 차가운 색상의 계열로의 전환시키며, 특정한 색상의 농도를 떨어트리는 것을 의미한다.

I - iii

염색 기초이론과 실무

학습 개요

이 단원에서는 모발 염색에 사용되는 도구의 위생관리, 패치 테스트와 스트랜드 테스트, 염모제의 종류와 종류별 특징을 이해하게 되며, 반영구 염모제와 산화 염모제의 특성을 살펴보도록 한다. 염색의 결과 색상과 염색작업 전 두피와 모발의 진단과 분석, 멋내기 염색과 백모 염색, 액상화 작업과 염색샴푸에 관하여 학습한다.

주요 용어

위생관리, 자비 소독, 자외선 살균 소독, 계면활성제, 패치 테스트, 스트랜드 테스트, 파라페닐렌디아민(PPDA), 황산톨루엔-2, 5-디아민, m-아미노페놀, 반영구 염모제, 산화 염모제, 자연모 레벨, 과산화수소수, 암모니아, 애벌탈색 (pre-lightening, 사전 탈색), 블리치 레벨, 염색의 결과색상, 멋내기 염색, 백모 염색, 액상화

MEMO

01 미용 위생과 도구관리

학습목표

1. 미용 위생관리의 필요성에 관하여 파악할 수 있다.
2. 미용실 실내 환경관리의 중요성에 관하여 파악할 수 있다.
3. 작업도구의 위생관리 및 작업장, 개인위생관리에 적용할 수 있다.

1. 미용 위생관리의 개념

미용실 현장은 많은 사람이 모이는 곳이며, 고객의 두발과 신체의 접촉, 미용도구, 재료 등으로 인하여 병원균의 감염 경로가 될 수 있는 환경에 노출되어있다. 따라서 미용실의 실내는 늘 청결히 유지하고, 미용도구의 위생관리를 간과해서는 안 되며, 실내 환기에 주의를 기울여야 할 것이다. 미용실 종사자와 고객의 건강 그리고 안전하고 쾌적한 환경을 바탕으로 아름다움을 추구해야 할 것이다. 미용실의 위생관리와 작업 도구의 관리 방법에 관하여 알아본다.

2. 질병의 감염경로

미용은 고객의 모발, 얼굴, 피부 등 신체를 아름답고 건강하게 꾸며주기 위하여 다양한 서비스를 제공하는 것을 의미한다. 이러한 서비스를 제공하다 보면 미용사의 실수로 고객들에게 가벼운 상처를 입힐 수도 있고 자신도 상처를 입을 수 있고, 이 상처를 통하여 고객에게 각종 병원균이 침투할 수 있다.

미용실에서 고객들의 감염여부를 판단하기 어렵다. 어떤 도구들이 병원균에 노출되었는지도 쉽게 판단할 수 없으므로 실내와 작업용 도구의 위생에 철저하게 관리하지 않는다면 작업자나 고객 모두에게 감염의 원인이 될 수도 있을 것이다. 따라서 염색용 붓과 볼, 빗, 가위, 브러시, 핀셋, 바울, 클리퍼, 케이프, 고객 가운, 수건 등의 미용 도구도 일차적인 감염의 원인이 될 수 있다. 특히 고객과의 피부 접촉으로 인해 백선(白癬)이나 농가진(膿痂疹) 등의 전염이 있을 수 있다.

MEMO

3. 미용실 위생관리

1) 미용실 위생

실내의 환기가 중요한 것은 사용 제품의 화학적 반응과 작업 과정에서 발생하는 실내의 오염, 사람들의 호흡으로 인한 이산화탄소 배출 등으로 실내 공기가 오염됨으로 외부의 깨끗한 공기가 유입될 수 있도록 환기장치와 공기청정기 등의 시설을 갖춘다. 조명은 자연광에 가깝도록 연출하는 것이 중요하며 미용실의 밝기는300 ~ 360lx(럭스) 정도가 적합하다.

실내와 사용도구 등에 먼지나 사용 제품의 잔여물 등이 묻지 않도록 하고, 벽이나 실내공간에 시술용 제품이 묻거나 떨어뜨린 즉시 닦아주어야 하며, 청결 상태에 유의해야한다. 또한 바닥의 모발은 쓸어서 뚜껑이 있는 쓰레기통에 버리고 에어컨, 환풍기 등의 시설 기기는 먼지를 털고, 필터나 날개를 자주 청소하며, 늘 청결을 유지하도록 한다. 전기 연결 및 전열기는 안전하고, 적절하게 설치한다.

2) 미용사 개인위생

미용사는 미용실의 시설, 설비, 기구 등의 위생 전반에 대한 점검 및 관리해야 한다. 전염성 질환을 앓고 있는 동안 작업을 금지해야 한다. 작업자는 항상 청결하고, 깨끗한 복장을 착용하며, 출퇴근 복장과 유니폼을 구별하여, 복장으로 인한 오염이나 질병의 감염을 예방하도록 한다.

작업자의 손은 사용제품 등으로 산, 알칼리, 계면활성제 등에 노출되기 쉬우므로 피부질환 예방에 주의를 기울여야 하고, 피부에 세균이 감염될 위험이 높으므로 작업장과 미용기기 및 도구의 위생과 소독처리에 철저히 유의해야 한다.

장신구나 액세서리는 업무에 방해되지 않도록 하고, 작업하기 전에 손을 깨끗이 씻어야 하며, 피부 질환이 있는 고객을 접촉한 후에는 손 소독을 철저히 한다. 손을 자주 씻고, 청결을 유지하도록 하여 개인위생을 철저히 준수하도록 한다. 신체와 두발은 청결을 유지하며, 헤어스타일과 메이크업은 청결하고 단정하게 한다. 미용사는 땀이나 체취에 주의하며, 흡연 및 식사 등으로 인한 입 냄새 및 채취가 나지 않도록 한다.

MEMO

4. 작업도구의 소독방법

1) 자비 소독 (소독 대상: 가위, 클리퍼, 레저 등)

물을 끓여서 소독이나 살균하는 방법으로 물이 끓기 시작한 후 100℃ 이상에서 10분 이상 소독하는 방법으로 멸균은 100℃에서 30분 이상이 필요하다. 소독할 대상이 금속류인 경우에는 탄산나트륨을 물에 1 ~ 2% 넣으면 녹이 스는 것을 방지 할 수 있다. 주의사항은 소독 시 물건을 끓는 물에 완전히 잠기게 하고 금속류는 반드시 끓기 시작한 후 에 넣어야 한다. 레저 날, 가위 등은 거즈로 싸서 끓는 물에 소독해야 날이 무뎌지는 것을 방지할 수 있다. 브러시, 빗 등은 재질의 특성상 변형이 될 우려는 없는지 주의해야 한다. 자외선 살균이나 알코올 등을 사용하고 자비 소독은 하지 않는다.

2) 자외선 살균 소독
(소독 대상: 플라스틱 재질의 미용도구, 브러시, 빗, 가위 등)

자외선을 이용하여 소독하는 방법으로 일조량이 좋은 시간에 조사하는 것이 좋다. 자비 소독으로 소독할 수 없는 큰 형체의 소독에 사용하며, 저항력이 강한 결핵균, 장티푸스, 콜레라균 등도 몇 시간이면 죽는다. 자외선 살균 소독기를 이용한 방법으로 사용도구를 넣어서 20분간 쪼이면 된다. 자외선 소독은 물건을 상하지 않게 하면서 모든 균에 효과적이고 소독 시 냄새가 없는 장점을 갖고 있다. 미용실에서는 자외선소독기를 반드시 구비해야만 한다. 주의사항은 조사되지 않은 부위를 수시로 바꿔 주어서 자외선이 골고루 쪼이도록 한다.

3) 알코올 (소독 대상: 피부, 손, 가위, 브러시 등)

소독으로 사용되는 알코올은 에탄올을 70 ~ 80% 로 희석하여 사용한다. 칼이나 가위를 알코올을 거즈에 묻혀 닦아서 소독하며, 사용이 간편하고 독성이 강해 사용 후 얼룩이 남지 않지만 값이 비싸고, 고무나 플라스틱을 녹일 수 있으며, 아포 형성균에는 효력이 없는 단점이 있다. 주의사항은 휘발성이 있으므로 뚜껑을 꼭 닫고 화기에 주의한다.

4) 계면활성제 (소독 대상: 손, 기구 등)

세제, 세척제, 유화제, 양성계면활성제 등은 모두 계면활성제에 속한다. 소독용으로 주로 역성비누와 양성계면활성제를 사용하는데 양성계면활성제는 결핵균에 효과적이다.

물에 쉽게 용해되고 세정작용도 있으며, 무색, 무취로 독성이 적지만 값이 비싸고 유기체가 많은 곳에서는 살균력이 저하된다.

염색 시술 도구는 항상 소독하여 1인 1회 사용하도록 하고 고객용 가운과 케이프는 1회 사용 후 세탁을 하며, 작업도구는 사용 전·후 알코올 등으로 소독을 하여 사용을 한다.

MEMO

읽/을/거/리

백선(白癬)에 대하여

백선균이 표피·모(毛)·손톱과 발톱에 기생하여 얕은 병변을 나타내는 것을 천재성(淺在性) 백선이라 하며, 모포(毛包)로부터 침입하여 진피 내에 깊은 병변을 일으키는 것을 심재성(深在性) 백선이라고 한다. 후자는 극히 드물며, 임상 증세는 백선균이 기생하는 부위에 따라 다르다.

1. 두부백선

주로 어린이의 두부에 경계가 뚜렷한 둥글고 흰 낙설 면이 생기며, 모발은 절단 또는 탈락한다.

2. 반상소수포성 백선(斑狀小水疱性 白癬)

얼굴·목·가슴·배·사지 등에 경계가 뚜렷한 둥근 홍반(紅斑)이 생기고, 그 표면에 작은 수포가 더러 있다. 홍반은 원심성(遠心性)으로 확대하고, 그 중심은 정상피부로 되돌아가 치유되며, 반면(斑面)에 가려움증이 있다.

3. 완선(頑癬)

사타구니 또는 둔부에 경계가 뚜렷한 둥근 모양의 홍반이 생긴다. 그 반면과 내부의 피부는 착색되고, 작은 구진(丘疹), 작은 물집, 인설(鱗屑)이 생기며, 가려움이 심하다.

4. 한포상 백선(汗疱狀 白癬)

무좀을 말하며, 발에 많이 생기고, 손에 생기는 일은 드물다. 작은 수포를 주 증상으로 하는 것과 발바닥의 피부가 두꺼워져 낙설(落屑)을 보이는 것이 있으며, 발가락 사이의 피부가 허옇게 불어나듯 느스러져 짓무르거나 낙설(落屑)을 보이는 것이 있다. 또한 심한 가려움이 있다.

MEMO

5. 조백선(爪白癬)

주로 발톱에 백선균이 기생하며, 불결한 회백색으로 혼탁해지면서 면이 고르지 못하고, 비후(肥厚), 변형되어 부스러진다. 주로 발톱 주위에 한포상백선(汗疱狀白癬)이 있다.

6. 독창(禿瘡)

두부에 편평하게 또는 구상(球狀)으로 융기하는 농양(膿瘍)이 생겨 물렁물렁하다. 모근에 얇게 가피(痂皮)가 생기고, 누르면 모공으로부터 농이 배출된다.

7. 백선성 모창(毛瘡)

턱수염 부분에 편평하게 솟아오른 여물고 작은 결절(結節)이 생겨 가피가 있고, 누르면 모공으로부터 배농한다.

8. 범발성 백선(汎發性 白癬)

전신 피부 상에 광범위하게 피부가 두꺼워지고, 단단해지며 낙설한다. 림프절이나 내장에도 백선균으로 인한 육아종(肉芽腫)이 생긴다.

백선균을 증명하려면 수포막·인설·조(爪)·모(毛) 등 병적 재료를 슬라이드 유리에 채취하여 거기에 15 ~ 30%의 수산화칼륨 한 방울을 떨구고, 덮게 유리로 덮어 두었다가 각질(角質)이 융해된 다음 현미경으로 관찰한다.

백선균의 배양에는 보통 5% 포도당한천을 쓰고, 25℃ 전후에서 배양한다. 치료약으로는 요오드(Iodine, I), 살리실산(Salicylic acid), 불포화지방산류, 유기수은제(organic mercury compounds), 나프티오메이트 T(Naphthol T) 등이 있으며, 항생물질로는 바리오틴(Variotin), 그리세오풀빈(Griseofulvin) 등이 있다. 특히 바리오틴(Variotin), 그리세오풀빈(Griseofulvin)는 내복약으로 효과가 있다. 특수한 치료로 두부천재성 백선(頭部淺在性 白禱)에는 X선을 쪼여 발모하는 방법, 조갑 백선(爪甲 白癬)에는 각질연화제에 항사상균제(抗絲狀菌濟)를 섞어 침투시키는 법, 심재성 백선(深在性 白癬)에 트리코피틴(Trichophytin) 주사를 행하는 법 등이 있다.

(출처: 네이버 지식백과, 두산백과).

MEMO

02 패치 테스트와 스트랜드 테스트

학습목표

1. 염색 알레르기 반응의 원인에 관하여 이해하고 패치 테스트 진행에 관하여 설명할 수 있다.
2. 염색 전 패치 테스트를 실행할 수 있다.
3. 스트랜드 테스트에 관하여 설명하고 작업에 적용할 수 있다.

1. 패치 테스트(Patch test)

산화 염모제에는 파라 페닐렌디아민(Para phenylenediamine, PPDA), 황산톨루엔-2, 5-디아민, m-아미노페놀 등 알레르기를 일으킬 수 있는 성분이 포함되어 있으며, 보고된 바에 의하면 25%의 일반인에게서 페놀 성분에 의한 알레르기 증상이 나타난다고 한다.

염색의 알레르기 증상 이외에도 민감성 두피는 염색작용이 진행되는 과정에서 통증이나 가려움을 호소하는 경우가 발생한다. 그러므로 염색 전에 알레르기의 유무와 피부의 민감도를 미리 알아보기 위해 패치 테스트를 시행하도록 하며, 염색 작업 전 두피 보호제를 사용하거나 염모제의 도포를 최대한 모근에서 띄우고 작업을 하여 발생될 수 있는 문제를 예방하여야 한다.

1) 패치 테스트 방법

① 염색 48시간 전 팔의 안쪽이나 귀의 뒤쪽에 주변을 깨끗이 씻고 물기를 닦아 낸다.
② 염모제 제 1제와 산화제 제 2제를 혼합 비율에 맞추어 혼합힌다.
③ 팔 안쪽 또는 귀 뒤쪽의 피부 부분에 소량을 바른다.
④ 염모제를 도포 후 30분 후, 48시간 후에 2회 관찰 한다.
⑤ 닦아낸 부위를 알코올로 소독한다.
⑥ 아무런 이상이 없을 시 염색이 가능하다.
⑦ 도포 부위에 이상 반응이 생기면 깨끗이 씻어 낸다, 닦아낸 부위를 알코올로 소독하고, 염색을 하지 않도록 한다.

MEMO

2) 패치 테스트 결과 판독

① 음성 반응: 붉은 반점이 없고, 가려움이 없으며, 염색의 색상이 들었어도 피부는 정상인 경우 염색을 할 수 있다.

② 양성 반응: 가려움증과 붉은 반점, 양성 반응이 강한 경우 물집이 잡히기도 하며 이러한
경우는 염색을 할 수 없다.

3) 염색 산화의 중화

만일 염색이 진행되는 중에 고객이 가려움증이 생기며, 피부가 붉게 일어나고 부풀게 되면, 전체 두발에 즉시 쉘러 세척으로 중화를 시작한다.

◆ 구성: 1ℓ 순수 물
150g 의 염화나트륨
50㎖ 의 과산화수소수 20vol.

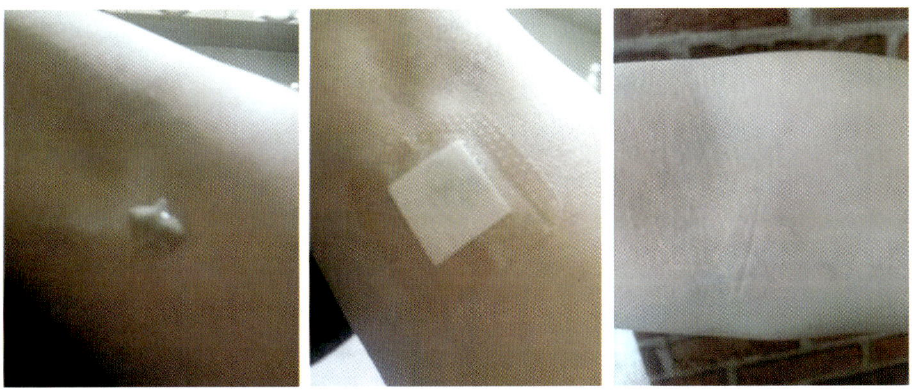

(a) 패치 테스트 진행

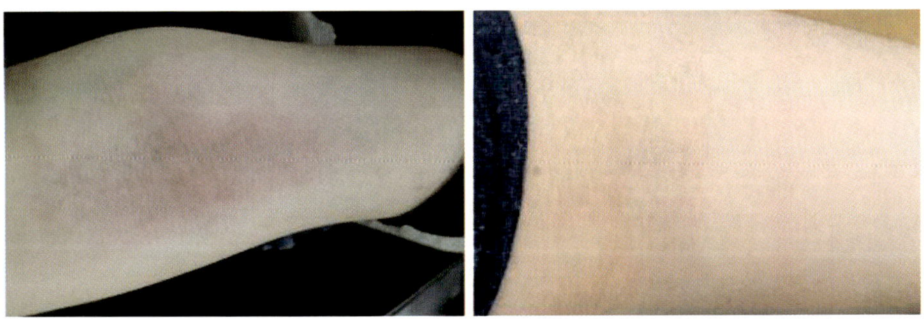

(b) 알레르기 반응 (c) 알레르기 무반응

[그림 iii-1] 패치 테스트진행과 결과의 비교 예시

2. 스트랜드 테스트(Strand test)

MEMO

고객의 과거 서비스 이력을 정확히 파악할 필요가 있을 경우에 진행한다. 즉, 모발 진단이 모호하여 결과색상에 문제가 생길 것으로 판단되는 경우 스트랜드 테스트(모다발 검사)를 한다.

1) 스트랜드 테스트의 판단유형

① 열 펌 등으로 인하여 모발의 단백질 변형이 되어 염색작업 시 문제가 될 것으로 판단되는 경우 진행한다.
② 이전 염색 서비스를 어두운 색상으로 하여 현제 자라난 신생모와 기염모의 경계를 진단하기 어렵거나 모호한 경우 진행한다.
③ 이전 염색 서비스를 헤나 등의 염색으로 컬러체인지 작업 시 색소제거에 문제가 될 것으로 판단되는 경우 진행한다.
④ 모발 진단 시 어두운 색상으로 염색을 했는데 고객의 경우 수개월이 지난 상황에서는 어두운 색상으로 서비스한 사항을 잊고 자연모라고 하는 경우 진행한다.
⑤ 고객의 희망색상이 결과색상으로 표현되는지 파악하고자 하는 경우 진행한다(NCS이용학습모듈, 2016).

MEMO

읽/을/거/리

패치 테스트관련 식품의약품 안전처 공고

염모제(염색약) 또는 양모제(탈모방지제) 사용 시 주의 사항

- 모발의 염색을 위해 사용되는 염모제는 사람에 따라 접촉성 피부염, 두피 질환 및 탈모 등의 알레르기를 일으킬 수 있으므로 귀찮더라도 반드시 패치 테스트를 거친 후 사용하도록 한다.
- 패치 테스트는 팔 안쪽 또는 귀 뒤쪽에 염색약을 바르고 48시간 후에 피부 알레르기(두피가 간지러움, 진물, 붓는 증상)반응 여부 확인한다.
- 두피에 상처가 있는 경우 뿐 아니라 머리, 얼굴, 목덜미에 부스럼, 상처 등 피부병이 있는 경우에도 염색은 피하고 피부가 민감한 눈썹, 콧수염에는 염모제를 사용하면 안 된다.
- 염색 후 눈이 침침해졌다고 호소를 하는 경우가 있지만 머리 염색과 시력 저하와는 직접적인 관계가 없다. 다만, 염색약이 눈에 직접 닿으면 염색약의 과산화수소 성분이 각막에 상처를 줄 수 있으므로 염색 중에는 눈을 감고 있고 염색 후에는 생리식염수로 눈을 세척하는 것이 바람직하다.
- 염색 전 샴푸를 하면 두피 보호막이 손상되므로 머리를 감지 말고 바로 염색하는 것이 좋으며, 파마와 염색을 동시에 하면 모발이 더 많이 손상될 수 있으므로 1~2주 간격을 두고 하는 것이 바람직하다.
- 양모제는 두피 및 머리카락에 영양을 공급하여 머리카락이 빠지는 것을 방지하는 제품으로 머리카락이 새로 나게 하는 의약품인 발모제와는 다르므로 용도를 알고 사용하여야 한다. 또한 양모제를 동일한 부위에 반복 사용하면 탈지(기름기 제거)현상이 나타나 두피가 거칠어 질 수 있으므로 주의하여야 한다.

실습 과제 Ⅰ-3. 패치 테스트와 스트랜드 테스트

1. 실습 준비물

산화 염모제 3번(5/0) 1개, 산화제, 염색 볼, 염색 붓, 면봉, 방수밴드, 타월

2. 실습 진행 요령(실습 소요시간: 10분)

① 팔 안쪽의 주변을 깨끗이 물로 씻고, 물기를 닦아낸 다음 염모제 제 1제와 산화제 제 2제를 혼합하여 피부 부분에 소량을 바른다.
② 바른 후 30분간 관찰 이상이 없으면 방수밴드로 붙인다.
③ 바른 부위에 이상 반응이 생기면 깨끗이 씻어 내고 소독한다.
④ 바른 후 48시간 동안 결과를 관찰 한다.

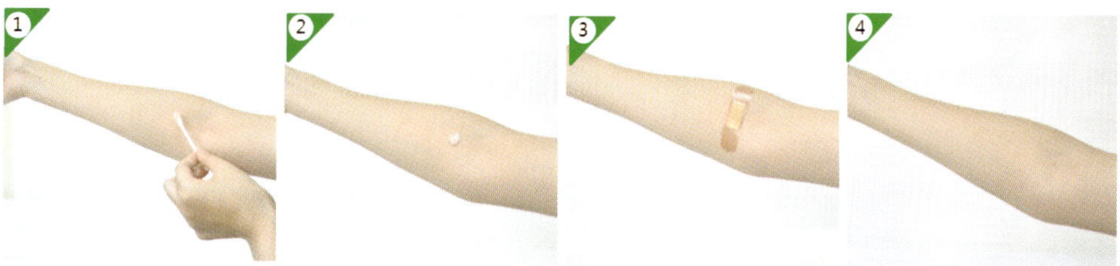

[그림 iii-2] 패치 테스트 진행요령

3. 실습 진행 요령(실습 소요시간: 10분)

① 고객의 모발을 1cm(가로와 세로) 정도의 슬라이스를 뜬다(미관상 보이지 않는 네이프 부분을 선택하는 것이 좋다).
② 염모제나 탈색제를 산화제의 혼합(제조사 지시에 따라)하여 슬라이스를 뜬 모발에 모근 1cm 띄우고 모발의 길이에서 모발의 길이 끝까지 도포한다.
③ 호일을 사용하여 호일워크 한다.
방치시간: 탈색제를 사용하여 진행한 경우 약 5분 ~ 10분, 염모제의 경우 제조사 방치시간을 방치하고 젖은 타월을 사용하여 발린 제품을 닦아낸다.
헤어드라이어를 사용하여 젖은 모발을 건조한다.
④ 스트랜드 테스트 결과를 확인한다.
결과확인 시 모발 전체의 균일성과 결과색상을 확인하여 작업의 가능성이나 작업방법을 결정한다(NCS이용학습모듈, 2016).

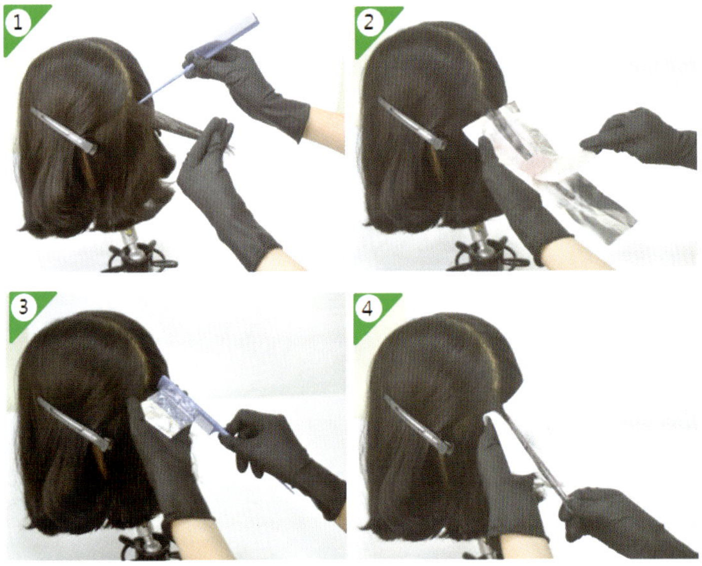

[그림 iii-3] 스트랜드 테스트 진행요령

4. 실습평가: 평가자 체크리스트

평가 항목		
지식	상	패치테스트와 스트랜드 테스트에 관하여 이해를 통해 작업에 적용하여 결과를 정확하게 할 수 있는 경우
	중	패치테스트와 스트랜드 테스트에 관하여 이해를 통해 작업에 적용하나 정확하지 못하는 경우
	하	패치테스트와 스트랜드 테스트에 관하여 이해를 통해 작업에 적용하지 못하는 경우
기술	상	패치테스트 진행에 관한 적용과 스트랜드 테스트 진행의 적용과정과 테스트 결과에 따른 조치를 정확하게 할 수 있는 경우
	중	패치테스트 진행에 관한 적용과 스트랜드 테스트 진행의 적용과정은 진행을 하나 테스트 결과에 따른 조치를 하지 못하는 경우
	하	패치테스트 진행에 관한 적용과 스트랜드 테스트 진행의 적용과정과 테스트 결과에 따른 조치를 하지 못하는 경우
태도	상	실습준비, 진행과정, 마무리 정리 등 모두 완벽하게 수업에 임한 경우
	중	실습준비, 진행과정, 마무리 정리 중 한 가지라도 부족한 경우
	하	실습준비, 진행과정, 마무리 정리 모두 부족한 경우

자료출처: NCS이용학습모듈, 2016

패치 테스트와 스트랜드 테스트 포트폴리오

패치 테스트 전 사진	패치 테스트 후 사진

스트랜드 테스트 전 사진	스트랜드 테스트 후 사진

MEMO

03 염모제 종류와 특징

학습목표

1. 염모제의 주성분에 의한 분류와 화학적 작용, 유지기간에 따른 분류를 설명할 수 있다.
2. 반영구 염모제의 특성을 이해하고 작업에 적용할 수 있다.
3. 산화 염모제의 구성 및 작용원리를 이해하고 작업에 적용할 수 있다.

1. 염모제의 분류

모발염색에 사용되는 염모제는 주성분에 의해 분류하기도 하지만 염모제의 화학적 작용과 유지기간에 의하여 분류를 할 수 있으며, 또한 산성과 알칼리의 함유에 따라 산성 염모제와 알칼리 염모제로 구분할 수 있다.

1) 염모제의 주성분에 의한 분류

(1) 식물성 안료

자연 헤나, 중성 헤나, 양람(인디고) 커피, 카모마일, 호두 나뭇잎 등의 성분을 주로 사용한다.

(2) 화학적 안료

납 성분 염을 사용하거나 은 성분을 기본으로 사용하기도 하나 메탈 성분이어서 펌 등 화학적 시술에 문제가 발생하여 거의 사용하지는 않는다.

(3) 혼합 안료

식물성 안료와 금속성 염을 혼합하여 사용하는 염모제로 역시 화학적 작용에 문제를 야기 시키므로 거의 사용하지는 않는다.

(4) 유기 염료

① 비산화염모제(Non-oxidation color)는 일시적 염모제(Temporary dye) 그리고 반영구 염모제 (Semi-permanent tint) 또는 직접 염모제 (Direct tint)로 구분할 수 있다.

MEMO

② 산화 염모제(Oxidation color)는 준 영구 염모제(Quasi-permanent) 그리고 영구 염모제(Permanent tint)로 구분할 수 있다.

산화 염모제는 주원료를 석탄이나 석유 등에서 추출한 디아민류를 주원료로 사용하며, 이것은 베이스를 구성하는 원료이다. 그러므로 알레르기 반응을 일으킬 가능성이 있어 패치 테스트가 필요로 한다.

2. 염모제의 화학적 작용과 유지기간에 따른 분류

[그림 iii-4] 염색의 작용별 구분

1) 비산화 염모제

일시적 염모제와 반영구 염모제로 구분하며, 비산화 염모제는 모발염색 시 산화작용 없이 모발에 정착(흡착)되어 결과색상을 표현하는 것을 의미한다.

(1) 일시적 염모제

일시적 염모제는 칼라 무스, 칼라 마스카라, 칼라 스프레이, 칼라 린스, 칼라 왁스 등의 제품으로 시판되고 있다. 일시적 염모제의 색소는 입자가 커 모피질 내에 침투가 어렵고 모표피의 비늘 층 모양 구조 표면에 색소가 갇혀 있게 된다. 1회의 샴푸로 색소는 지워지게 되나 모표피의 손상이 심한 경우 모피질 층에 도달하게 되면 지속시간이 길어질 수도 있다.

MEMO

가. 염료 성분

① 메틸렌 블루(Methylene blue)
② 메틸 바이올렛(Methy violet)
③ 아조계 염료 (Azo- dye)

나. 장점

① 결과를 즉각적으로 볼 수 있다.
② 패치 테스트가 필요하지 않다.
③ 염·탈색 결과에 대해 불안해하는 고객의 경우 일시적 염모제를 이용하여 예상되는 결과를 눈으로 직접 확인하게 해줄 수 있다.

다. 단점

① 색의 지속력이 짧다
② 윤기 없는 뻣뻣한 느낌의 결과를 가져올 수 있다.
③ 다공성 모발의 경우 샴푸 후에도 색소가 부분적으로 남아 있을 수 있다.

(2) 반영구 염모제((Acid color)

반영구 염모제는 흔히 산성 염모제, 헤어 매니큐어라고 하고, 1제만으로 구성되어 있으며, 다른 화합물과 혼합하여 사용하지 않기 때문에 직접 염모제(Direct color)라고도 한다.

반영구 염모제는 보통 약산성을 띠는 염모제이며, 제품에 따라 또는 모발의 손상정도에 따라 유지력의 차이를 보이고 있으며, 보통 2 ~ 4주의 유지력을 가지고 있다. 반영구 염모제는 음이온 결합의 형태로 정착이 되므로 모발의 pH 밸런스의 균형이 매우 필요로 한다. 그러므로 제품을 사용하기 전 약산성의 샴푸와 모발의 밸런스를 조절하여 주는 컨트롤러를 사용하여 주는 것이 바람직하다. 이들의 염모제가 모표피 내·외피에 정착하여 결과의 색상을 나타낸다.

일반적으로 임상을 통해서 붉은색을 띄는 반영구 염모제가 푸른색을 띄는 염모제에 비해 지속력이 긴 것을 알 수 있는데, 이는 빨간색을 나타내는 염료가 파란색을 나타내는 염료에 비해 색소의 입자가 작기 때문에 모피 질까지 침투가 용이한 반면, 파란색의 색소는 입자가 크기 때문에 모표피에 머물게 되이 샴푸를 통해 색소가 빠져나가게 된다.

가. 염료성분

① 니트로 아미노페놀(Nitro- aminophenol): 빨강색
② 니트로 페닐렌디아민(Nitro-phenylenediamine): 노란색
③ 테트라 아미노 안트라퀴논(Tetra-amino-anthraquinone): 파란색

MEMO

[그림 iii-5] 웰라 반영구 염모제 컬러 차트

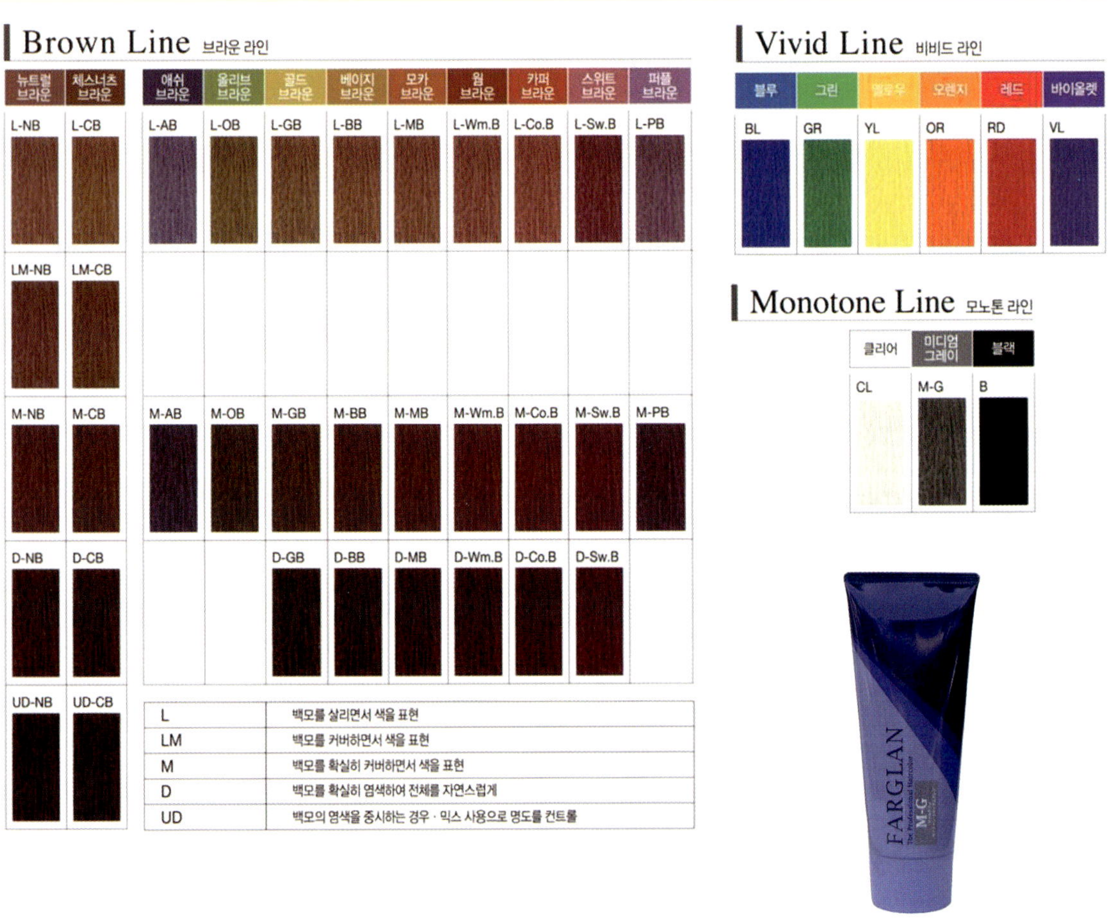

[그림 iii-6] 밀본 반영구 염모제 컬러 차트

MEMO

나. 장점

① 산화 염모제에 비해 모발 손상도가 비교적 적다.
② 염색 후 일정시간 경과 시 색소가 빠짐으로써 새로 자라나온 모발(Regrowth hair)과의 색상 차이가 뚜렷하지 않다.

다. 단점

① 샴푸시마다 색소가 빠진다.
② 색조를 더해줄 뿐 명도를 밝게 하지는 못한다.

3) 산화 염모제

산화 염모제는 모발에 영구적으로 모발색상의 변화를 가져와 모발을 잘라내기 전까지 지속성을 가진다는 특성이 있고, 알칼리 염모제라고도 하며, 염모제(제 1제)와 산화제(제 2제)로 구성되어있다.

산화 염모제를 사용 시 제조사의 혼합비율에 따라 혼합하여 모발에 도포, 알칼리제에 의하여 표피의 팽창이 일어나고 모피질에서 탈색의 반응으로 블리치 레벨을 만들며, 발색의 반응으로 도포한 색상이 만들어지게 된다. 무색의 색소 중간체(Dye intermediate)를 사용하고 여기에 산화제(과산화수소수, H_2O_2)가 작용 모발의 멜라닌 색소를 분해한다. 즉, 탈색이 진행되는 동시에 색소의 중간체를 산화중합 반응의 작용으로 발색되어 결과색상을 만들어 준다.

염색의 결과색상= 블리치 레벨(탈색) + 도포한 색상(발색)

산화 염모제는 염모제와 산화제를 1 : 1(제조사에서 제안하는 혼합비율)로 혼합을 하여 사용한다. 산화 염모제의 등전점은 보통 pH 9 ~ 11정도 된다. 염모제의 작용기전을 살펴보면 크게 3단계로 구별될 수 있으며, 이러한 작용이 진행되는 시간은 보통 25~ 35분의 시간이 필요로 한다.

◆ 1단계 - 침투: 알칼리제의 작용으로 모표피가 열리고 염료와 과산화수소가 모피질 내부로 침투되는 단계이다.

◆ 2단계 - 산소형성 및 멜라닌 산화: 과산화수소에서 분리된 유리 산소가 모피질 내에 있는 멜라닌 색소를 산화시켜 옥시 멜라닌이라고 하는 무색의 색소로 변화시키는 단계이다.

◆ 3단계 - 발색: 과산화수소로부터 분리된 유리 산소가 모피질에 침투되어 있는 무색의 색소와 산화중합반응을 함으로써 유색의 큰 입자를 형성하여 모피질 내에 영구적으로 발색되는 단계이다.

MEMO

(1) 염모제의 구성 성분

가. 염료

보편적으로 크림타입의 형태로 튜브에 들어 있으며, 전조제(베이스)와 단속제(변형제)으로 구성되어 있다.

(가) 베이스 염색제 또는 베이스 전조제

산화염료의 전구체로써 보통 파라 페닐렌디아민(Para phenylenediamine, PPDA)을 사용하거나 유도체를 혼합한다. 유도체로는 파라(Para) 또는 오토(Ortho) 아미노 페놀(Amino-phenol), 파라(P) 또는 오토(O) 톨루엔디아민(Toluenediamine)을 사용하며, 이는 색상의 안착을 돕는 불투명한 색상을 만들고 쉽게 산화하는 특성을 가지고 있다.

(나) 단속제 또는 변형제

염료의 커플러라고도 하며, 스스로 염색되지 않고 베이스 전조제와 혼합하여 사용함으로 발색이 된다. 전조제에 혼합하여 사용하는 단속제는 주로 메타(Meta)를 사용한다. 즉, 메타 아미노페놀(Meta-aminophenol), 메타 페닐렌디아민(Mwta--phenylenediamine), 리조시놀(Resorcinol) 등을 사용한다.

(다) 염모제의 색소성분

① 파라 페닐렌 디아민(Para-phenylene-diamine): 검정
② 파라 톨루엔 디아민(Para-toluened-iamine): 갈색
③ 메타 디하이드록시 벤젠(Meta-dihydroxy-benzene): 회색
④ 파라 아미노 페놀(Para-amino-phenol): 붉은 갈색

산화 염료는 단독으로 존재 시에는 무채색으로 크기가 작은 색소이지만, 산소와 결합이 되는 산화과정을 통해서 유색의 큰 입자의 색소로 되어 모피질 내 발색하게 되는 특징을 지니고 있다.

나. 알칼리

① 보편적으로 암모니아수(NH_4OH)를 사용한다.
② 모표피를 팽윤시켜 색소의 침투를 용이하게 한다.
③ 과산화수소와 반응하여 유리 산소를 발생시킴으로써 멜라닌 색소와 염색소의 산화를 촉진시킨다.

다. 재질

모발 보호와 제품의 사용을 쾌적하게 하며, 액상화 작업 시 쉽게 할 수 있도록 크림, 젤 또는 오일타입으로 만든다. 염모제의 농도를 조절하여 주는 용매로 오토에멀

MEMO

져너블왁스(Orthoemulsionablewax)라 한다.

라. 산화 방지제

염모제의 성분이 너무 빠른 작용을 하지 못하도록 저지하는 것으로 모발에 염모제를 도포할 충분한 시간을 줄 수 있도록 하는 지연제이다. 보편적으로 환원제인 치오글리콜산을 사용한다.

마. 직접 염료

직접 염료를 첨가하여 반사빛을 더해준다.

(2) 산화제의 작용

탈색제에 사용되는 제 2제와 동일하며, 과산화수소는 두 가지의 중요 역할을 한다.

① 산화 염모제를 산화시킴으로써 무채색, 작은 입자의 색소를 유색, 큰 입자의 색소로 변화시킨다.

② 모피질 내 있는 멜라닌 색소를 산화시켜 옥시 멜라닌(Oxy-melanin)이라는 색이 없는 분자 형태로 산화되어 탈색의 효과를 나타낸다.

(3) 장점

① 색상의 지속력이 길다.

② 백모 염색 시 100% 커버가 된다.

③ 색조와 명도의 변화를 동시에 가져올 수 있다.

(4) 단점

① 산화과정 및 알칼리성분으로 인한 모발 손상이 있다.

② 지속성으로 인해 모발이 자라나온 부분과 이전 염색부위의 색상 경계가 뚜렷하다.

③ 페놀(Phenol)성분으로 인해 피부에 알레르기(Allergy) 반응을 일으킬 수 있다.

(5) 산화 염모제 사용 시 주의사항

아민계 색소는 과산화수소와 혼합하게 되면 작은 입자에서 큰 입자로 산화중합 반응을 하게 된다. 큰 입사로 뭉쳐진 색소는 모피질 내로 침투가 어려워시므로 사용직전에 염모제를 혼합하도록 한다.

MEMO

4) 산화 염료의 화학식

(1) 벤젠 (C_6H_6)

석탄이나 석유로부터 얻어지는 콜 타르(Coal tar)성분으로 방향족 탄화수소이다. 벤젠의 구조식을 통하여 산화 염료의 유도체를 치환작용(Substitution reaction)하여 전조제와 커플러를 만든다.

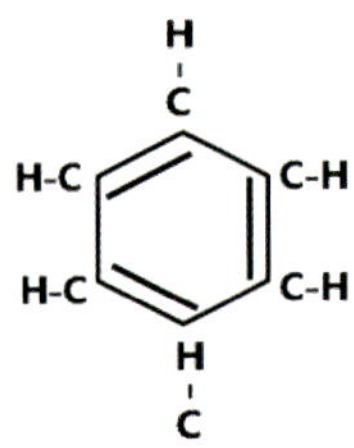

[그림 iii-7] 벤젠의 구조식

(2) 톨루엔(Toluene)과 페놀(Phenol)

① 톨루엔은 유기 화합물인 천연 가스의 성분의 메탄(CH_4)에서 수소원자 1개와 메틸기(CH_3)가 치환된 화합물이다.
② 페놀은 벤젠의 수소원자 1개와 수산기(-OH)가 치환된 화합물이다.

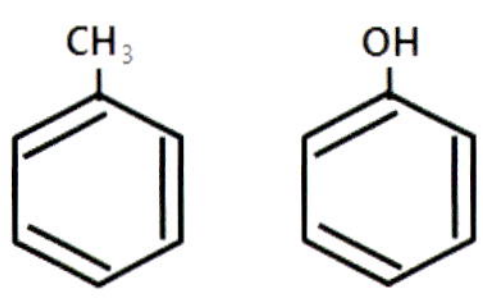

[그림 iii-8] 톨루엔과 페놀의 구조식

(3) 화학반응에서의 작용기

① 아미노기(Amino group)는 $-NH_2$로 나타낸다. 탄화수소의 수소원자를 아미노기로 치환한 화합물을 아미노화합물이라고 한다.
② 카르복실기(Carboxyl group)는 -COOH로 나타낸다. 카르복시산의 작용기로 유기 화합물에 산성을 준다.
③ 수산기(Hydroxyl Group)는 -OH로 나타내며, 유기물인 경우 하이드록시기라고도 한다.

MEMO

④ 메틸기(Methyl group)는 메탄(Methane) CH4에서 수소원자 1개를 제거한 $-CH_3$를 의미한다.

⑤ 치환이란? 화합물의 분자 중에 포함되는 원자 또는 원자단을 다른 원자 또는 원자단으로 바꾸어 놓는 반응을 치환이라고 한다(네이버, 지식백과).

(4) 벤젠의 치환제

벤젠에 두 작용기가 치환되어 있을 때 두 작용기의 상대적인 위치에 따라 파라(Para), 메타(Meta), 오토(Ortho)로 구분하고, 벤젠의 유도화합물로 염모제에 배합함으로 여러 가지의 색상을 만들 수 있다.

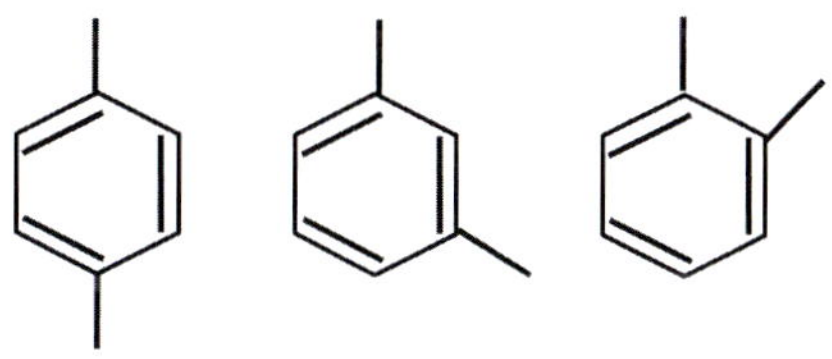

[그림 iii-9] 벤젠의 치환제

(5) 산화 염모제의 전구체

산화 염모제의 베이스를 구성하는 유도체는 주로 파라 페닐렌디아민을 많이 사용하나, 그밖에 파라 톨루엔디아민, 파라 아미노페놀, 오토 아미노페놀 등을 사용한다.

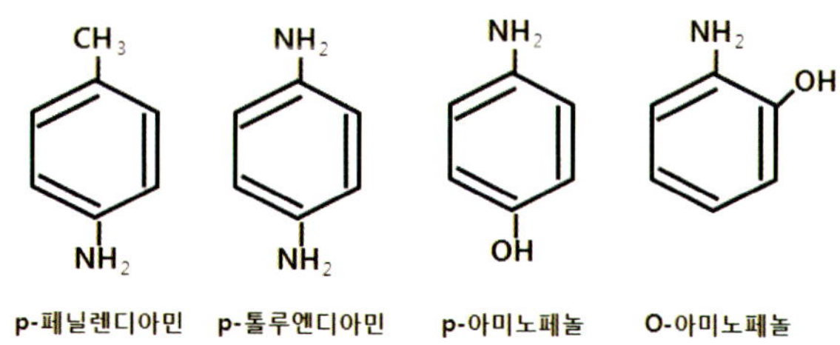

[그림 iii-10] 산화 염모제의 유도체 구조식

(6) 전구체의 산화중합반응

p-페닐렌디아민은 과산화수소에 의해 산화되어 퀴논 디아민(Quinone diamine)으로 변화되고, 다시 축합중합반응에 의해 검정의 결과색이 된다.

MEMO

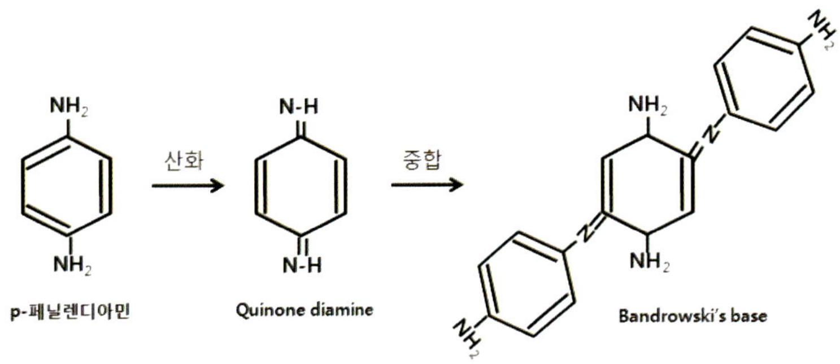

자료출처: 하병조(2002), "미용생화학" 형설출판사

[그림 iii-11] PPDA의 산화중합 반응의 구조식

(7) 산화 염모제의 커플러

가. 파란색 염료(Blue dye)의 색원물질(Basic chromophoric unit)

전구체인 p-페닐렌디아민과 커플러인 m-아미노페놀의 축합중합반응에 의하여 형성된다.

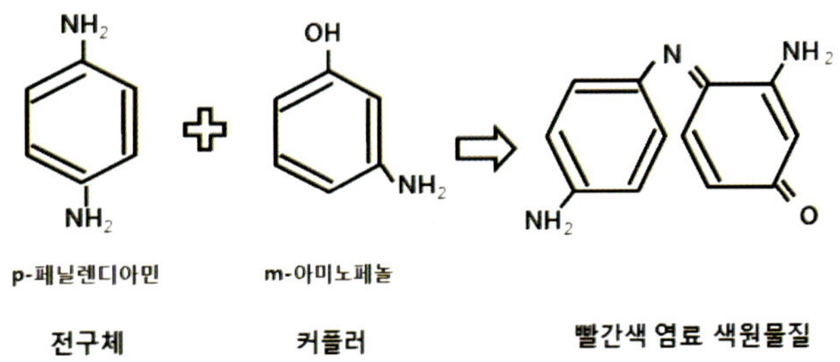

[그림 iii-12] 빨간색의 색원물질 구조식

나. 빨간색 염료(Red dye)의 색원물질(Basic chromophoric unit)

전구체인 p-페닐렌디아민과 커플러인 m-아미노페놀 또는 m-페닐렌디아민의 축합중합반응에 의하여 형성된다.

MEMO

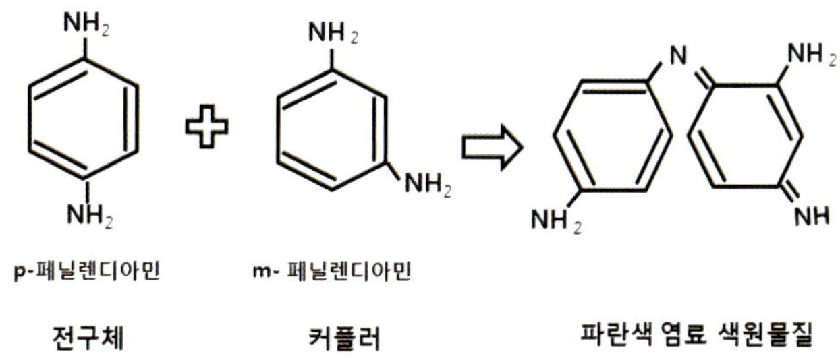

[그림 iii-13] 파란색의 색원물질 구조식

다. 노란색 염료(Yellow dye)의 색원물질(Basic chromophoric unit)

전구체인 p-페닐렌디아민 또는 p-아미노페놀과 커플러인 레조시놀의 축합중합반응에 의하여 형성된다.

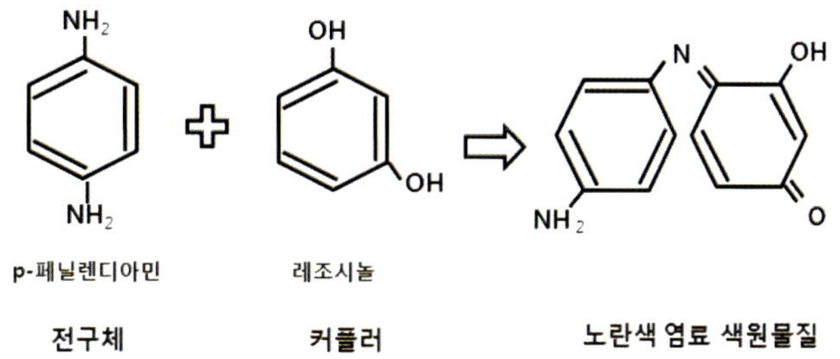

자료출처: 하병조(2002), "미용생화학" 형설출판사

[그림 iii-14] 노란색의 색원물질 구조식

MEMO

04 반영구 염모제

학습목표

1. 반영구 염모제의 작업과정 이해를 통한 작업과정을 설명할 수 있다.
2. 반영구 염모제의 작업과정 이해를 통한 2차 색상, 색상중화의 결과를 만들 수 있다.
3. 반영구 염모제의 작업절차에 따라 고객 서비스에 적용할 수 있다.

1. 반영구 염모제의 작업과정

1) 고객 준비

① 염색작업 시 고객의 안전을 위하여 귀걸이 목걸이 등을 제거한다.
② 고객의 의복을 보호하기 위하여 가운과 케이프를 착의한다.
③ 반영구 염모제는 작업 전 샴푸를 진행한다. 이때 샴푸제의 사용은 약산성 샴푸제를 사용함으로 모발의 밸런스를 잡아줘 정착력을 증대시켜 준다.
④ 타월 드라이 후 모발에 수분을 약 70% 건조한다. 이때 모발 내에 과도하게 수분이 남아있는 경우 색상이 희석될 수 있으므로 적절하게 조절한다.

2) 작업준비

① 작업준비는 작업방법에 따라 염색 볼, 브러시, 클립, 비닐 캡, 열기구, 염모제를 작업용 테이블 등 준비하고 작업자는 미용장갑을 착용한다.
② 반영구 염모제(산성 염모제)의 경우 제조사에서 제안하는 방법대로 전 처리한다. 헤어라인과 귀 주변에 피부 보호용 크림을 사용하여 색소침착을 예방한다.
③ 염색용 타월과 케이프를 어깨에 두른다.
④ 염모제가 흘러내릴 수 있으므로 목둘레에 수건이나 티슈를 둘러주고 이어 캡 등을 착용한다.

3) 블로킹

① 작업 전 모발을 빗을 이용하여 정리 후 블로킹을 한다.
② 블로킹은 측수직선(Ear to ear part)과 전중선(Center part)을 이용하여 4등분을 한다. 이때 측수직선(Ear to ear part)은 답 포인트 1cm 뒤 즉 탑 골덴 미

MEMO

디움 포인트(Top Golden Medium Point) 기준으로 하여 이어 포인트까지 사선으로 파팅을 나눈다.

③ 4등분 블로킹을 나누었을때 4등분 면적의 크기가 같게 만들어야 염모제 도포 시 정확한 작업이 가능하다.

4) 도포방법

① 탑 또는 네이프 라인부터 약 1cm 폭의 슬라이스를 떠서 모근에서 길이 끝까지 원터치(One touch) 기법으로 도포를 한다. 이때 도포 시 주의는 두피에 묻지 않게 주의하여야 하다.

② 두피나 피부에 묻을 경우 잘 지워지지 않는다. 보통 도포 시 후두부의 모발을 먼저 도포 다음 측두부, 전두부의 순으로 작업한다. 도포가 끝났다면 비닐 캡을 씌워준다.

5) 방치시간

제품마다 제안하는 시간은 조금씩의 차이를 가지고 있으나 보편적으로 평균 15 ~ 20분 정도의 열처리를 제안하고 있으며, 만약 열처리가 불가능한 상태(모발의 손상이 크거나 열기구가 없는 경우)인 경우열처리 시간의 두 배를 자연방치 시간으로 한다. 자연방치 시간은 5 ~ 10분으로 하고 있다, 이때 냉 타월이나 쿨 스프레이를 이용하여 모발을 차갑게 만드는데 팽창된 모표피의 수축과 정착력을 향상시키기 위하여 이용한다.

6) 컬러 테스트

정착된 결과를 보기 위하여 전두부, 측두부, 두정부, 후두부 등 몇 군데를 티슈로 닦아 결과의 색상을 확인한다.

7) 샴푸

반영구 염색 후 샴푸제의 선택은 염색전용 샴푸와 컨디셔너제를 사용한다. 이유는 색소의 정착력과 유지력, 모발의 컨디션을 향상시키기 위함이다. 또한 물의 온도는 뜨거운 온수보다 미온수일수록 색소의 손실과 모발의 손상을 방지할 수 있다.

8) 마무리

스타일을 마무리 시 주의사항으로 과도한 열을 사용하여 스타일을 연출하게 되면(아이롱, 드라이기 등) 고온의 열로 인하여 모발의 손상과 색상의 산화로 인하여 퇴색된 결과를 얻게 되는 결과를 볼 수도 있다.

실습 과제 Ⅰ-4. 모발색상과 사용색상을 통한 2차 색상 만들기

1. 실습 준비물

탈색모 피스(블리치 레벨 9번) 5cm(폭) 3개, 반영구 염모제 파랑, 빨강, 노랑, 각 1개, 염색 솔 3개, 호일 40cm(길이) 5장

2. 실습 진행 요령(실습 소요시간: 60분)

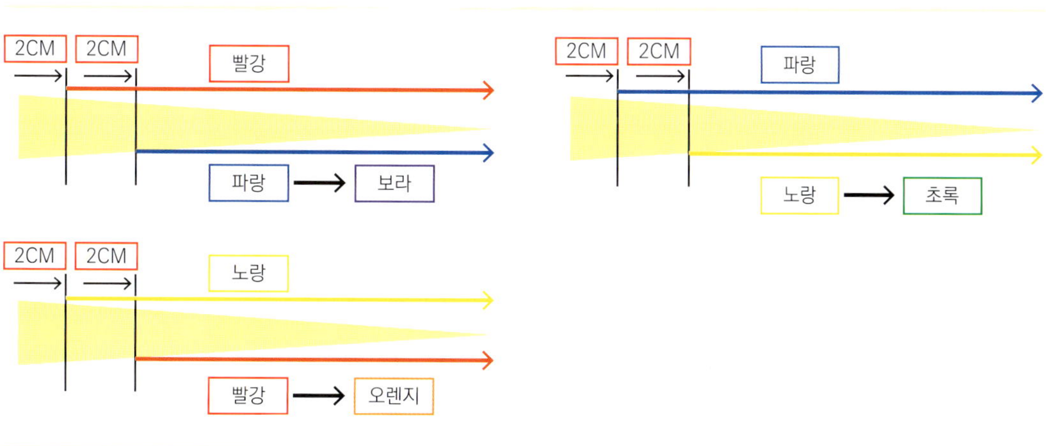

[그림 iii-15] 2차 색상 실습의 예시

(1) 보라의 결과색상

① 탈색모 피스(BL 9)를 호일 위에 올려놓는다.
② 탈색모 피스 상단 2cm 띄우고 반영구 염모제(빨강)를 사용하여 도포한다.
③ 1차 도포된 탈색모 피스 상단 2cm 띄우고 반영구 염모제(파랑)를 사용하여 오버 랩 되도록 도포한다.

(2) 초록의 결과색상

① 탈색모 피스(BL 9)를 호일 위에 올려놓는다.
② 탈색모 피스 상단 2cm 띄우고 반영구 염모제(파랑)를 사용하여 도포한다.
③ 1차 도포된 탈색모 피스 상단 2cm 띄우고 반영구 염모제(노랑)를 사용하여 오버 랩 되도록 도포한다.

(3) 오렌지의 결과색상

① 탈색모 피스(BL 9)를 호일 위에 올려놓는다.
② 탈색모 피스 상단 2cm 띄우고 반영구 염모제(노랑)를 사용하여 도포한다.
③ 1차 도포된 탈색모 피스 상단 2cm 띄우고 반영구 염모제(빨강)를 사용하여 오버 랩 되도록 도포한다.

④ 헤어드라이어로 열처리 15분 자연방치 5분 후 샴푸제를 사용하여 샴푸한다.
⑤ 헤어드라이어와 브러시를 사용하여 염색된 피스를 말려 스크랩한다.

[그림 iii-16] 작업 진행요령

3. 실습평가: 작업장 평가

평가 항목		
지식	상	모발의 색상과 사용하는 색상을 통하여 다양한 결과색상에 적용하여 결과를 정확하게 할 수 있는 경우
	중	모발의 색상과 사용하는 색상을 통하여 다양한 결과색상에 적용하나 정확하지 못하는 경우
	하	모발의 색상과 사용하는 색상을 통하여 다양한 결과색상에 적용하지 못하는 경우
기술	상	염모제의 사용량 조절과 조색, 도포량 조절과 도포의 숙련도 등 작업과정이 정확하고 숙련도가 높은 경우
	중	염모제의 사용량 조절과 조색, 도포량 조절과 도포의 숙련도 등 작업과정은 진행하나 숙련도가 미숙한 경우
	하	염모제의 사용량 조절과 조색, 도포량 조절과 도포의 숙련도 등 작업과정과 숙련도가 미숙한 경우
태도	상	실습준비, 진행과정, 마무리 정리 등 모두 완벽하게 수업에 임한 경우
	중	실습준비, 진행과정, 마무리 정리 중 한 가지라도 부족한 경우
	하	실습준비, 진행과정, 마무리 정리 모두 부족한 경우

자료출처: NCS이용학습모듈, 2016

실습 과제 Ⅰ-5. 중화 색상 만들기

1. 실습 준비물

탈색모 피스(블리치 레벨 9번) 5cm(폭) 5개, 반영구 염모제 파랑, 빨강, 노랑 각 1개, 염색 솔 3개, 호일 30cm(길이) 3장

2. 실습 진행 요령(실습 소요시간: 60분)

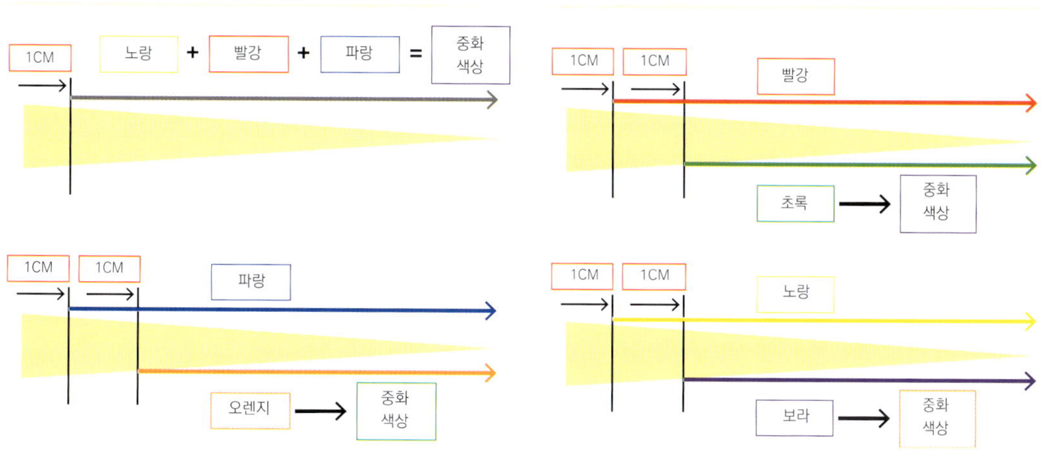

[그림 iii-17] 중화 실습 준비의 예

(1) 조색을 통한 갈색의 결과색상

① 탈색모 피스(BL 9)를 호일 위에 올려놓는다.
② 삼원색을 갈색으로 조색한다.
③ 탈색모 피스 상단 2cm 띄우고 조색한 반영구 염모제를 도포한다.

(2) 빨강의 중화색상

① 탈색모 피스(BL 9)를 호일 위에 올려놓는다.
② 탈색모 피스 상단 2cm 띄우고 반영구 염모제(빨강)를 사용하여 도포한다.
③ 1차 도포된 탈색모 피스 상단 2cm 띄우고 2차 색상으로 조색된 반영구 염모제(초록)를 사용하여 오버 랩 되도록 도포한다.

(3) 파랑의 중화색상

① 탈색모 피스(BL 9)를 호일 위에 올려놓는다.
② 탈색모 피스 상단 2cm 띄우고 반영구 염모제(파랑)를 사용하여 도포한다.
③ 1차 도포된 탈색모 피스 상단 2cm 띄우고 2차 색상으로 조색된 반영구 염모제(오렌지)를 사용하여 오버 랩 되도록 도포한다.

(4) 노랑의 중화색상

① 탈색모 피스(BL 9)를 호일 위에 올려놓는다.
② 탈색모 피스 상단 2cm 띄우고 반영구 염모제(노랑)를 사용하여 도포한다.
③ 1차 도포된 탈색모 피스 상단 2cm 띄우고 이차색상으로 조색된 반영구 염모제(보라)를 사용하여 오버 랩 되도록 도포한다.
④ 헤어드라이어로 열처리 15분 자연방치 5분 후 샴푸제를 사용하여 샴푸한다.
⑤ 헤어드라이어와 브러시를 사용하여 염색된 피스를 말려 스크랩한다.

[그림 iii-18] 작업 진행요령

3. 실습평가: 작업장 평가

평가 항목		
지식	상	색상의 중화를 통하여 모발을 갈색계열로 전환에 적용하여 결과를 정확하게 할 수 있는 경우
	중	색상의 중화를 통하여 모발을 갈색계열로 전환에 적용하나 정확하지 못하는 경우
	하	색상의 중화를 통하여 모발을 갈색계열로 전환에 적용하지 못하는 경우
기술	상	염모제의 사용량 조절과 조색, 도포량 조절과 도포의 숙련도 등 작업과정이 정확하며 숙련도가 높은 경우
	중	염모제의 사용량 조절과 조색, 도포량 조절과 도포의 숙련도 등 작업과정은 진행하나 숙련도가 미숙한 경우
	하	염모제의 사용량 조절과 조색, 도포량 조절과 도포의 숙련도 등 작업과정과 숙련도가 미숙한 경우
태도	상	실습준비, 진행과정, 마무리 정리 등 모두 완벽하게 수업에 임한 경우
	중	실습준비, 진행과정, 마무리 정리 중 한 가지라도 부족한 경우
	하	실습준비, 진행과정, 마무리 정리 모두 부족한 경우

자료출처: NCS이용학습모듈, 2016

실습 과제 Ⅰ-6. 반영구 염모제 실기(2인 1조 상호 실기)

1. 실습 준비물

반영구 염모제 희망 색상 1개, 염색 솔 1개, 염색 볼 1개, 타월, 헤어드라이어, 롤 브러시
고객 가운, 염색 보, 비닐 캡, 이어 캡, 염색용 장갑, 헤어클립

2. 실습 진행 요령(실습 소요시간: 70분)

① 2인 1조로 그룹을 나눈다.
② 희망하는 색상을 선택한다.
③ 작업순서에 입각하여 상호 실습을 진행한다.
④ 모델에게 고객 가운과 염색 보를 착의한다.
⑤ 작업자는 염색용 장갑을 착용하고 희망하는 색상을 4등분 블로킹을 하여 두피에 묻지 않게 도포를 한다.
⑥ 도포가 끝나면 비닐 캡을 씌우고 제조사의 방치시간을 본다.
⑦ 방치시간이 끝나면 미온수로 샴푸 후 헤어드라이어로 말린다.

[그림 iii-19] 작업 진행요령

반영구 염모제의 작업진행 및 결과 포트폴리오

사용한 색상: ______________________ 예상되는 결과 색상: ______________________

시술 전 사진	시술 결과 색상 사진

작업진행 과정	

3. 실습평가: 평가자 체크리스트

평가 항목		
지식	상	반영구 염모제의 작업과정을 이해하고 적용하여 결과를 정확하게 할 수 있는 경우
	중	반영구 염모제의 작업과정을 이해하고 적용하나 정확하지 못하는 경우
	하	반영구 염모제의 작업과정을 이해하고 적용하지 못하는 경우
기술	상	고객과 작업 준비정도, 블로킹, 도포의 숙련도와 도포량 조절, 방치시간, 샴푸, 스타일 마무리 등 작업과정이 정확하고 숙련도가 높은 경우
	중	고객과 작업 준비정도, 블로킹, 도포의 숙련도와 도포량 조절, 방치시간, 샴푸, 스타일 마무리 등 작업과정은 진행하나 숙련도는 미숙한 경우
	하	고객과 작업 준비정도, 블로킹, 도포의 숙련도와 도포량 조절, 방치시간, 샴푸, 스타일 마무리 등 작업과정과 숙련도가 미숙한 경우
태도	상	실습준비, 진행과정, 마무리 정리 등 모두 완벽하게 수업에 임한 경우
	중	실습준비, 진행과정, 마무리 정리 중 한 가지라도 부족한 경우
	하	실습준비, 진행과정, 마무리 정리 모두 부족한 경우

평가 항목		
지식	상	염색 후 모발에 맞는 샴푸제와 컨디셔너제를 파악하고 정확하게 적용할 수 있는 경우
	중	염색 후 모발에 맞는 샴푸제와 컨디셔너제 파악은하나 적용하지 못하는 경우
	하	염색 후 모발에 맞는 샴푸제와 컨디셔너제 파악과 적용을 못하는 경우
기술	상	염색 후 샴푸작업의 준비 작업과정, 매니플레이션, 마무리 과정 등을 원활히 진행하는 경우
	중	염색 후 샴푸작업의 준비 작업과정, 매니플레이션, 마무리 과정 등을 하나라도 미숙하게 진행하는 경우
	하	염색 후 샴푸작업의 준비 작업과정, 매니플레이션, 마무리 과정 등을 미숙하게 진행하는 경우
태도	상	실습준비, 진행과정, 마무리 정리 등 모두 완벽하게 수업에 임한 경우
	중	실습준비, 진행과정, 마무리 정리 중 한 가지라도 부족한 경우
	하	실습준비, 진행과정, 마무리 정리 모두 부족한 경우

자료출처: NCS이용학습모듈, 2016

2차 색상과 중화 색상 포트폴리오

보라	초록	오렌지	중화색	중화색	중화색	중화색

MEMO

05 산화 염모제의 이해

학습목표

1. 자연모 레벨의 이해를 통한 자연모 진단에 적용할 수 있다.
2. 탈색의 요소와 산화제의 특성 이해를 통하여 염·탈색 작업에 적용할 수 있다.
3. 제조사 별 염모제의 넘버링을 이해하고 설명할 수 있다.
4. 산화 염모제의 작용원리 이해를 통하여 고객서비스에 적용할 수 있다.
5. 염색 샴푸와 마무리 과정을 이해하고 고객서비스에 적용할 수 있다.

1. 자연모 레벨의 이해

자연모 레벨이란? 자연모를 밝고 어두운 정도에 따라 일정한 등급으로 나눈 것을 의미한다. 모발은 멜라닌 색소의 함유량에 따라 각기 밝고 어두운 차이를 보인다. 이것을 자연모 레벨이라고 한다.

[그림 iii-20] 자연모 레벨 스케일

MEMO

보편적으로 자연모의 레벨을 10단계로 사용하며, 우리나라 사람의 평균 모발을 어두운 갈색(3번)으로 보고 있다. 그러나 제조사마다 이 기준에 따라 명도를 사용하는 것은 아니다. 그러므로 먼저 파악해야할 것은 제조사마다의 명도의 기준을 어디에 두었는지를 파악하는 것이 중요하다.

아래의 그림에서 보는 것과 같이 로레알의 3번과 웰라의 5/0번 의 기본 색상을 각각의 블리치 레벨 위에 도포하여 그 결과를 알아본 것이다. 여기에서 알 수 있는 결과는 명도의 차이가 같게 나왔다는 것이다. 그러므로 로레알의 3번 기본색상과 로레알의 5/0 기본 색상이 숫자의 차이는 다르게 사용하나 명도는 같은 것을 알 수 있다.

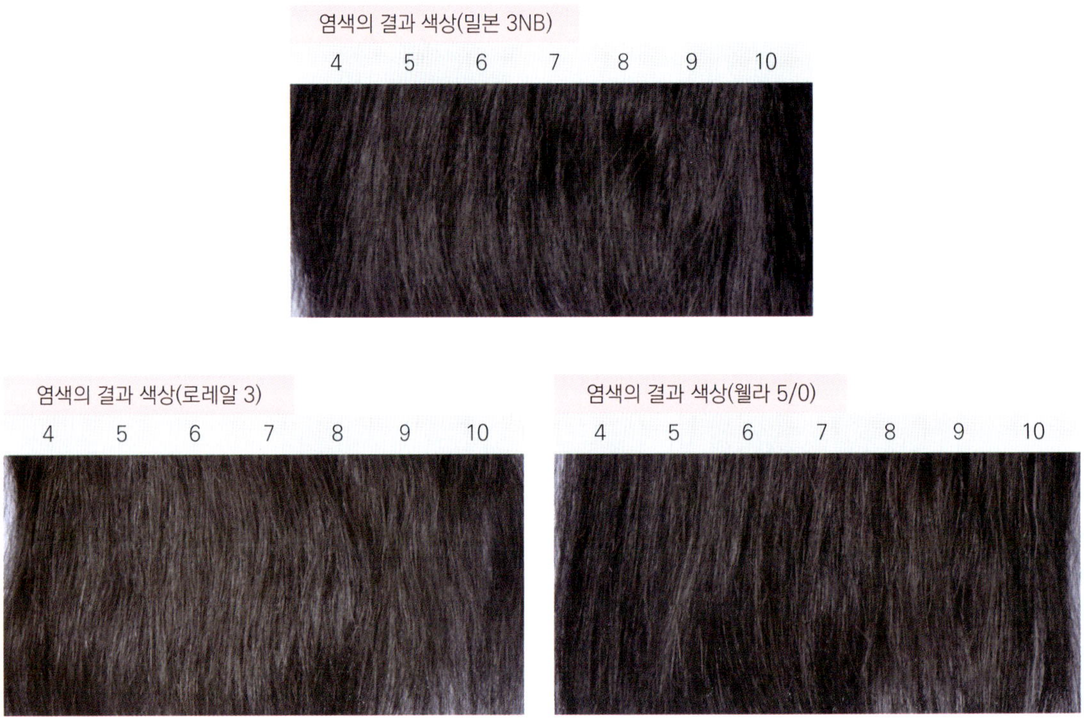

[그림 iii-21] 브랜드 별 기본색상 비교

10번 이상 레벨의 염모제, 즉 11번에서 14번은 일반적으로 각 제조사에서 모발의 밝기를 밝게 탈색시키기 위한 용도로 만들어낸 염모제이다.

예를 들면 일반적으로 염모제와 산화제(20v)를 혼합하여 사용하면 2단계를 밝게 만드는 데 반해 14번과 산화제(20v)를 혼합하여 사용하면 보편적으로 3.5레벨에서 4레벨 밝게 만든다. 그러므로 명도 레벨 단계에서는 사용하지 않으나 모발을 밝게 레벨 업 하는 용도로 표기하여 사용하는 명도이다.

MEMO

2. 산화제의 특성

산화 염모제에서 사용되는 산화제는 탈색제에 사용되는 산화제와 동일하다. 즉, 과산화수소수 원액 35%를 사용하며, 과산화수소에서 발생되는 유리 산소는 모발 내 멜라닌 색소를 탈색과 염모제의 색소를 발색하는 산화중합반응의 과정이 동시에 일어난다. 그러므로 염모제와 혼합되는 과산화수소의 농도에 따라 염색 시 동반되는 탈색의 효과가 다르다.

[표 iii-1] 산화제에 따른 산소의 발생량

구분 / 농도	유리 산소 발생 양	영구 염모제 혼합 시 모발 명도의 변화 양
3%	10 Volume	모발을 거의 밝게 하지 못하거나 1/2레벨 밝게 해준다.
6%	20 Volume	모발의 밝기를 최고 2레벨 밝게 해준다.
9%	30 Volume	모발의 밝기를 보통 3레벨 밝게 해준다.

[그림 iii-22] 산화제의 종류

1) 탈색의 자연적 요소와 인위적 요소

모발의 멜라닌 색소를 탈색시키는 요소는 자연적인 요소와 인위적인 요소로 말할 수 있다

① 자연적인 요소: 공기 중의 산소, 태양의 열, 수분

② 인위적인 요소: 염모제(탈색제) + 산화제

자연적인 탈색의 현상이 가장 많이 발생하는 계절이 여름이며, 여름휴가를 바다로 다녀온 고객의 모발이 거칠고 부스스한 이유는 강렬한 태양의 자외선(열)과 바닷물(수분)에 의하여 모표피가 팽창이 되고, 공기 중의 산소의 작용으로 멜라닌 색소가 산화됨으로 자연적인 탈색이 활발히 작용하기 때문이다.

MEMO

[그림 iii-23] 자연적 탈색과 인위적 탈색의 요소

MEMO

3. 염모제의 넘버링 시스템

1) 염모제의 명도(Base)

염모제의 제조사가 동일한 숫자나 기호를 사용하고 있지는 않으나, 비슷한 구조를 가지고 사용을 하고 있다.

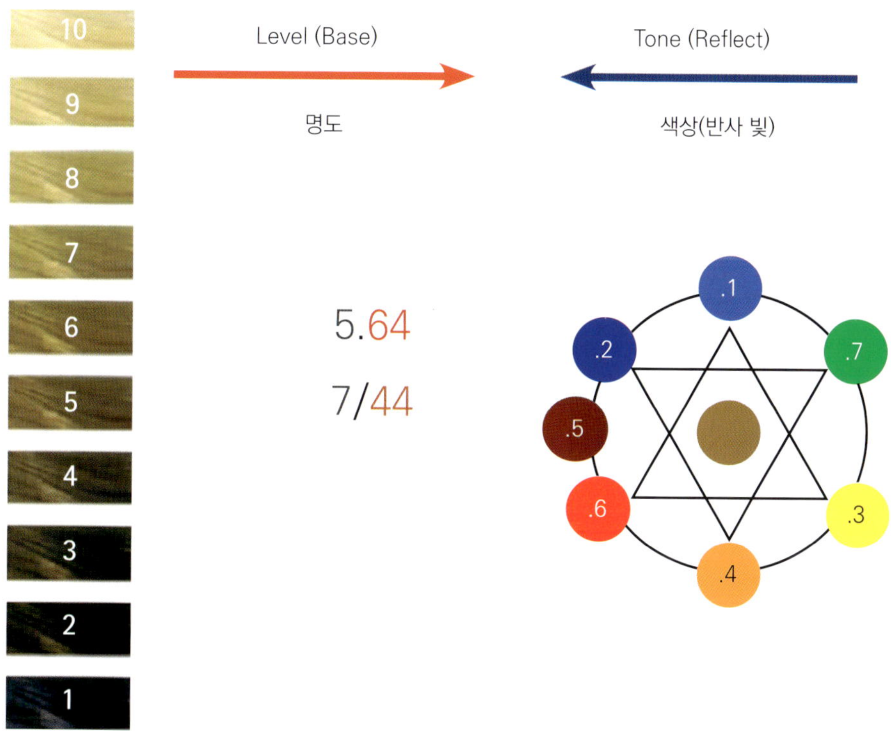

[그림 iii-24] 넘버링 시스템의 구성

그림 III-21과 같이 점(.), 슬러시(/), 디시(-) 등의 표시를 하여 앞의 숫자와 뒤의 숫자를 구분하는데 이때 앞의 숫자는 보통 명도를 의미한다. 앞서 이야기한 것과 같이 명도는 자연모 레벨의 단계와 같다. 즉, 5.64에서 점을 기준으로 앞의 숫자 5는 밝은 갈색이라는 명도를 가지고 있는 염모제이다.

2) 반사빛(Refrect)

점(.)을 기준으로 뒤의 숫자를 반사빛이라 표현하고, 반사빛이란? 우리가 볼 수 있는 색상을 의미한다. 일반적으로 명도를 나타내는 뒤에 숫자나 알파벳으로 표기를 하는데 이는 제조사마다 차이를 가지고 있다.

MEMO

[표 iii-2] 반사빛 넘버링 구조

구분	.1	.2	.3	.4	.5	.6	.7
계열(빛)	잿빛	보라빛	금빛	구리빛	자주빛	적빛	매트한빛
	차가운계열		← 따뜻한 계열(난색) →				(한색)

반사빛은 1차(주) 반사빛과 2차(보조) 반사빛으로 구성되어있고 주 반사빛의 색상을 강화시키거나 자연스럽게 만드는 역학을 하며, 반사빛을 읽는 것은 뒤에서부터 앞으로 읽어나간다.

① 염모제 6.45에서 .45는 점을 기준으로 6는 명도로서 어두운 황갈색이며, 첫 번째 숫자 .4은 1차 반사빛이라고 하고, 두 번째 숫자 .5는 2차 반사빛으로 자주 구리빛 어두운 황갈색이라 한다.

② 반사빛의 채도: .04 자연스러운 구리빛(3/1의 색소량), .4 구리빛(1의 색소량), .44 진한 구리빛(3배의 색소량) .40 강한 구리빛(10배의 색소량)으로 표현한다.

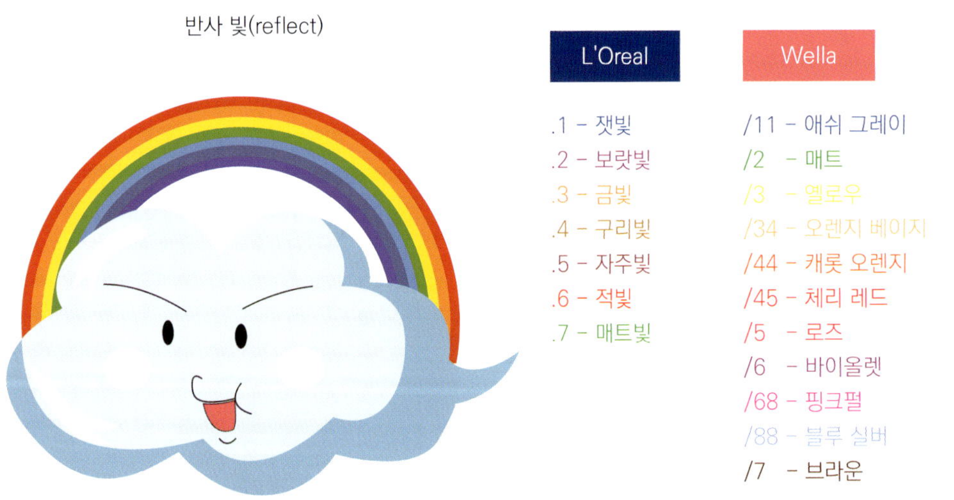

[그림 iii-25] 제조사의 반사빛 구성

4. 제조사별 컬러 차트의 비교

MEMO

[그림 iii-25] 제조사의 반사빛 구성

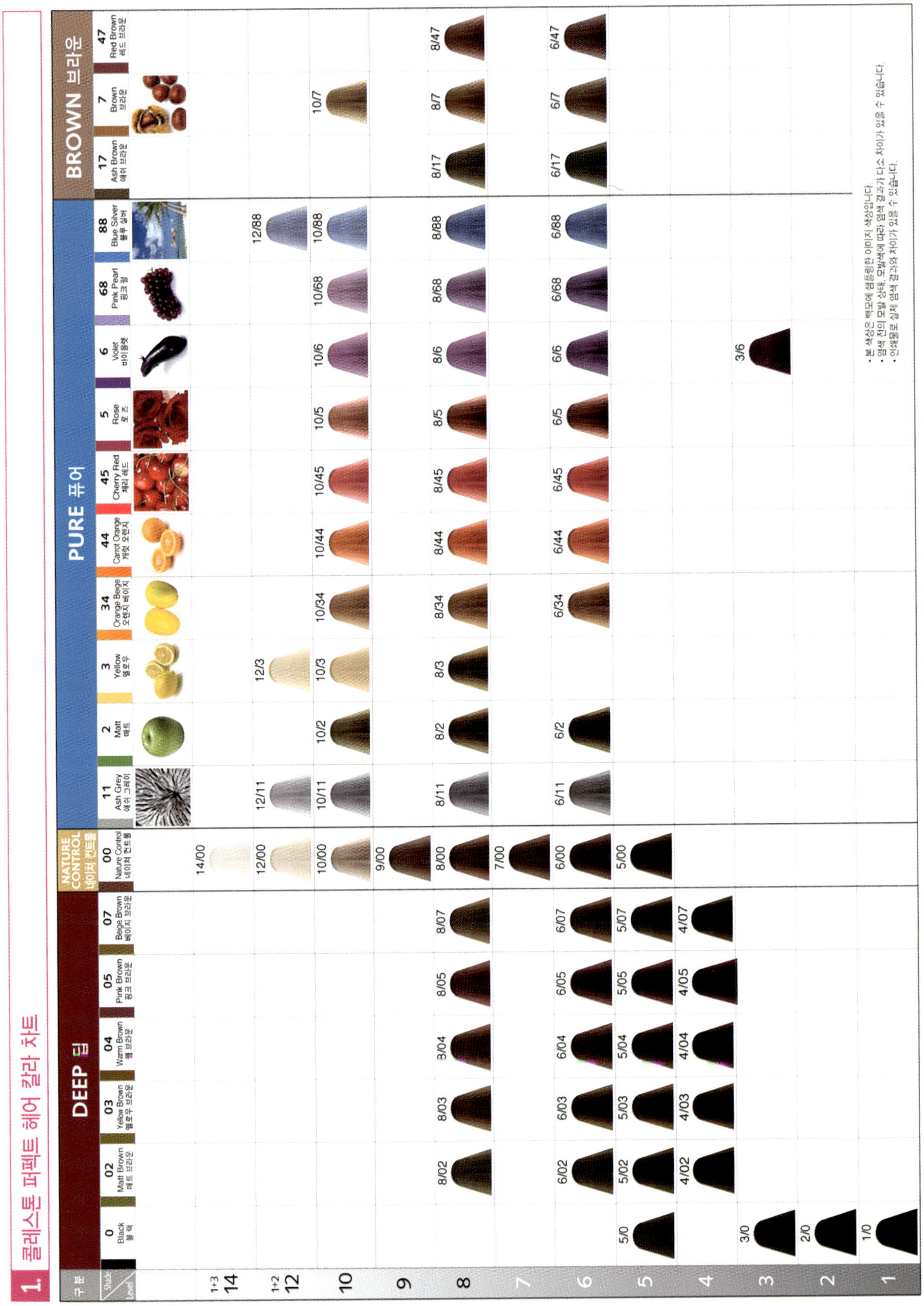

[그림 iii-27] 웰라 코리아 컬러 차트

MEMO

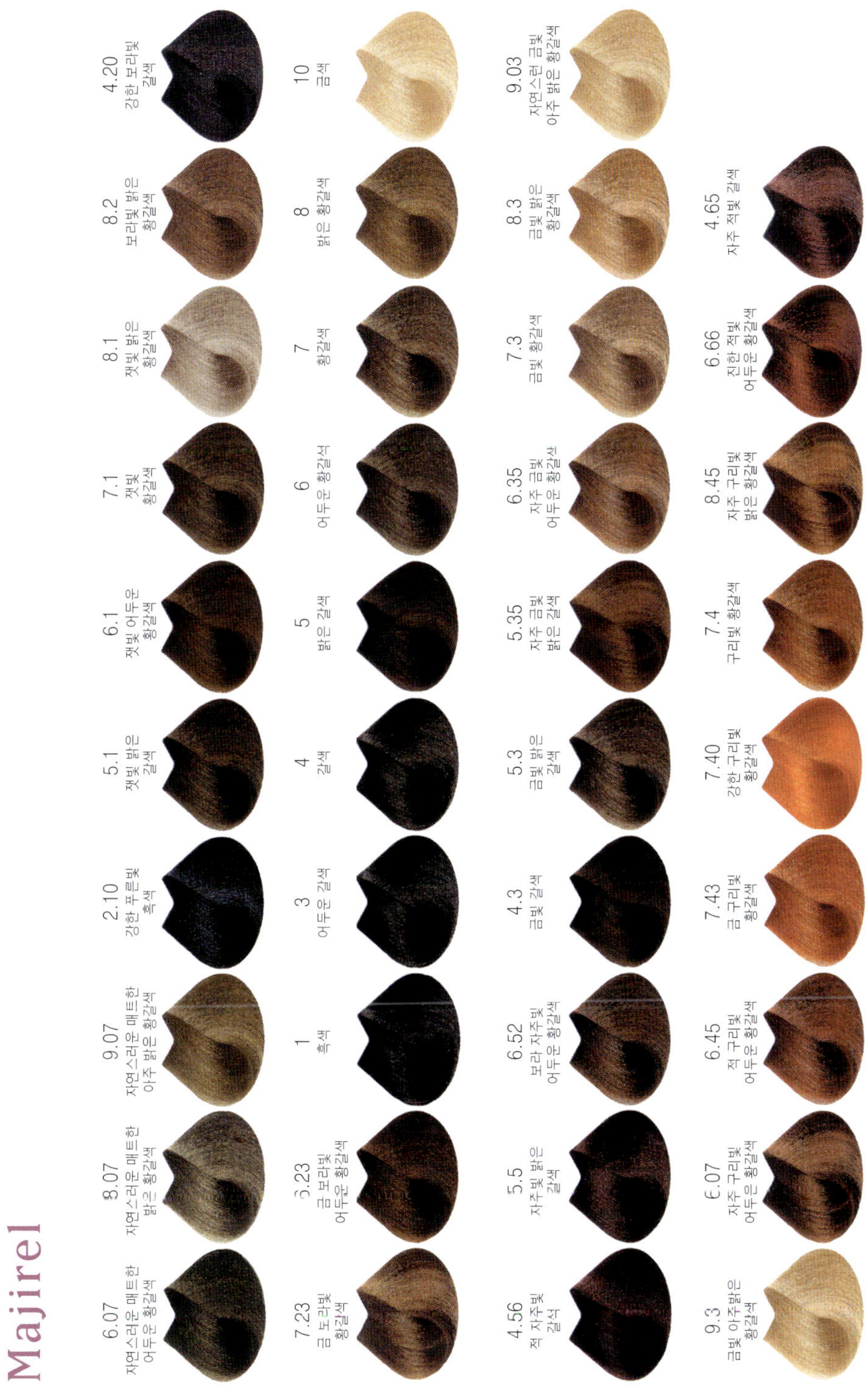

[그림 iii-28] 로레알 코리아 컬러 차트

위의 여러 제조사의 컬러 차트를 보고 색상 계열의 공통점과 반사 빛의 차이, 그리고 명도 단계의 차이 등을 알아볼 수 있다.

MEMO

5. 염모제의 혼합

산화 염모제는 염모제(제 1제)와 산화제(제 2제)로 구성되어 있으며, 산화 염모제의 혼합은 제조사마다 차이가 있으나, 보편적으로 염모제 + 산화제의 비율을 1 : 1로 사용하거나 또는 염모제 + 산화제의 비율이 1 : 1.5의 비율로 혼합하여 사용하며, 반드시 제조사의 사용방법을 참고하고 산화제의 정확한 비율을 전자저울 또는 눈금이 있는 비커를 통하여 혼합하는 것이 바람직하다.

염모제의 혼합비율을 정확히 하는 것은 결과의 색상에 많은 영향을 준다. 산화제의 양이 많으면 발색력이 떨어져 결과의 색상이 흐리게 나오며, 산화제의 양이 적으면 결과 색상이 탁하며 탈색력이 떨어지게 된다. 그러므로 정확한 산화제의 혼합사용이 결과색상을 정확하게 만드는 데 중요하다.

[그림 iii-29] 염모제와 산화제 혼합의 비율

6. 블로킹과 염모제의 도포

MEMO

작업 전 빗을 사용하여 모발을 정리 후 블로킹을 준비하며, 블로킹(Blocking)은 측수직선(Ear to ear part)과 전중선(Center part)을 이용하여 4등분을 한다.

이때 측수직선은 답 포인트 1cm 뒤, 즉 탑 골덴 미디움 포인트(Top Golden Medium Point) 기준으로 하여 이어 포인트까지 사선으로 파팅을 나누게 된다. 4등분 블로킹을 나누었을때 4등분 면적의 크기가 같게 만들어야 염모제 도포 시 정확한 작업이 가능하다.

[그림 iii-30] 블로킹의 예

1) 브러시 각도에 따른 염모제의 도포 량 조절

브러시의 각도를 조절하여 염모제 도포를 연습하는 이유는 모근 쪽보다 모발의 길이, 길이 끝의 염모제 도포 량이 많아져야한다. 그러므로 각도에 따른 도포 량을 잘 숙지하고 익혀야 할 것이다.

브러시의 각도를 90°로 세우면 도포 량이 적어지고 브러시의 각도를 45°~ 15°로 누이면 도포 량이 많아지므로 염모제의 도포 시 브러시의 각도를 조절하여 염모제의 도포 량을 조절한다.

(a) 브러시 각도 45° (b) 브러시 각도 90° (c) 브러시 각도 15°

[그림 iii-31] 브러시 각도에 따른 도포 량의 차이

MEMO

2) 염모제의 도포방법과 크로스 체크

(1) 두피 열의 분포에 따른 도포 량 조절

염모제의 경우 두피의 열이 많은 곳과 적은 곳 그리고 모근 쪽과 길이 쪽에 따라 염모제의 도포 량을 조절하여 줌으로서 결과 색의 균일성을 만들어 준다.

예를 들면, 두피의 열이 있는 곳의 도포 량을 1의 양이라고 가정했을 때, 열이 없는 부분의 도포 량을 조금 더 도포하여 줌으로써 온도차이로인한 결과색상의 문제를 방지할 수 있다.

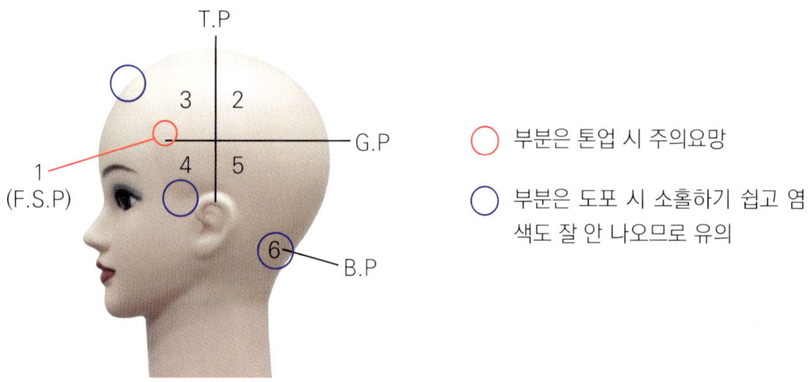

멋내기 염색 도포 시 유의사항

[그림 iii-32] 두상의 부위별 열의 차이 비교

(2) 도포 순서

가. 백모(Gray hair)염색

A(B) → B(A) → C(D) → D(C), 전두부 쪽부터(백모가 많은 부분) 도포한다.

전체적으로 그레이 헤어가 많은 부분이나 헤어라인을 중심으로 백모 량이 많으므로 헤어라인을 먼저 도포한다.

나. 멋내기 염색

D(C) → C(D) → B(A) → A(B), 후두부 쪽 부분인 측수직선의 뒷부분, 탑에서부터 시작하여 네이프로 도포하며 내려간다.

(3) 슬라이스의 폭

슬라이스의 폭은 염모제의 량과 도포 시간에 크게 영향을 받는다. 그러므로 빠르

MEMO

고 정확한 슬라이스를 나누도록 한다.

① 모근 쪽의 슬라이스의 폭은 1cm 이하를 유지하며, 1cm를 넘지 않는다(슬라이스의 폭이 넓으면 염모제 도포 량의 균일성이 떨어져 결과색상에 문제가 된다).

② 모발에 염모제를 도포 시 탑에서부터 시작하여 네이프로 내려가며 도포하는 것이 도포시간을 줄이는데 효과 적이다.

③ 염모제의 도포는 염색 솔만을 사용하는 것이 가장 이상적이다(염색 빗을 사용 시 모발을 빗질하게 되면, 팽창된 모발의 큐티클(모표피)층에 손상을 주기 때문이다).

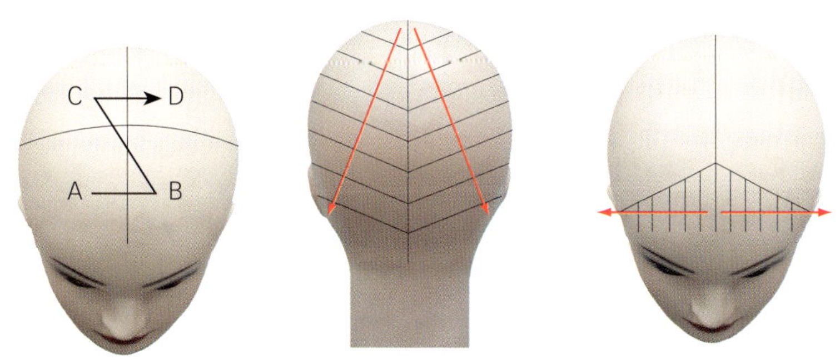

[그림 iii-33] 염모제의 도포 순서

(4) 크로스 체크

도포가 끝났으면 슬라이스 라인과 직각이 되도록 모발을 나누어 도포가 빠진 부분을 크로스로 체크한다. 또한 아래에 적힌 포인트는 염색의 얼룩이 지거나 도포 시 빠지기 쉬운 곳이므로 주의해서 확인을 한다.

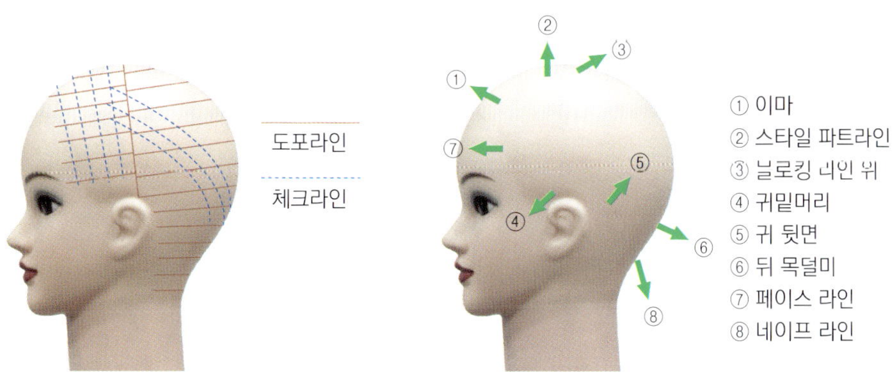

[그림 iii-34] 크로스 체크의 예

MEMO

7. 염색의 방치시간

1) 염색의 방치시간

제조사에서 제시하는 방치시간을 기본으로 한다. 방치시간은 결과의 색상에 매우 중요한 영향을 미친다. 방치시간이 부족하면 탈색과 발색이 떨어져 정확한 결과의 색상뿐만 아니라 유지력도 떨어지게 된다. 만일 방치시간을 오버타임 한다면 색은 탁하고 어두워지는 결과 색상을 얻게 된다.

[그림 iii-35] 시간에 따른 발색의 비교

염색된 모발이 오랜 시간동안 컬러가 유지되는 이유는 작은 염색분자가 모발 내부에 빠르게 침투하여 모발 내부에서 고분자화 되기 때문이다. 이과정은 알칼리제에 의하여 모표피가 팽창이 되면 염료가 모발 내부까지 빠르게 침투함과 동시에 산화중합반응에 의해 탈색과 발색이 동시에 진행이 되어 결과의 색상을 얻게 된다.

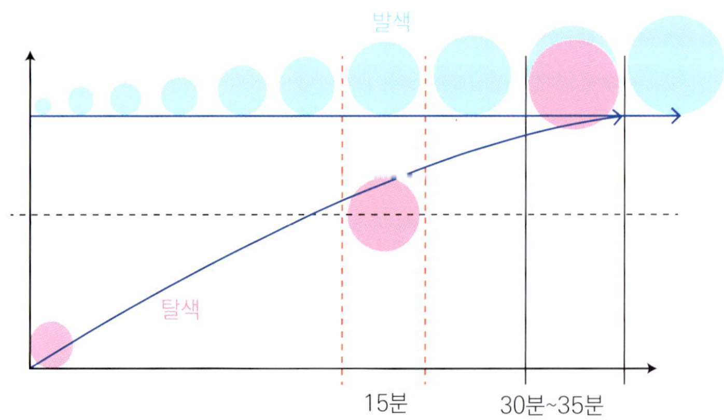

[그림 iii-36] 이상적 방치시간 그래프

실습 과제 Ⅰ-7. 위그에 염모제 도포하기

1. 실습 준비물

가발 인모 100%(길이 14cm) 1개, 민두 1개, 홀더 1개, 염모제 기본색 4번 또는 6/00 (80g) 1개, 산화제, 20v(6%)80g, 1개, 염색 솔 1개, 염색 볼 1개, 타월, 헤어드라이어, 롤 브러시 염색용 장갑, 헤어클립, 샴푸

2. 실습 진행 요령(실습 소요시간: 60분)

①~③ 가발을 4등분 블로킹을 한다.

[그림 iii-37] 블로킹 4등분

④ 염모제 기본색상 4번을 산화제와 혼합을 한다.

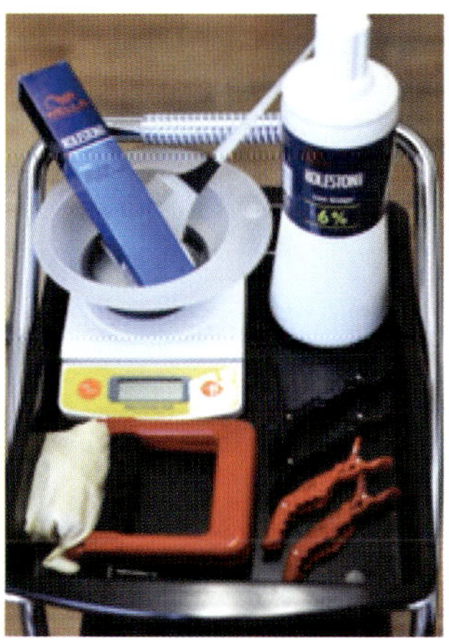

[그림 iii-38] 염모제와 작업도구 준비

①~⑥ 염모제 도포 진행의 예시와 같은 순서대로 염모제를 도포한다(도포 시 모근 1cm를 띄우고 길이에서 길이 끝까지 도포).

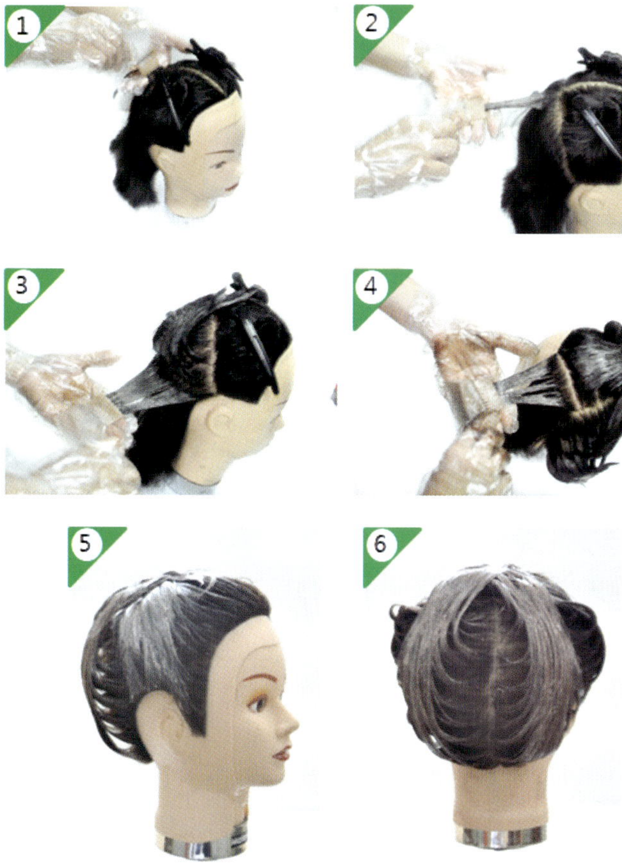

[그림 iii-39] 염모제 도포 진행요령

⑦ 염모제 도포 시간은 10분 이내로 시간을 체크한다.

3. 실습 결과 체크 포인트

① 10분 도포 시간에 염모제의 도포를 완성하여야 한다. 일반적으로 염모제의 도포의 시간은 5분 이내의 시간이 가장 이상적이다. 위그에 도포를 연습함으로 숙련도를 연습한다.
② 모근 1cm를 정확하게 띄워 도포한다.
③ 슬라이스의 폭은 1cm 미만으로 작업을 진행한다.
④ 염모제 도포 시 빗질을 하지 않아야 한다.

위의 4가지 사항을 정확히 수행하여 결과를 완성한다.

4. 실습 평가: 작업장 평가

평가 항목		
지식	상	자연모에서 원터치 도포 시 문제점을 파악하고 자연모 도포법을 통한 멋내기 염색에 정확하게 적용할 수 있는 경우
	중	자연모에서 원터치 도포 시 문제점을 파악하고 자연모 도포법을 통한 멋내기 염색에 적용하나 정확하지 못하는 경우
	하	자연모에서 원터치 도포 시 문제점을 파악하고 자연모 도포법을 통한 멋내기 염색에 적용과 정확성이 미숙한 경우
기술	상	블로킹, 도포량 조절과 모근의 띄우는 정확성(1cm), 도포 시 빗질 없이 도포, 10분 이내 도포 등 작업을 정확하고 숙련도가 높은 경우
	중	블로킹, 도포량 조절과 모근의 띄우는 정확성(1cm), 도포 시 빗질 없이 도포, 10분 이내 도포 등 작업을 진행하나 숙련도가 미숙한 경우
	하	블로킹, 도포량 조절과 모근의 띄우는 정확성(1cm), 도포 시 빗질 없이 도포, 10분 이내 도포 등 작업과 숙련도가 미숙한 경우
태도	상	실습준비, 진행과정, 마무리 정리 등 모두 완벽하게 수업에 임한 경우
	중	실습준비, 진행과정, 마무리 정리 중 한 가지라도 부족한 경우
	하	실습준비, 진행과정, 마무리 정리 모두 부족한 경우

자료출처: NCS이용학습모듈, 2016

MEMO

06 탈색의 원리와 블리치 레벨의 이해

학습목표

1. 탈색제의 화학적 성분에 대하여 이해하고 설명할 수 있다.
2. 탈색의 원리와 사용방법에 관하여 파악하고 고객 서비스에 적용할 수 있다.
3. 모발의 특성에 따라 탈색제와 산화제를 사용하여 블리치 레벨을 만들 수 있다.

1. 탈색의 원리

모발 탈색이란? 자연모발의 밝기를 변화시키는 것으로써 모피질 내 있는 멜라닌 색소의 산화 과정을 통해서 이루어지며, 이는 탈색제(제 1제)의 알칼리제와 산화제(제 2제)의 과산화수소수를 주성분으로 1제와 2제를 혼합 시 인위적으로 산소를 발생시킴으로 모피질 내의 멜라닌 색소를 산화시킨다.

① 모발 탈색제는 pH가 9.5~10인 알칼리성으로서 이는 모표피를 부드럽게 하고 부풀려 열리도록 해서 탈색제가 모피질 내 침투를 하게 된다.

② 용해제의 pH가 높을수록 모발은 더 부풀어 오르고 더 깊이 침투하여 탈색이 촉진된다.

③ 과산화수소에서 생성된 유리 산소는 모피질내 있는 멜라닌 색소와 산화하여 옥시 멜라닌(Oxy-melanin)이라는 색이 없는 분자 형태로 되어 탈색의 효과를 나타낸다.

[그림 iii-40] 탈색제와 산화제

MEMO

Tip 멜라닌 색소의 산화

유 멜라닌의 경우 분자가 크고 모피질 내에 뭉쳐 있기에 탈색 시 산화가 일어나기 쉬운 반면, 페오 멜라닌의 경우 작고 흩어져 있어 유 멜라닌에 비해 산화되기까지 시간이 오래 걸린다. 그렇기 때문에 탈색의 과정을 살펴보면 자연모 어두운 갈색에서 붉은색, 오렌지색, 금발로 변화된다.

1) 탈색제의 구성성분

탈색제의 형태는 보편적으로 분말형태로 연한 하늘색, 연보라색, 희색을 띄는 알칼리성 물질이며, 탈색제의 성상에 따라 분말형, 크림형, 오일형태가 있으나, 국내에서는 주로 분말형태를 주로 사용한다.

탈색제는 제조회사에 따라 혼합되는 성분은 다를 수 있으나, 기본적으로 알칼리 성분과 혼합물의 점도를 조절해주는 증점제, 색소 등이 포함되어 있으며, 산화제는 과산화수소로부터 산소분리를 촉진시켜주는 역할을 한다.

(1) 알칼리

① 휘발성이 크며 강한 냄새가 있다.
② 알칼리 성분으로 모발을 부풀게 한다.
③ 탄산마그네슘($MgCO_3$)은 산소의 분리를 조절한다.
④ 탄산암모늄(NH_4CO_3)은 산소의 분리를 빠르게 진행한다.
⑤ 산화제와 혼합사용 시 과산화수소에서 유리 산소 발생을 촉진한다.

(2) 증점제

① 탈색제의 점도 및 건조되지 않게 한다.
② 카복실 메틸 셀룰로이즈, 식물성수지를 사용한다.

(3) 색소

① 밝은 하늘색, 보라색, 흰색의 분말형태이다.
② 모발의 노란색을 중화 또는 밝아 보인다.

Tip 탈색제의 보관에 주의

탈색제의 주성분은 제조사마다 다르나 주로 과황산 암모늄, 과황산 칼륨, 과황산 나트륨을 주로 사용하고 있으며, 탈색제는 공기 중의 수분 또는 물과 접촉 시 산소를 방출, 탈색제의 기능을 잃어버린다. 그러므로 습기의 위험을 방지하기 위해 방수 팩에 포장되어 있고 사용 후 반드시 밀봉을 해야 한다.

MEMO

2) 산화제의 작용

흰색 액체로 불투명 용기에 보관되어 있으며, 과산화수소수 원액 35%를 사용하고 과산화수소의 함유에 따라 %(Percent)로 표현되기도 하고, 유리 산소 발생량에 따라 볼륨(Volume)로 표기된다. 국내 미용 분야에서 사용되는 과산화수소의 농도는 3~9%로 농도에 따라 탈색의 효과가 다르게 나타난다.

산화제(제 2제)의 주성분은 과산화수소수로 알칼리와 혼합하게 되면 물과 산소로 분해된다. 이때 생성된 산소를 자유산소 혹은 유리 산소 (Free oxygen)라고 하며 모발에서의 탈색과 발색 작용을 진행되며, 산화제에는 과산화수소수(H_2O_2)와 정제수, 모발 보호 성분 등이 첨가된다.

(1) 과산화수소수(히이드로겐 페록사이드, Hydrogen peroxide)

① 암모니아에 의해 분할이 가속된다.
② 무색의 액체, 무향, 열에 불안전하다.
③ 물과 산소로 분리가 쉽게 되는 불안정한 혼합이다.
④ $2H_2O_2 \rightarrow 2\ H_2O + O_2 +$ 에너지가 발생한다.
⑤ 불규칙한 표면, 물리적 자극, 열, 상온 노출 등에 의해 유리 산소 발생이 가속화 될 수 있다.
⑥ 유리 산소는 모발 내 멜라닌 색소와 결합하여 산화멜라닌(옥시 멜라닌, 무색)으로 된다.

* 멜라닌색소	+	유리 산소(O_2)	=	옥시 멜라닌
(유색)				(무색)

Tip 산화제의 사용

일반적으로 산화영구 염모제를 사용 시 10v(3%), 20v(6%), 30v(9%) 산화제를 사용한다.
40v(12%) 산화제는 과도한 산화로 인하여 발색이 떨어지게 되므로 염색 시술시 사용하지 않는다.

2. 탈색제의 사용방법

탈색제의 사용은 사용직전에 적정량을 산화제와 혼합하여 사용한다. 이때의 혼합의 양은 제조사에서 제시한 대로 사용하는 것이 원칙이며, 보통 탈색제 (1) : 산화제 (2~3)의 혼합 비율로 혼합하여 사용한다.

탈색제 사용 시 미리 혼합하여 사용하게 되면 모발 내에서 발생되어야 하는 유리 산소가 염색 볼에서 발생되어 멜라닌 색소의 산화가 잘 이뤄지지 않게 된다. 그러므

MEMO

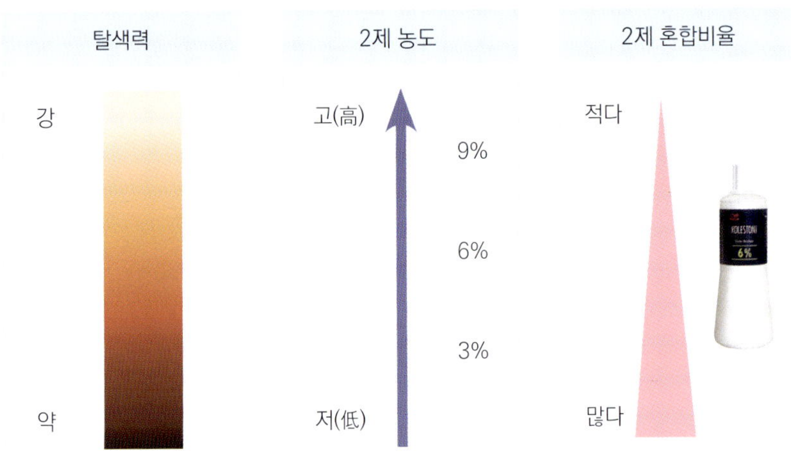

[그림 iii-41] 탈색제와 산화제의 혼합 비율에 따른 비교

로 탈색제는 사용 바로 직전에 혼합하여 사용하는 것이 가장 좋은 방법이라고 할 수 있다.

그림Ⅲ-42에서 보는 것같이 탈색의 힘은 산화제의 볼륨(%)이 높거나, 산화제의 혼합 비율이 적을수록 탈색의 힘이 강하여 모발을 더 빨리 밝아지게 한다.

3. 탈색제의 작업순서와 도포방법

1) 탈색제의 작업순서

(1) 모발 진단 및 사전 검사

두피, 모발 및 피부 사전 검사를 하여 탈색 시술의 적합성을 점검한다.

(2) 작업을 위한 고객 상담

고객이 원하는 명도와 디자이너로서의 가장 이상적이며, 작업이 가능한 명도를 확인한다. 우선 고객의 의견을 듣고 고객의 모발에 대한 진단을 설명하고 고객의 의견이 실행 가능성에 관하여 설명한다. 만약 고객의 의견을 수렴하지 못할 경우 그 이유를 자세히 설명하고 계획 수정 및 의견 교환을 통해 합일점에 도달하도록 한다.

(3) 고객 준비

① 고객의 안전을 위해 귀걸이, 목걸이 등을 제거하도록 한다.
② 고객의 의복을 보호하기 위해 가운으로 갈아입히도록 한다.
③ 탈색제가 흘러내릴 수 있기에 목둘레를 넥 칼라 혹은 타월로 둘러준다.

MEMO

④ 염색 보를 어깨에 두른다.
⑤ 헤어라인과 귀 주변에 피부 보호용 크림을 도포하여 피부 자극을 예방한다.
⑥ 탈색 작업의 경우 알칼리에 의한 두피 및 모발의 손상 가능성이 있으므로 사전 샴푸를 하지 않는 것이 원칙이나 모발에 과다한 정발 제를 사용했거나 금속성 칼라 스프레이를 사용한 경우 실시할 수도 있다. 염색 전 샴푸 시에는 두피에 자극이 되지 않게 가볍게 진행한다.

(4) 작업도구 준비

탈색제의 도포 방법에 따라 염색 볼(Bowl), 염색 솔, 헤어클립, 호일 등을 준비하고 작업자는 장갑을 착용한다.

(5) 블로킹

블로킹의 방법은 거의 모든 염모제 도포 시 동일하며 측수직선과 정중선을 이용한 기본 4등분 블로킹을 하여 모발을 정리한다.

(6) 탈색제 혼합

① 탈색제는 도포 바로 직전에 혼합하여 사용한다.
② 혼합 후 일정시간 이상 실온에 방치하게 되면 과산화수소의 유리 산소가 공기 중으로 분리되어 모발 내 침투가 되지 못하게 되어 탈색진행이 되지 않는다.
③ 탈색제의 혼합 농도는 조건과 상황에 따라 다르게 사용할 수 있으며, 모발의 명도를 밝게 만들어야 한다면, 과산화수소의 농도가 높은 산화제를 선택하여 사용하거나 산화제의 양을 적게 하여 사용하면, 유리 산소의 발생 양이 많아져서 탈색력이 높아진다.

(7) 도포

탈색제 도포는 산화 염모제의 도포 순서와 동일하며, 염색 솔로 도포하는데 이때 모발은 미른 모발에 슬라이스는 1cm 이내로 얇게 빠르게 충분한 량을 도포해야 한다.

(8) 방치시간 및 샴푸

일정시간을 자연 방치하여 원하는 블리치 레벨이 나왔을 경우 탈색제가 남지 않도록 깨끗하게 세척한다. 두피에 자극이 가지 않도록 하여 부드럽게 깨끗이 샴푸를 한다.

MEMO

Tip 탈색제 사용 시 주의 사항

체온(열)은 화학 반응을 가속화 시킨다. 모근에서 1~1.5cm의 모발은 체온의 영향으로 빠르게 탈색 및 염색이 진행된다. 그러므로 모발 전체를 한 번에 모근부터 길이 끝까지 원터치 도포를 하게 되는 경우 모근 쪽이 밝게 나오게 된다.

2) 모발의 길이에 따른 도포방법

(1) 짧은 모발 (투터치, Two touch)

① 1차 도포: 모근 1~1 .5cm 띄우고 길이에서 길이 끝까지 도포한다.
② 2차 도포: 1차 도포 부위가 희망 명도의 40~50% 정도 진행되었을 때 모근에서 길이 끝 까지 전체를 도포한다.
③ 방치시간: 원하는 블리치 레벨이 나올 때까지 자연 방치한다.

(2) 중간 혹은 긴 모발 (건강모 쓰리터치 , Three touch)

① 1차 도포: 모발의 끝 부분 약 4~5cm 정도의 길이에 도포
② 2차 도포: 모근 약 1~1.5cm 띄우고 길이 끝까지 도포
③ 3차 도포: 모근에서 길이 끝까지 전체 도포
④ 방치시간: 원하는 블리치 레벨이 나올 때까지 자연 방치한다.

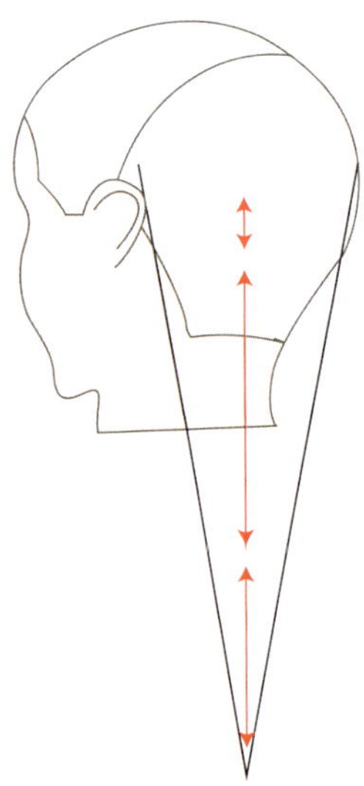

[그림 iii-42] 탈색제 도포의 예시

MEMO

(3) 손상모

① 1차 도포: 모발의 중간 부분 모근 약 1 ~ 1.5cm 띄우고 손상이 많은 길이 끝전까지 도포

② 2차 도포: 모근에서 끝까지 전체 도포

③ 방치시간: 원하는 블리치 레벨이 나올 때까지 자연 방치한다.

(4) 탈색제 도포의 예시

모발 상태 : 자연모의 밝기는 3레벨이고 건강모, 모발 길이 20cm이상인 고객

희망색상 : 7.44인 경우

▶ 진단 point) 희망색상(7레벨)이 자연모(3레벨) 보다 4단계 밝다.

희망색상 7.44와 산화제 30v(9%)을 혼합하여 사용 시 최대 명도 변화는 3단계이므로 염색 작업 전에 모발의 명도를 높여야 한다.

-〉 애벌 탈색 작업 결정

가. 애벌 탈색의 목표 명도 결정

◆ 희망 색상의 반사 빛과 고객의 희망에 따라 달라질 수 있다.

① 탈색제 혼합- 탈색제(1) : 산화제 20v(2 ~ 3) 비율로 혼합한다.

② 탈색제 도포- 건강모 쓰리터치의 방법으로 작업한다.

③ 방치시간: 원하는 블리치 레벨(7 노랑 오렌지)이 나올 때까지 자연 방치한다.

④ 샴푸: 탈색제의 잔여물이 남지 않도록 깨끗하게 샴푸한다. 단, 두피에 자극을 주지 않게 주의하여 샴푸한다.

⑤ 염색제의 혼합: 희망색상 7.44 + 20v(6%) 산화제

⑥ 염색제의 도포: 모근에서 길이 끝까지 원터치 도포한다.

⑦ 방치시간: 자연방치 30 ~ 35분(제조사의 사용방법에 표기된 방치시간에 의거하여 자연방치를 한다.)

Tip 애벌 탈색 (Pre-lightening, 사전 탈색)

사전 탈색이란? 본 염색 시술 전에 모발의 명도를 미리 높여야 할 경우 작업을 진행한다. 가장 우수한 염색은 최대의 염색 효과와 최소의 모발 손상이 동반되어야 하므로 사전 탈색 시 과도한 탈색에 의한 모발이 손상되지 않도록 적절한 명도를 파악하고 작업하는 것이 중요하다.

MEMO

3) 모발 탈색 시 주의사항

① 과산화수소에서 발생되는 산소가 모발에 남아 있는 한 탈색은 지속된다. 일반적으로 탈색제는 도포 후 30분이상이 지나게 되면 더 이상 색상의 변화가 생기지 않는 산화 염색제와 달리, 탈색의 과정은 과산화수소에서 유리된 산소가 모발 내 존재하는 한 탈색의 과정이 멈추지 않는다. 다시 말하면 20v(6%)의 산화제와 혼합된 탈색제의 경우 30분 동안 탈색의 과정이 멈춤 없이 지속된다. 그러므로 작업자는 희망하는 모발의 밝기를 정확히 알고 매 5분마다 탈색진행 과정을 살펴야 한다.

② 탈색제 도포 후 30분 이상이 지나게 되면 더 이상 탈색작용에 비해 모발 손상이 빠르게 진행된다. 즉, 30분이상의 시간이 지나가게 되면 더 이상 산소가 발생되지 않기 때문에 옥시 멜라닌의 생성이 멈추게 되므로 탈색제를 모발에 도포해 둔다고 하여도 탈색효과에 비해 모발 손상이 많아진다. 그러므로 30분이 지나도록 원하는 블리치 레벨이 나오지 않았다면 모발을 미지근한 물로 헹궈 내고 건조시킨 뒤 새로이 탈색제와 산화제를 혼합하여 도포한다.

Tip 탈색과 탈염이란?

탈색: 자연 멜라닌 색소의 제거 (자연모)- 애벌 탈색(사전 탈색)
탈염: 인위적인 색소를 제거 (기염모)- 클렌징(Cleansing), 딥 클렌징(Deep Cleansing)

MEMO

3. 블리치 레벨의 이해

1) 블리치 레벨의 정의

블리치 레벨은 모발이 산소에 의하여 멜라닌 색소가 산화되는 과정을 거치게 된다. 이때 제거되고 남은 멜라닌 색소가 일정한 밝기와 반사 빛을 나타나게 된다. 이것을 일정한 밝기의 기준에 따라 나누어 놓은 것을 블리치 레벨이라고 하며 이 블리치 레벨은 1단계에서 10단계까지의 등급으로 나누어 이야기한다.

[표 iii-3] 블리치 레벨 표와 차트

등급	블리치 레벨	레벨 차트	넘버링 전환
10	아주 밝은 노란색		
9	밝은 노란색		
8	노란색		
7	노랑 오렌지색		
6	오렌지색		
5	붉은 오렌지색		
4	붉은색		
3	어두운 적색		
2	적 보라색		
1	검정색		

2) 블리치 레벨 파악의 중요성

모발의 탈색 과정 시 모발을 구성하고 있는 색소, 즉 멜라닌 색소가 제거되기 시작하는데 이때 유 멜라닌(입자형) 색소가 먼저 제거된 후 페오 멜라닌(분사형) 색소가 제거가 된다. 유 멜라닌을 구성하고 있는 색소 중에서 파랑의 색소가 가장 먼저 제거되며, 빨강, 노랑의 순서로 제거가 된다.

블리치 레벨은 염색을 작업에 있어서 매우 중요한 기준이 된다. 그 이유는 고객이 희망하는 색상이 어느 정도의 블리치 레벨에서 표현이 되는지를 파악하는데 기준이 되며, 재염색 시 기염모의 모발진단을 블리치 레벨로 진단하여 작업과정을 계획하고 진행하게 되기 때문이다.

MEMO

읽/을/거/리

탈색제 사용의 잘못된 사례

서울지법 2003. 2. 26. 선고 2001가단289221 판결

탈색제를 수입·판매하는 업체는 전열 기구를 사용하여 탈색 시술을 하는 경우 화상을 입을 수도 있다는 점에 대하여 합리적인 지시와 경고를 하여야 함에도 단지 사용설명서에 가열에 의하여 탈색을 촉진시킨다는 설명만을 기재함으로써 제품이 잘못 사용됨으로 인해 초래될 수 있는 피해에 대한 충분한 경고를 하지 못한 과실이 있다고 한 사례이다.

보라색 반영구 염색을 시술하기 위하여 탈색을 하게 되었다, 이 사건은 탈색제와 산화제를 1 : 2의 비율로 혼합하여 그 시술자로 하여금 고객의 두발에 도포하게 한 후 랩을 씌우고 그 탈색시간을 단축하기 위하여 전기열 모자를 씌워 가열을 하였다. 그런데 고객은 약 10여 분이 경과한 후 두부에 통증을 느끼게 되었다.

시술자는 고객이 통증을 호소하자 가열과정을 중지하고 고객의 두발을 씻겼으나, 모발의 탈색 상태를 살펴보고는 탈색이 잘 되지 않았다면서 탈색을 1번 더 할 것을 권유하고 시술자는 모발에 다시 도포한 후 랩을 씌우고 전기열 모자를 씌워 가열을 하였는데, 고객이 약 10분 후 다시 통증을 호소하자 탈색과정을 중지하고 원고의 두발을 씻긴 후 두발을 보라색 코팅처리를 하여 주었다.

고객의 머리 정수리 부분에서 진물이 발생하고 통증이 심하여져 서울의 00 피부과에서 치료를 받게 되었는데, 담당의사인 피부과 전문의는 자극성피부염 및 화약약품에 의한 화상으로 인한 피부괴사로 진단하고 치료를 하였다.

결 론

법원의 판결은 고객 역시 일부 책임이 있다고 판결 하였다. 이유는 시술 중 통증을 느꼈다면 시술을 중단하고 병원에서 빠른 초치를 하여야 하는데 시술자의 권유에 응하였다는 것이며, 또한 제조회사와 시술자 모두에게 피해자인 고객에게 치료비를 배상할 것을 판결하였다.

MEMO

(a) 입자형 멜라닌 색소 (b) 분사형 멜라닌 색소

[그림 iii-43] 멜라닌 색소의 제거 순서

3) 제조사에 따른 블리치 레벨의 차이

블리치 레벨은 보통 10레벨로 사용을 하나 제조사에 따라 15레벨 혹은 20레벨로 사용을 하기도 한다. 이는 10레벨 스케일을 다시 작게 나눠 사용하기 때문이다.

ex) 블리치 레벨이 6번(오렌지)과 7번(노랑 오렌지) 사이를 블리치 레벨 6 2/1레벨이라고 하는 것을 더 세분화하여 나눈 것이다.

[그림 iii-44] 블리치 레벨 단계별 비교

실습 과제 Ⅰ-8. 블리치 레벨 만들기

1. 실습 준비물

탈색제 500g 1개, 산화제20v(6%) 960ml 1개, 자연모 메쉬 25cm(폭) 6줄, 염색 볼 1개. 염색 솔 1개, 호일 40cm(길이) 3장, 헤어드라이어, 롤 브러시, 타월, 샴푸·컨디셔너제

2. 실습 진행 요령(실습 소요시간: 60분)

① 블리치 레벨 작업 도구와 재료를 준비한다.
② 탈색제와 산화제 20v(6%)를 1 : 2 ~ 3의 비율로 혼합한다.
③ 자연모 어두운 갈색(자연모 레벨 3번)을 총 6가닥을 호일 위에 올려놓는다.
④~⑥ 모다발의 앞면과 뒷면을 번갈아 잘 도포하여 준다. 이때 가장 오랜 시간이 걸리는 블리치 레벨 9번(밝은 노랑)을 가장 먼저 바르고 다음 블리치 레벨 8번, 역순으로 바르고 마지막 4번을 바른다.

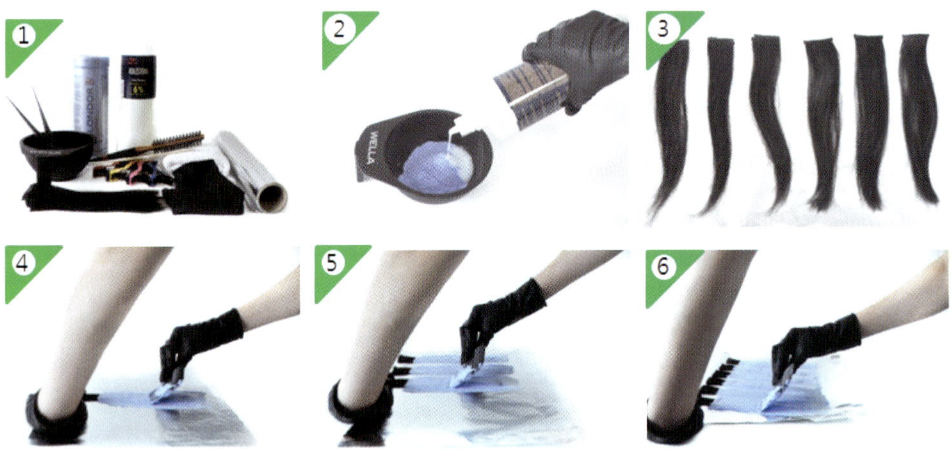

[그림 iii-45] 블리치 레벨 작업 진해요령

⑦ 도포 후 블리치 레벨이 나오는지를 확인을 한다(탈색제를 도포한 후 시간이 30분 정도가 되면 탈색의 효과가 떨어지므로 피스를 헹구어내고 헤어드라이어로 말려 다시 탈색제를 도포하며, 희망하는 블리치 레벨이 나올 때까지 염색 붓을 이용하여 마사지를 하면 더 빠르게 결과를 볼 수가 있다).
각각의 블리치 레벨이 나오면 깨끗하게 샴푸를 하고 롤 브러시를 사용하여 헤어드라이어로 말려 스크랩을 한다.

[그림 iii-46] 탈색제 도포 후 방치 시간

3. 실습 결과

블리치 레벨이 아래의 레벨 차트와 비교 정확한 결과를 만들었는지 비교한다. 그리고 각 블리치 레벨별 탈색제의 혼합 비율과 방치시간 등을 발표하여보자.

블리치 레벨 차트

BL 4번 BL 5번 BL 6번 BL 7번 BL 8번 BL 9번 BL 10번

[그림 iii-47] 블리치 레벨 단계

블리치 레벨 차트 포트폴리오

자연모 3번	블리치 레벨 4번	블리치 레벨 5번	블리치 레벨 6번	블리치 레벨 7번	블리치 레벨 8번	블리치 레벨 9번	블리치 레벨 10번

4. 실습 평가: 평가자 체크리스트

평가 항목		
지식	상	탈색의 원리와 탈색제의 이해를 통해 탈색제의 사용과 블리치 레벨의 파악을 적용하여 결과를 정확하게 할 수 있는 경우
	중	탈색의 원리와 탈색제의 이해를 통해 탈색제의 사용과 블리치 레벨의 파악을 적용하나 정확하지 못하는 경우
	하	탈색의 원리와 탈색제의 이해를 통해 탈색제의 사용과 블리치 레벨의 파악을 작업에 적용하지 못하는 경우
기술	상	탈색제의 혼합과 도포, 헹굼과 마무리 과정의 숙련도와 블리치 레벨을 파악을 통한 결과물 작업이 완성도 있게 진행하는 경우
	중	탈색제의 혼합과 도포, 헹굼과 마무리 과정의 숙련도와 블리치 레벨을 파악을 통한 결과물 작업과정은 진행하나 숙련도가 미숙한 경우
	하	탈색제의 혼합과 도포, 헹굼과 마무리 과정의 숙련도와 블리치 레벨을 파악을 통한 결과물 작업과정과 숙련도가 미숙한 경우
태도	상	실습준비, 진행과정, 마무리 정리 등 모두 완벽하게 수업에 임한 경우
	중	실습준비, 진행과정, 마무리 정리 중 한 가지라도 부족한 경우
	하	실습준비, 진행과정, 마무리 정리 모두 부족한 경우

자료출처: NCS이용학습모듈, 2016

MEMO

07 염색의 결과색상

학습목표

1. 염색의 결과색상에 관하여 이해하고 설명할 수 있다.
2. 염모제 반사별 결과색상을 예상하고 설명할 수 있다.
3. 염색의 결과색상을 이해를 통하여 고객 상담과 산화 염모제의 활용과 응용에 적용할 수 있다.

1. 염색 결과색상의 이해

산화 염모제의 결과색상은 탈색 작용에 의하여 만들어진 블리치 레벨과 발색의 과정으로 만들어진 도포한 색상이 합쳐져서 나타나는 것이다.

A

자연모 레벨 : 3 어두운 갈색
산화제 : 20 vol
도포한 색상: 5 밝은 갈색

	블리치 레벨	도포 색상	결과 색상
5	5.64	5	5.64

B

자연모 레벨 : 3 어두운 갈색
산화제 : 20 vol
도포한 색상: 5.3

	블리치 레벨	도포 색상	결과 색상
5	5.64	5.3	5.64

[그림 iii-48] 동일 조건에서의 색상 겹침

동일 조건에서의 색상 겹침을 정리하면 다음과 같다.

① A의 염색 결과색상은 발색(도포색상) + 탈색(블리치 레벨)결과이다.
산화 염모제와 20vol에 의한 모발 명도의 변화는 현재 모발 명도 보다 2레벨 밝아진 블리치 레벨 5(붉은오렌지)레벨이다. 블리치 레벨 5. 붉은 오렌지를 넘버링 전환하면 5.64이고 도포색상이 반사 빛이 없는 기본색 5(밝은갈색)번과 겹쳐지므로 최종결과는 5.64가 된다.

② B의 염색 결과는 탈색결과 5.64이고 도포색상이 5.3으로 반사 빛이 금빛이 혼합되어 나타난다. 탈색의 결과인 .64의 반사 빛이 붉은 오렌지색이므로 도포 색상의 금빛이 혼합되어 A)의 결과에 비해 오렌지 빛이 더욱 부드럽게 표현된다.

MEMO

이러한 염색의 원리로 여러 가지 다양한 색상의 결과를 유추해볼 수 있다.

결과색상의 유추는 두 가지 의미로 생각해 볼 수 있다. 한 가지는 염모제와 산화제를 혼합 도포 시 어떤 결과를 만들어 줄 수 있는가 라는 문제이고, 다른 한 가지는 정확한 색상을 만들어 주기 위한 작업방법을 알 수 있다는 것이다.

	블리치 레벨	넘버링 전환
10	아주 밝은 노랑	10.03
9	밝은 노랑	9.3
8	노랑	8.3
7	노랑 오렌지	7.43
6	오렌지	6.4
5	붉은 오렌지	5.64
4	빨강	4.6
3	빨강	
2	적 보라	
1	검정	

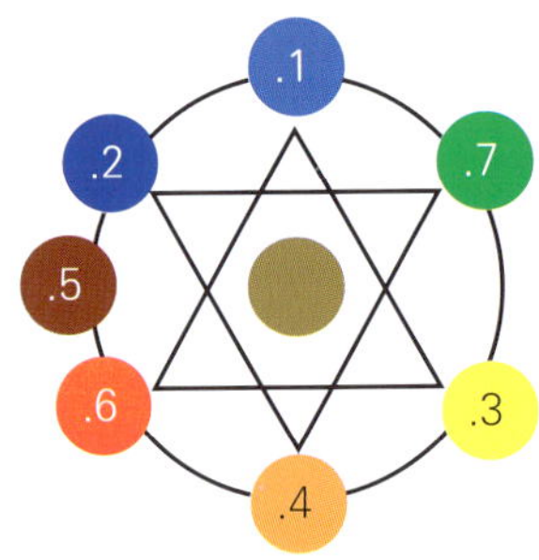

[그림 iii-49] 염색의 결과색상 계산의 예시

염색의 결과 색상(로레알 8.1)

4 5 6 7 8 9 10

염색의 결과 색상(밀본 8-10)

4 5 6 7 8 9 10

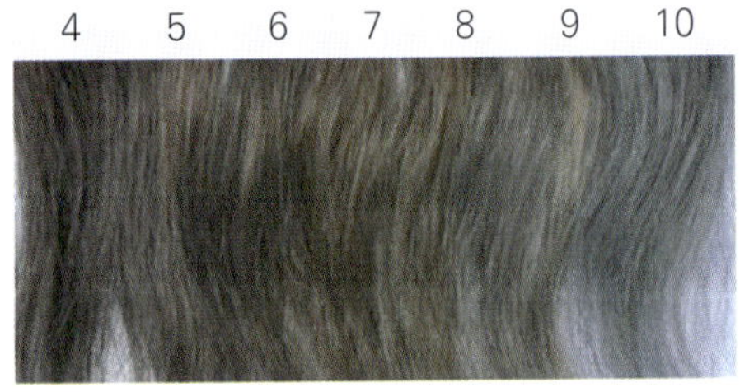

염색의 결과 색상(보뉴 A-10/9)

4 5 6 7 8 9 10

염색의 결과 색상(웰라 8/11)

4 5 6 7 8 9 10

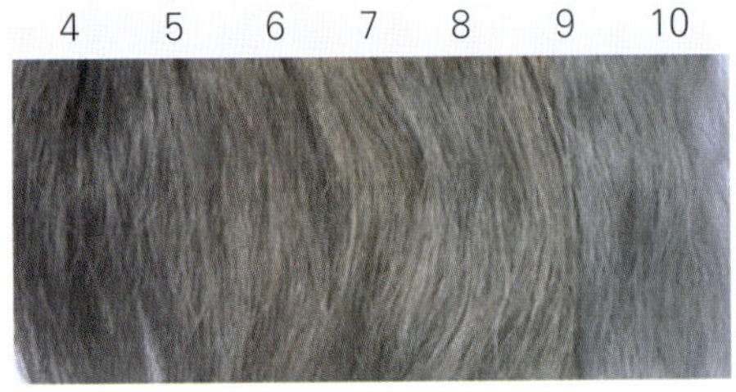

MEMO

염색의 결과 색상(밀본 9-60)

4 5 6 7 8 9 10

염색의 결과 색상(포유 V-8/7)

4 5 6 7 8 9 10

염색의 결과 색상(로레알 8.2)

4 5 6 7 8 9 10

염색의 결과 색상(웰라 10/6)

4 5 6 7 8 9 10

염색의 결과 색상(웰라 8/3)

4 5 6 7 8 9 10

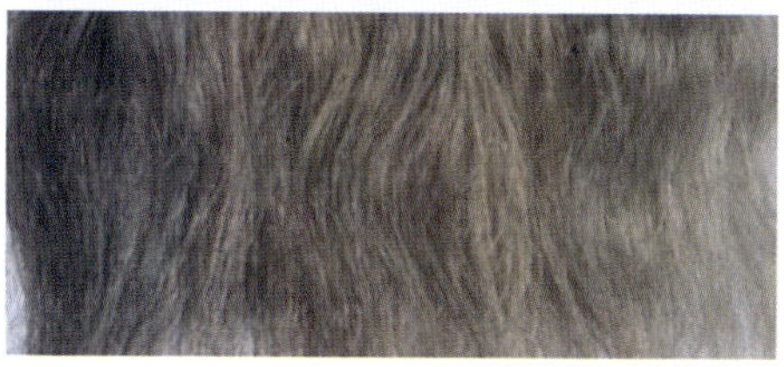

염색의 결과 색상(로레알 6.3)

4 5 6 7 8 9 10

염색의 결과 색상(포유 G-10/12)

4 5 6 7 8 9 10

염색의 결과 색상(밀본 6-30)

4 5 6 7 8 9 10

MEMO

염색의 결과 색상(밀본 8-45)

4 5 6 7 8 9 10

염색의 결과 색상(로레알 7.43)

4 5 6 7 8 9 10

염색의 결과 색상(웰라 8/34)

4 5 6 7 8 9 10

염색의 결과 색상(포유 8C-8/8)

4 5 6 7 8 9 10

염색의 결과 색상(로레알 5.5)

4 5 6 7 8 9 10

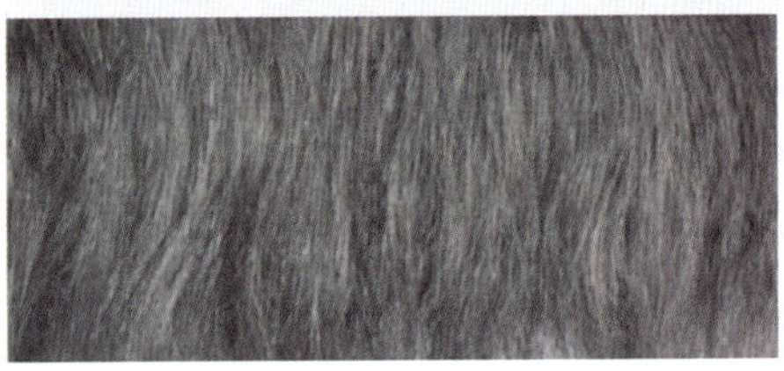

염색의 결과 색상(밀본 6-50)

4 5 6 7 8 9 10

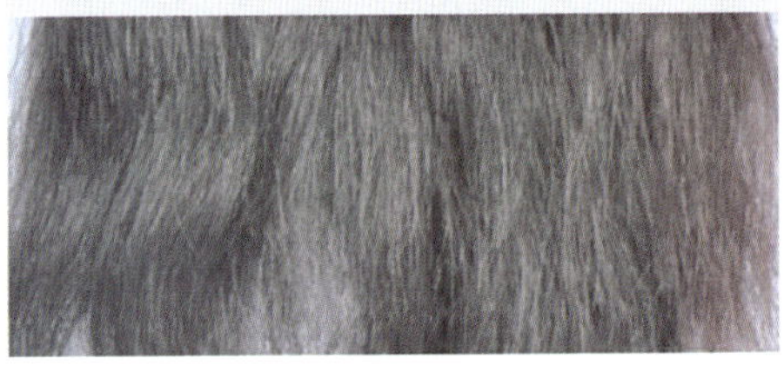

염색의 결과 색상(웰라 8/5)

4 5 6 7 8 9 10

염색의 결과 색상(밀본 7-55)

4 5 6 7 8 9 10

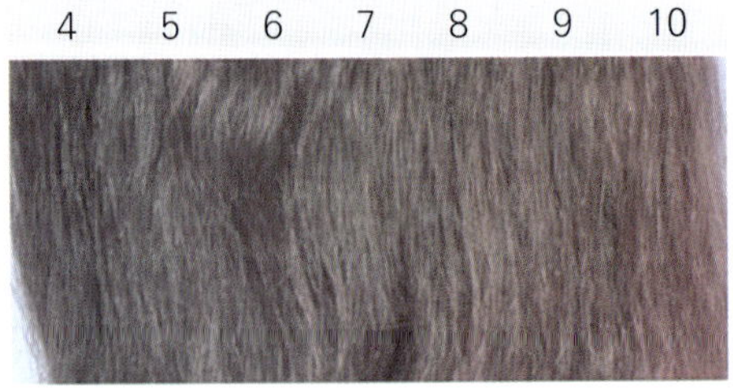

MEMO

[그림 iii-50] 각블리치 레벨에 브랜드별, 염모제의 반사 빛 별 결과색상

실습 과제 Ⅰ-9. 블리치 레벨 만들기

1. 실습 준비물

산화 염모제 6가지 반사 빛 종류별 각 1개(10/11, 10/2, 10/3, 10/34, 10/45, 10/6), 염색솔 6개, 염색 볼 6개, 산화제 1000ml 각 1개, 블리치 레벨 피스(블리치 레벨4~10번을 1세트) 6세트, 타월, 헤어드라이어, 롤 브러시, 염색용 장갑, 샴푸·컨디셔너제

2. 실습 진행 요령(실습 소요시간: 60분)

① 6인 1조로 그룹을 나눈다.
② 각 블리치 레벨 4번부터 10번 까지 호일 한 장에 올려놓는다.
③ 10/11 염모제를 염색 볼에 혼합을 하여 블리치 레벨 4번부터 10번까지 도포를 한다.
④ 10/2 염모제를 염색 볼에 혼합을 하여 블리치 레벨 4번부터 10번까지 도포를 한다.
⑤ 10/3 염모제를 염색 볼에 혼합을 하여 블리치 레벨 4번부터 10번까지 도포를 한다.
⑥ 10/34 염모제를 염색 볼에 혼합을 하여 블리치 레벨 4번부터 10번까지 도포를 한다.
⑦ 10/45 염모제를 염색 볼에 혼합을 하여 블리치 레벨 4번부터 10번까지 도포를 한다.
⑧ 10/6 염모제를 염색 볼에 혼합을 하여 블리치 레벨 4번부터 10번까지 도포를 한다.
⑨ 염모제의 방치시간을 본 후 샴푸하여 헤어드라이어로 건조를 한다.
⑩ 결과색상 시트에 스크랩한다.
⑪ 각 반사빛별, 레벨별 결과색상과 블리치 레벨을 비교하여 염색의 결과색상에 관하여 정리 발표한다.

[그림 iii-51] 염모제 도포의 예시

3. 실습 평가: 포트폴리오

평가 항목		
지식	상	산화 염색의 원리와 결과색상의 이해를 통해 작업에 적용하여 결과를 정확하게 할 수 있는 경우
	중	산화 염색의 원리와 결과색상의 이해를 통해 작업에 적용하나 정확하지 못하는 경우
	하	산화 염색의 원리와 결과색상의 이해를 통해 작업에 적용하지 못하는 경우
기술	상	염모제의 혼합과 도포, 헹굼과 마무리 과정의 숙련을 통한 결과물 작업이 완성도 있게 진행하는 경우
	중	염모제의 혼합과 도포, 헹굼과 마무리 과정의 숙련을 통한 결과물 작업과정은 진행하나 숙련도가 미숙한 경우
	하	염모제의 혼합과 도포, 헹굼과 마무리 과정의 숙련을 통한결과물 작업과정과 숙련도가 미숙한 경우
태도	상	실습준비, 진행과정, 마무리 정리 등 모두 완벽하게 수업에 임한 경우
	중	실습준비, 진행과정, 마무리 정리 중 한 가지라도 부족한 경우
	하	실습준비, 진행과정, 마무리 정리 모두 부족한 경우

자료출처: NCS이용학습모듈, 2016

연색 결과 색상 컬러차트 포트폴리오

도포 색상	각 블리치 레벨 별 결과 색상						
	BL 4	BL 5	BL 6	BL 7	BL 8	BL 9	BL 10
10/1							

도포 색상	각 블리치 레벨 별 결과 색상						
	BL 4	BL 5	BL 6	BL 7	BL 8	BL 9	BL 10
10/2							

도포 색상	각 블리치 레벨 별 결과 색상						
	BL 4	BL 5	BL 6	BL 7	BL 8	BL 9	BL 10
10/3							

도포 색상	각 블리치 레벨 별 결과 색상						
	BL 4	BL 5	BL 6	BL 7	BL 8	BL 9	BL 10
10/34							

도포 색상	각 블리치 레벨 별 결과 색상						
	BL 4	BL 5	BL 6	BL 7	BL 8	BL 9	BL 10
10/45							

도포 색상	각 블리치 레벨 별 결과 색상						
	BL 4	BL 5	BL 6	BL 7	BL 8	BL 9	BL 10
10/6							

MEMO

08 두피와 모발 진단

학습목표

1. 두피와 모발 진단을 통하여 고객 상담에 적용할 수 있다.
2. 두피와 모발에 따른 두피 보호제와 전·후처리 제품의 제안을 할 수 있다.

1. 두피와 모발 진단

모발염색 서비스를 제공하기 위해 염색차트를 이용하여 고객이 희망하는 색상을 선택한다. 그리고 고객의 두피와 모발상태를 진단(신생모, 기염모, 손상정도)하여 염색서비스 제공시 발생될 수 있는 두피의 문제(민감성으로 인한 피부 자극, 알레르기 등)와 모발 손상 정도를 설명하여 작업진행에 적합한 두피 보호제, 전처리와 후처리 제품 등을 소개하여 선택할 수 있게 하며, 희망색상으로 작업하기 위한 절차에 관하여 고객에게 설명한다.

2. 두피와 모발의 진단방법

모발의 진단은 손상의 정도와 자연모의 밝기(자연모 레벨), 기염모의 레벨(블리치 레벨)을 진단하여야 한다. 또한 산화 염색은 48시간 전 반드시 패치 테스트를 통하여 알레르기 반응 검사를 시행하며, 고객이 희망하는 색상과 현재의 두피와 모발의 조건과 상황을 판단하여 합리적인 염색 작업방법을 결정한다.

산화 염모제는 모발의 손상을 가져다 줄 수 있으므로 작업 전 모발의 손상정도를 정확하게 파악하고 서비스 제공 후 나타날 모발 손상정도에 대하여 고객에게 잘 이해를 시켜야 한다. 정상모와 손상모의 경우에는 작업방법 및 사용제품 또한 달라지므로 두피와 모발의 진단은 매우 중요하다.

1) 두피의 진단

염색 서비스 제공 시 가장 많은 문제가 되는 것이 두피의 자극(통증), 염색 후 가려움증, 접촉성 피부염, 부종 등의 고통을 호소하게 된다. 그러므로 서비스 제공 시 반드시 고객의 두피를 분석(문진, 시진)을 통하여 나타날 수 있는 문제를 사전에 방지하여 최상의 서비스를 제공한다.

MEMO

(1) 두피 문진을 통한 진단

① 염색 또는 펌 등의 화학적 시술 시 두피의 자극, 즉 가려움증, 홍반, 피부염, 알레르기 등의 문제가 있었는지를 고객에게 질문을 통하여 확인을 한다. 작업자가 질문을 하지 않을 때 고객은 자신의 문제를 이야기 하지 않는 것이 보통이다. 그러나 이러한 문제에 관하여 고객에게 질문하였을 때 그동안의 화학적 서비스를 제공 받을 때 나타난 현상에 관하여 상세히 답변을 하므로 서비스 제공 전 이러한 문제에 관하여 질문을 통하여 정보를 파악하여야 한다.

(2) 시진을 통한 진단

① 육안으로 두피를 분석은 전두부, 두정부, 측두부, 후두부의 두피의 색, 홍반, 염증 등이 있는지를 확인한다.
② 두피진단기를 통한 분석은 육안을 통하여 분석 시 문제점이 보이는 부위를 먼저 고객이 알 수 있게 확인하며, 다음 전두부, 두정부, 측두부, 후두부를 진단기를 통하여 고객이 자신의 두피 상태를 알 수 있게 상담을 진행한다.

2) 모발 진단

그림 Ⅲ-49의 모발 조건에서 ①은 신생모가 자라난 길이를 의미하며, 신생모의 진단은 자연모의 레벨과 자라난 길이(cm)를 진단한다.

②와 ③은 이미 염색이 되어있는 부분으로 기염모라고 한다. 이 부분은 블리치 레벨로 모발의 밝기와 손상정도를 진단한다.

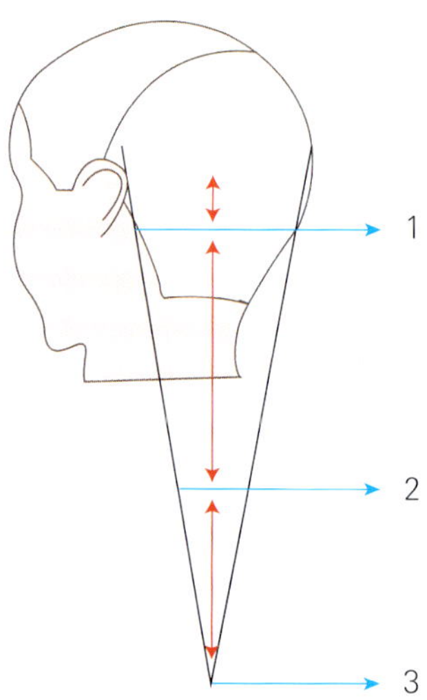

[그림 iii-52] 부분별 진단

MEMO

(1) 모발 진단과정

① 자연모의 레벨
② 신생모의 길이
③ 백모의 비율
④ 길이와 블리치 레벨과 반사 빛
⑤ 길이 끝의 블리치 레벨과 반사 빛
⑥ 모발의 손상정도(데미지 레벨)

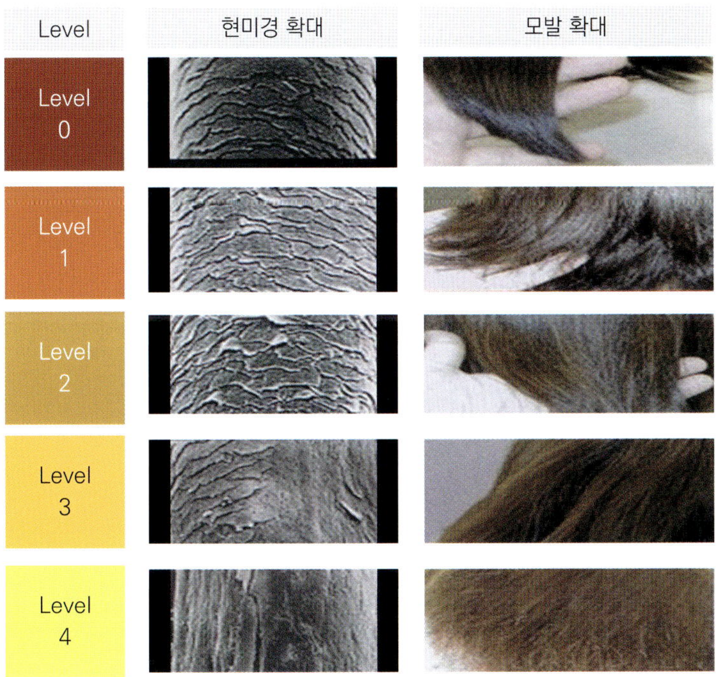

[그림 ⅲ-53] 데미지 레벨 스케일

(2) 모발 손상 도에 따른 전·후처리의 적용

데미지 레벨 스케일에서 보는 것과 같이 손상도의 단계 구분을 5단계로 구분을 한다.

① Level 0의 모발 상태는 건강한 모발을 의미한다.
② Level 1의 모발 상태는 화학적 시술을 1 ~ 2회 정도의 시술한 경미한 손상이 있는 모발이다.
③ Level 2의 모발 상태는 화학적 시술을 3회 이상의 모발로 손상모에 해당되는 모발이다.
④ Level 3의 모발 상태는 잦은 화학적 시술로 인하여 손상도가 높은 모발이다.
⑤ Level 4의 모발 상태는 극 손상모에 해당되는 모발이다.

MEMO

일반적으로 Level 2이상의 모발은 염색 전 모발을 보호할 수 있는 전처리용 제품을 사용하여 줌으로 염색으로 인한 모발의 손상을 적게 하거나 방지하여 줄 수 있으며, Level 3의 모발은 염색 작업 시 전후처리 제품을 사용하므로 모발의 손상으로부터 보호와 유지를 지속할 수 있으며, 고객 스스로 모발을 관리할 수 있게 염색 전용 홈 케어 제품을 사용하게 하므로 컬러의 유지와 모발의 손상을 방지할 수 있다.

염색(화학적) 서비스를 통한 모발의 손상을 예방하는 차원의 전처리 제품과 염색 후 모발을 보호할 수 있는 후처리용 제품으로 구분할 수 있다.

① 전처리제 제품(Post treatment): 염색 서비스 전 모발의 손상을 예방하고, 손상에 따른 결과의 균일성과 색상의 유지력을 높이기 위한 목적으로 사용된다.

② 후처리 제품(Free treatment): 염색(화학적) 서비스 후 알칼리와 과산화수소의 잔여물을 중화하고 컬러 퇴색과 변색을 막아 컬러의 생생함을 오래도록 유지시켜 주기위한 목적으로 사용된다(NCS이용학습모듈, 2016).

(a) 전처리 제품

(a) 후처리 제품

[그림 iii-54] 염색 전·후처리 제품

실습 과제 Ⅰ-10. 고객 상담과 진단 카드 작성(2인 1조)

1. 실습 준비물

모발 진단서, 자연모와 블리치 레벨 스케일, 두피진단기, 볼펜

2. 실습 진행 요령(실습 소요시간: 60분)

① 2인 1조로 그룹을 나눈다.
② 고객 상담 카드의 내용을 상호간 질문하며 작성을 한다.
③ 희망색상의 작업방법을 제안을 한다.

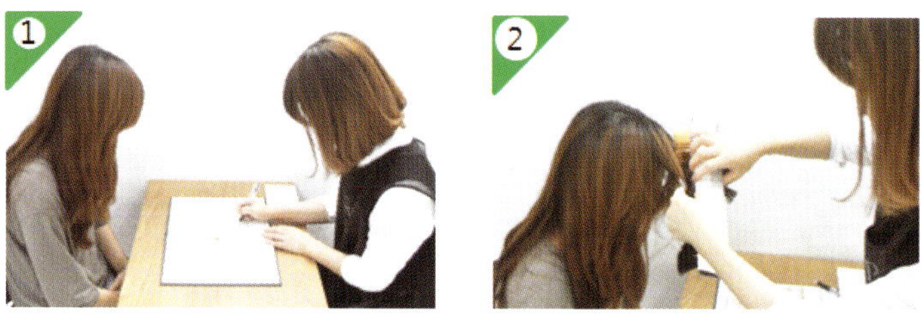

[그림 ⅲ-55] 고객 상담과 진단 과정

3. 실습 평가: 역할연기

평가 항목		
지식	상	고객 상담 시 두피와 모발진단에 관한 지식을 통하여 상담카트 작성에 정확하게 적용할 수 있는 경우
	중	고객 상담 시 두피와 모발진단에 관한 지식을 통하여 작성에 적용하나 정확하지 못하는 경우
	하	고객 상담 시 두피와 모발진단에 관한 지식을 통하여 상담카트 작성에 적용하지 못하는 경우
기술	상	고객 상담 시 상담진행 능력, 모발진단 과정과 두피진단 과정, 작업방법의 제안을 자연스럽고 능숙하게 진행할 수 있는 경우
	중	고객 상담 시 상담진행 능력, 모발진단 과정과 두피진단 과정, 작업방법의 제안을 진행하나 능숙하지 못한 경우
	하	고객 상담 시 상담진행 능력, 모발진단 과정과 두피진단 과정, 작업방법의 제안을 진행이 미숙한 경우
태도	상	실습준비, 진행과정, 마무리 정리 등 모두 완벽하게 수업에 임한 경우
	중	실습준비, 진행과정, 마무리 정리 중 한 가지라도 부족한 경우
	하	실습준비, 진행과정, 마무리 정리 모두 부족한 경우

자료출처: NCS이용학습모듈, 2016

<table>
<tr><td colspan="8">고객 상담 분석 카드</td></tr>
<tr><td>이름</td><td colspan="3"></td><td colspan="2">방문 일자</td><td colspan="2"></td></tr>
<tr><td>주소</td><td colspan="7"></td></tr>
<tr><td>전화번호</td><td colspan="2"></td><td colspan="3">펌, 염색 등의 알레르기</td><td>유</td><td>무</td></tr>
<tr><td>생년월일</td><td colspan="2"></td><td colspan="2">두피타입</td><td colspan="3"></td></tr>
<tr><td colspan="8">얼굴형</td></tr>
<tr><td>타원형</td><td>원형</td><td>정방형</td><td>삼각형</td><td>장방형</td><td>마름모형</td><td colspan="2">역삼각형</td></tr>
<tr><td></td><td></td><td></td><td></td><td></td><td></td><td colspan="2"></td></tr>
<tr><td colspan="6">모발 진단 (백모 량:)</td><td colspan="2">모발 손상도</td></tr>
<tr><td colspan="6" rowspan="5">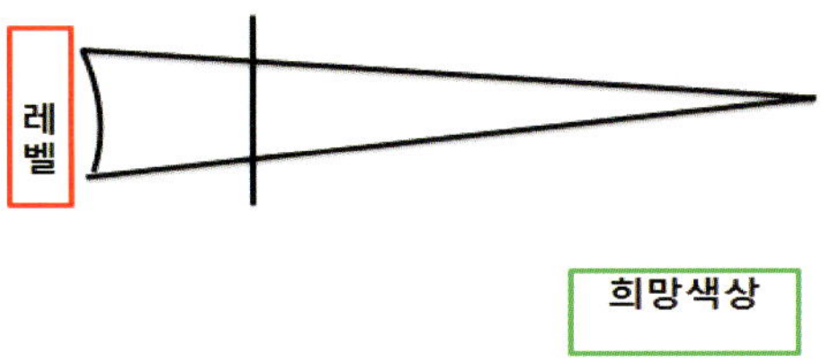
</td><td>레벨 0</td><td></td></tr>
<tr><td>레벨 1</td><td></td></tr>
<tr><td>레벨 2</td><td></td></tr>
<tr><td>레벨 3</td><td></td></tr>
<tr><td>레벨 4</td><td></td></tr>
<tr><td colspan="3">모발의 길이</td><td colspan="5">모량: 많음■ 보통■ 적음■</td></tr>
<tr><td colspan="2">신생모 길이</td><td colspan="6">모발 길이</td></tr>
<tr><td>① 2cm</td><td>② 2cm 이상</td><td colspan="2">③ 단발선</td><td>④ 어깨선</td><td>⑤ 가슴선</td><td colspan="2">⑥ 가슴선 이상</td></tr>
<tr><td colspan="8">최근 서비스 내역: (개월)</td></tr>
<tr><td colspan="8">작업방법 제안</td></tr>
<tr><td colspan="8"></td></tr>
</table>

[그림 iii-56] 고객 모발 진단 및 시술 상담 카드

MEMO

09 멋내기 염색

학습목표

1. 멋내기 염색 도포 시 모발에서 나타나는 문제점에 관하여 설명할 수 있다.
2. 자연모 도포법을 활용하여 염색 도포작업에 적용할 수 있다.

1. 자연모 도포법의 정의

자연모란? 화학적 시술을 전혀 하지 않은 모발을 의미하며, 이러한 경우 염모제의 도포 시에 모질의 상태에 따라 사전연화 작업이 필요하다. 길이에 따라 투 터치(two touch) 기법을 사용한다.

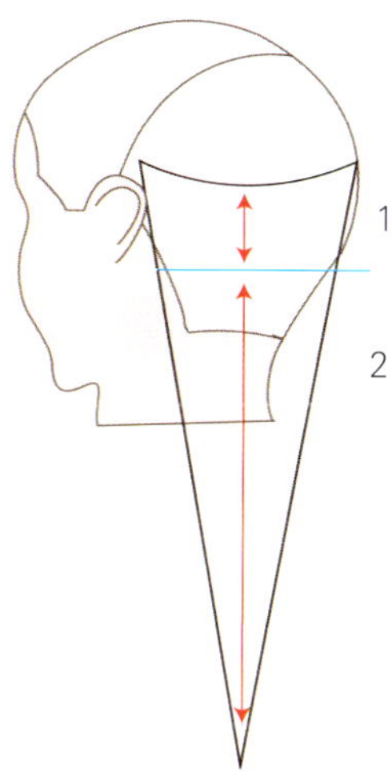

[그림 iii-57] 자연모 도포법의 예

①번과 ②번의 비교 시 ①번은 두피의 열이 전달되는 반면, ②번은 열이 부족하여 결과의 색이 모근 쪽 약 2cm가 밝게 나오게 된다. 이것은 두피의 열의 전달이 문제가 아니라 길이의 열이 부족하여 발생되는 문제이다. 그러므로 자연모 도포방법은 열에 의해 염색의 진행속도가 다르게 되는 것을 보완하기 위하여 ②번 먼저 염모제를 도포(열 보충) 후, ①번과 ②번에 다시 한 번 염모제를 모근에서 길이 끝까지 도포하는 방법이다.

①번 모근 1 ~ 2cm 이하: 체온의 영향으로 정상적인 염색 진행 속도가 이루어진다.

②번 2cm 이상 ~ 20cm 내외: 체온의 영향을 받지 않아 정상적인 레벨보다 덜 올라가게 된다.

알아두기

산화 염모제를 작업할 경우 알칼리에 의해 두피에 자극을 가져다 줄 수 있으므로 샴푸를 하지 않거나 모발에 과도한 스타일 제품을 사용했을 경우나 혹은 에센스 종류의 스타일 제품을 사용하였을 경우 샴푸를 한다. 단, 염색 전 샴푸는 두피에 자극을 주지 않는 상태에서 모발을 깨끗하게 세정하는 것이 좋다.

MEMO

1) 자연모 도포법

먼저 희망색상을 모근 1 ~ 1.5cm를 띄우고 길이에서 길이 끝까지 도포 자연 방치 15분(열 보충) 후, 새로이 희망색상을 혼합하여 모근 에서 길이 끝까지 도포하여 자연 방치한다. 방치시간은 제조사에 따라 달라질 수도 있다.

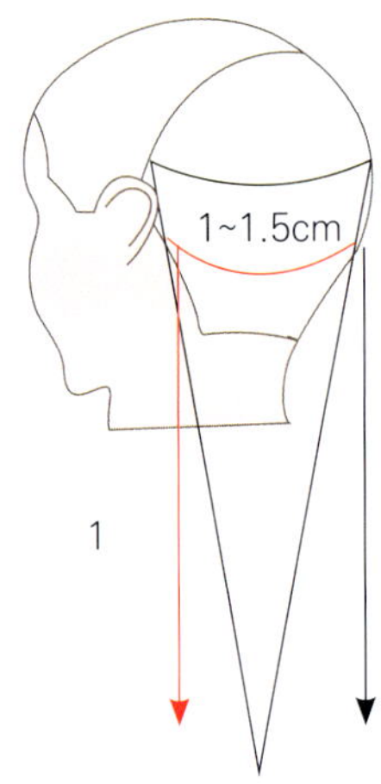

[그림 iii-58] 자연모 도포 방법

2) 자연모 염색 시 다양한 응용방법

(1) 응용방법의 예시 1

②번의 밝은 명도를 ①번에 맞추어 활용하기도 한다. 즉, 모근 1 ~ 1.5cm를 띄우고 ①부분 길이에서 길이 끝까지 도포 10 ~ 15분 자연방치, 남은 염모제를 ②부분 모근에 도포 일정한 시간을 본 뒤에 모근과 길이의 균일성을 확인 후 샴푸한다.

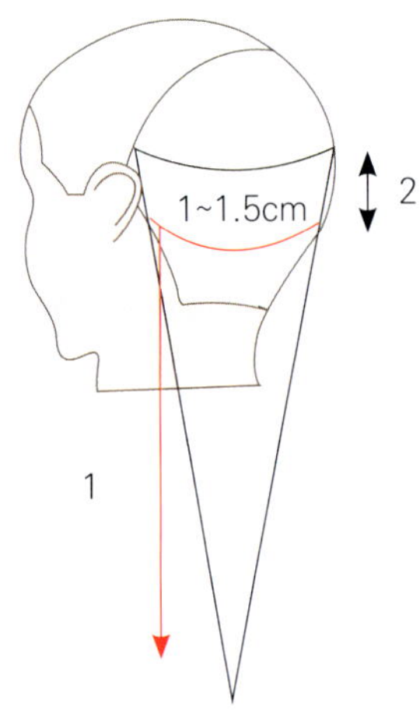

[그림 iii-59] 응용 방법의 예시 1

(2) 응용방법의 예시 2

모근을 0.5cm를 띄우고 길이에서 길이 끝까지 도포 30분 ~ 35분 자연 방치 후 샴푸한다. ①부분 모근을 띄우고 염모제를 도포하여 두피의 열이 전달되는 것을 방지 하므로 균일성이 있는 결과를 만든다.

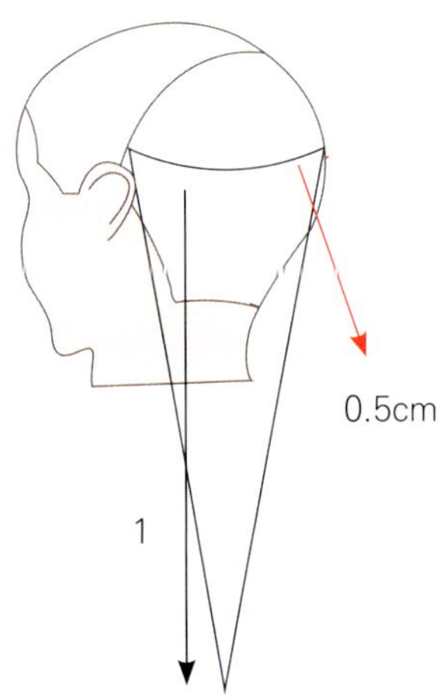

[그림 iii-60] 응용 방법의 예시 2

3) 희망색상과 모발의 조건에 따른 작업방법

MEMO

(1) 작업방법의 예 1

현재 모발의 밝기는 4레벨의 자연모이며, 원하는 색상은 6.45일 경우이다.

① 희망색상 6.45 + 20v(6%) 산화제 혼합
② 1 ~ 1.5cm 띄우고 길이 끝까지 도포 자연방치 15분
③ 다시 희망색상 6.45 + 20v(6%)산화제 혼합
④ 모근에서 길이 끝까지 원터치 도포
⑤ 자연방치 30 ~ 35분

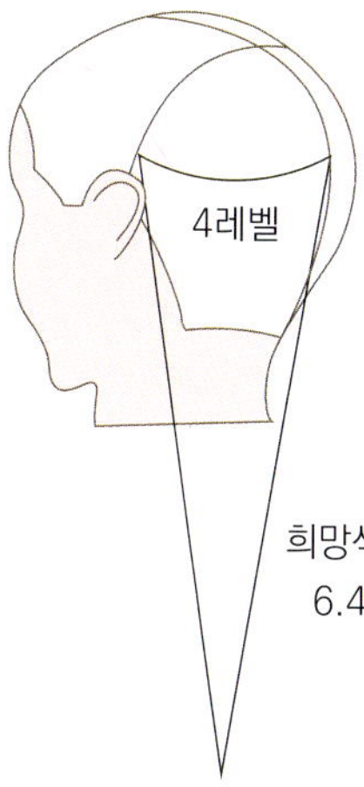

[그림 iii-61] 시술 방법의 예시 1

(2) 작업방법의 예 2

희망색상이 자연모의 색상보다 어두운 자연모일 경우 - 현재 모발의 밝기는 3레벨의 자연모이며, 희망색상은 블루 블랙일 경우이다.

① 희망색상 블루 블랙 + 20v(6%) 산화제 혼합
② 모근에서 길이 끝까지 원터치 도포
③ 자연방치 30 ~ 35분

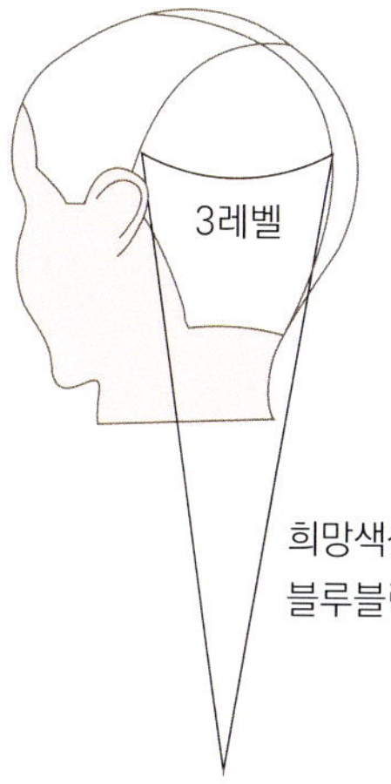

[그림 iii-62] 시술 방법의 예시 2

(3) 작업방법의 예 3

희망색상이 자연모의 밝기보다 3단계 밝은 색상을 희망할 경우 - 현재 자연모의 밝기가 3레벨의 자연모이며, 희망색상이 6.45일 경우이다.

① 희망색상 6.45 + 30v(9%) 산화제 혼합
② 모근 1 ~ 1.5cm 띄우고 길이 끝까지 도포 후 자연방치 15분
③ 다시 희망색상 6.45 + 30v(9%)산화제 혼합
④ 모근에서 길이 끝까지 원터치 도포
⑤ 자연방치 30 ~ 35분

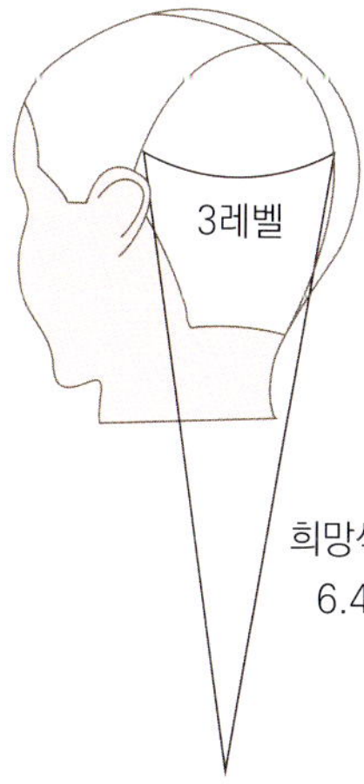

[그림 iii-63] 시술 방법의 예시 3

MEMO

(4) 작업방법의 예 4

희망색상이 자연 모발보다 4단계 이상 밝은 색상을 희망하는 경우 - 사전 탈색(애벌 탈색)후 희망 색상을 원터치, 현재 자연모의 밝기가 3레벨의 자연모이며, 희망색상은 8.3일 경우이다.

① 탈색제(1) : 산화제(2 ~ 3) 혼합
② 탈색제 도포: 이때 탈색제의 도포는 길이 끝에서 길이, 모근 순으로 도포하는 것이 균일성 있게 레벨을 만들 수 있다.
③ 원하는 블리치 레벨 8번(노랑)이 나왔을 경우 두피에 자극이 가지 않도록 깨끗하게 샴푸한다.
④ 찬바람을 이용하여 모발을 건조한다.
⑤ 희망색상 8.3 + 20v(6%) 산화제 혼합
⑥ 모근에서 길이 끝까지 원터치 도포
⑦ 자연방치 30 ~ 35분

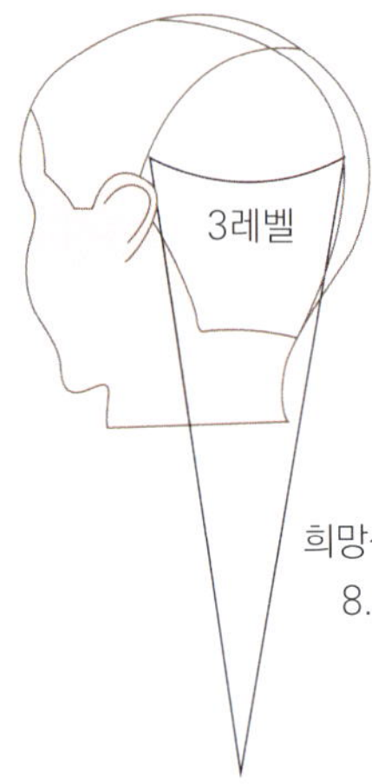

[그림 iii-64] 시술 방법의 예시 4

[표 iii-4] 모발염색 시 고려사항

구분	시술시 고려 사항	시술 방법
모발의 질감	저항성모인 경우 염모제의 흡수가 느리다.	사전 유화
희망색과 현재 모발의 명도 차이	희망색이 현 모발 색상보다 어둡다. (백모커버)	원 터치
	희망색이 3단계 이하로 밝다	2단계 차이- 6% 2제 사용 3단계 차이- 9% 2제 사용
	희망색이 4단계 이상 밝다	사전 탈색 후 본 염색 시술
모발의 길이	20cm 이하 - 모근에서 2cm까지는 체온의 영향으로 다른 부분에 비해 정확히 염색이 진행된다.	자연모 도포
	20cm 이상 - 모발 끝으로 갈수록 큐티클 층이 단단해져서 염색이 잘되지 않는다.	자연모 도포

실습 과제 Ⅰ-11. 자연모 도포법 상호실기(2인 1조)

1. 실습 준비물

희망색 염모제, 산화제, 염색 솔, 염색 볼, 염색 보, 고객가운, 헤어드라이어, 전자저울
헤어클립, 앞치마, 염색용 장갑, 타월, 샴푸·컨디셔너제

2. 실습 진행 요령(실습 소요시간: 90분)

① 2인 1조로 그룹을 나눈다.
② 고객 상담카드의 내용을 상호간 질문하며 작성을 한다.
③ 희망 색상의 작업방법을 제안을 한다.
④ 모근 1cm 띄우고 길이에서 길이 끝까지 희망색상 도포(자연방치 15분)
⑤ 모근에서 길이 끝까지 희망색상을 다시 혼합하여 원터치 도포(자연방치 30분)
⑥ 액상화 작업과 염색샴푸를 한다.

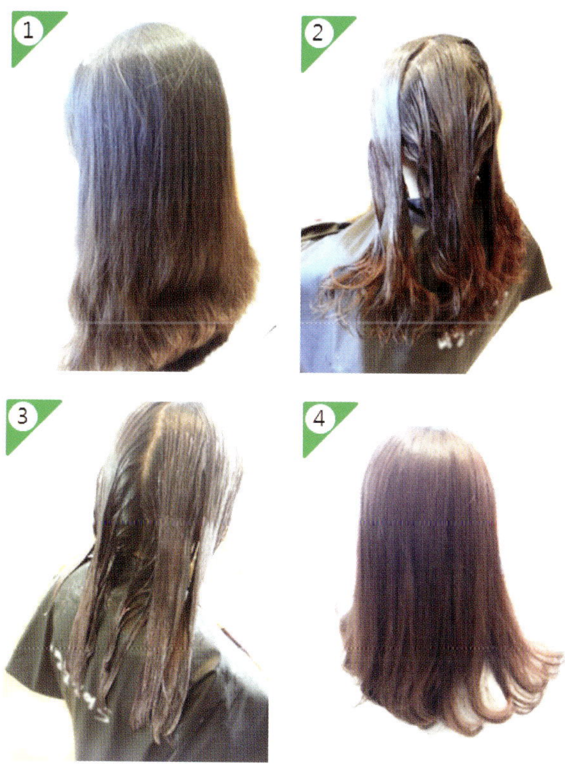

[그림 iii-65] 살롱에서의 자연모 도포방법 활용

실습결과 포트폴리오

사용한 색상: ____________ 예상 결과색상: ____________ 결과색상: ____________

작업 과정 사진	

결과색상 사진	

3. 실습 평가: 작업장 평가

평가 항목		
지식	상	자연모에서 원터치 도포 시 문제점을 파악하고 자연모 도포법을 통한 멋내기 염색에 정확하게 적용할 수 있는 경우
	중	자연모에서 원터치 도포 시 문제점을 파악하고 자연모 도포법을 통한 멋내기 염색에 적용하나 정확하지 못하는 경우
	하	자연모에서 원터치 도포 시 문제점을 파악하고 자연모 도포법을 통한 멋내기 염색에 적용과 정확성이 미숙한 경우
기술	상	블로킹, 도포량 조절과 모근의 띄우는 정확성(1cm), 도포 시 빗질 없이 도포 등 작업을 정확하고 숙련도가 높은 경우
	중	블로킹, 도포량 조절과 모근의 띄우는 정확성(1cm), 도포 시 빗질 없이 도포 등 작업을 진행하나 숙련도가 미숙한 경우
	하	블로킹, 도포량 조절과 모근의 띄우는 정확성(1cm), 도포 시 빗질 없이 도포 등 작업과 숙련도가 미숙한 경우
태도	상	실습준비, 진행과정, 마무리 정리 등 모두 완벽하게 수업에 임한 경우
	중	실습준비, 진행과정, 마무리 정리 중 한 가지라도 부족한 경우
	하	실습준비, 진행과정, 마무리 정리 모두 부족한 경우

평가 항목		
지식	상	염색 후 모발에 맞는 샴푸제와 컨디셔너제를 파악하고 정확하게 적용할 수 있는 경우
	중	염색 후 모발에 맞는 샴푸제와 컨디셔너제 파악은하나 적용하지 못하는 경우
	하	염색 후 모발에 맞는 샴푸제와 컨디셔너제 파악과 적용을 못하는 경우
기술	상	염색 후 샴푸작업의 준비 작업과정, 매니플레이션, 마무리 과정 등을 원활히 진행하는 경우
	중	염색 후 샴푸작업의 준비 작업과정, 매니플레이션, 마무리 과정 등을 하나라도 미숙하게 진행하는 경우
	하	염색 후 샴푸작업의 준비 작업과정, 매니플레이션, 마무리 과정 등을 미숙하게 진행하는 경우
태도	상	실습준비, 진행과정, 마무리 정리 등 모두 완벽하게 수업에 임한 경우
	중	실습준비, 진행과정, 마무리 정리 중 한 가지라도 부족한 경우
	하	실습준비, 진행과정, 마무리 정리 모두 부족한 경우

자료출처: NCS이용학습모듈, 2016

MEMO

10 백모 염색

학습목표

1. 백모의 특징에 관하여 이해하고 작업방법을 설명할 수 있다.
2. 백모 염색 방법의 작업과정을 통하여 염색작업에 적용할 수 있다.
3. 애벌 염색의 이해하고 작업방법을 설명할 수 있다.

1. 백모 염색

1) 백모의 이해

백모는 일반적으로 멜라닌 색소가 없는 모발로 저항성이 강한 것이 특징이다. 그러므로 백모 염색 시 백모의 저항성을 떨어뜨리기 위하여 사전 연화(Presoftening) 기법을 사용하기도 하며, 색소가 충분히 발색하여 커버력을 높이기 위한 방법으로 기본색을 혼합 또는 프리 피그멘테이션(선착법) 기법을 사용하고, 방치시간을 5분~10분 정도 오버타임 한다.

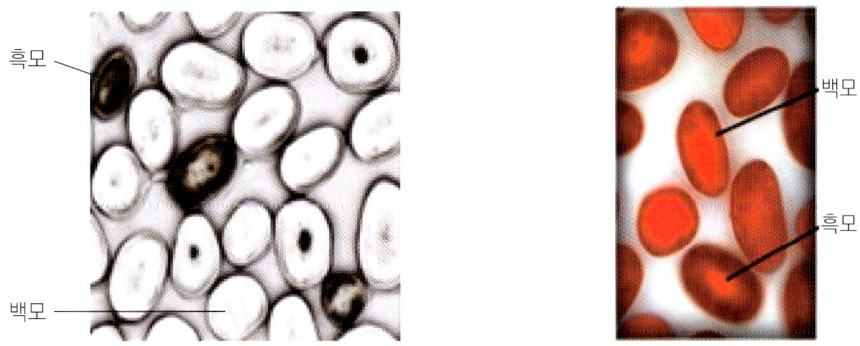

(a) 백모 염색 전　　(b) 백모 염색 후

[그림 iii-66] 백모 염색 전과 후의 비교

MEMO

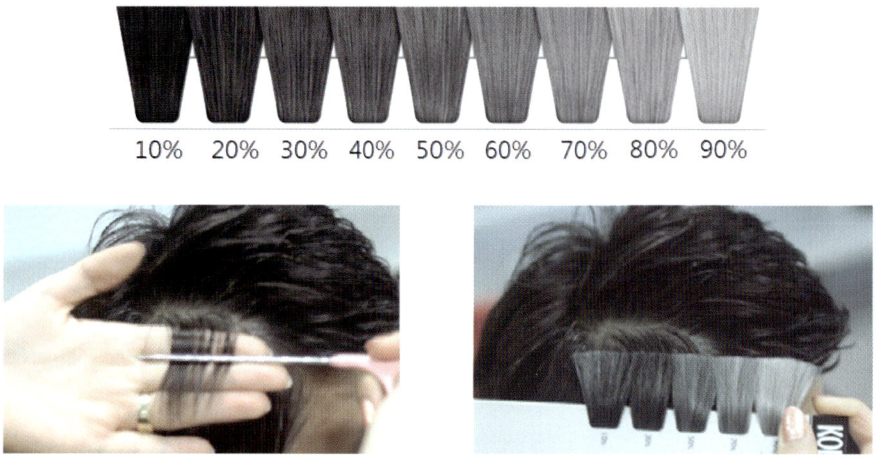

[그림 iii-67] 백모 량 체크와 백모 량 스케일의 활용

2) 백모 염색의 작업절차

백모의 경우 모발의 저항성이 있어 염모제의 침투가 오래 걸리며, 모발 내의 멜라닌 색소가 없으므로 염색 시 주의해야 한다. 우선 색상선정 시 기본색상과 희망색을 백모의 양에 따라 적당량 혼합한다. 또한 백모가 밀집된 부분을 사전 유화하고 그 부분에 염모제를 먼저 도포하도록 한다.

① 백모의 양을 파악한다.

② 사전연화는 모발상태에 따라 선택한다.

③ 백모가 많이 밀집된 곳부터 모근에서부터 모발 끝까지 한 번에 염모제를 도포한다.

④ 방치시간을 약 5 ~ 10분 정도 멋내기 염색보다 오버타임 한다.

[표 iii-4] 백모 염색방법

모발 조건		시술 방법	
모발의 저항성이 크다		사전 연화(pre softening)	
멜라닌 색소가 없다		프리 피그멘테이션(pre pigmentation) 또는 기본 색상의 혼합	
백모의 양	30%	기본 색상과 희망 색상의 혼합	기본 색상 + 희망 색상 (1:3)
	50%		기본 색상 + 희망 색상 (1:1)
	70%		기본 색상 + 희망 색상 (3:1)

MEMO

3) 살롱에서의 백모 염색 예

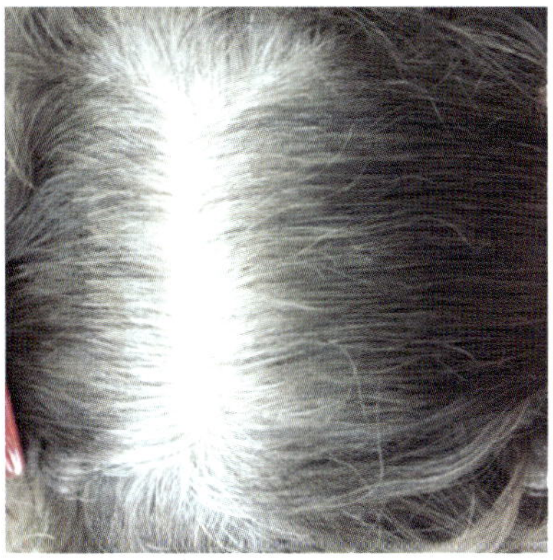

백모 염색 전

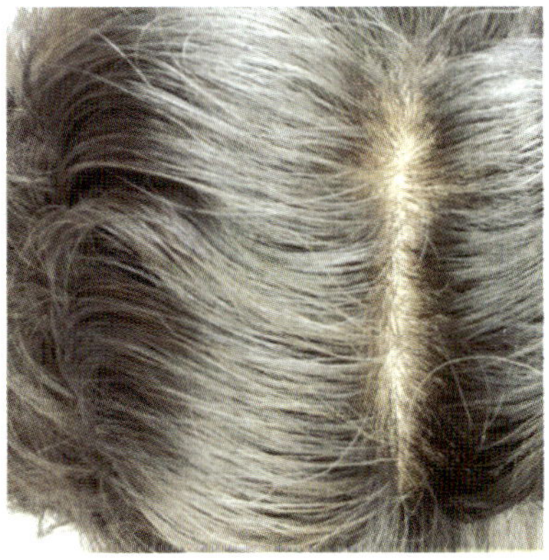

백모 염색 후

[그림 iii-68] 백모 염색의 예

신생모의 명도는 3레벨 백모의 량이 90%, 신생모 길이 2cm 기염모는 3레벨의 기본 색상이다. 희망 색상은 5.04(자연스러운 구리 빛에 밝은 갈색)를 원하는 경우

(1) 진단내용

① 기염모가 모발 손상이 적다.

② 기염모의 명도가 3레벨로 희망 명도보다 밝다. - 딥 클린징 기법 작업결정

③ 백모 90%로 커버력을 높이기 위하여 기본색상 5(밝은 갈색)를 3 : 1혼합하여 사용

(2) 작업과정

① 기염모: Cleansing

② 기염모: Deep cleansing(블리치 레벨 5 붉은 오렌지)

③ 신생모: 희망색상 5.04(1) : 5(3) + 20v(6%) 산화제 혼합 - 신생모 도포

④ 기염모: 남은 염모제 + 온수 혼합 - 직연연장 도포

Tip 백모 염색

백모염색에서의 문제는 백모와 자연모의 결과에서 대비되는 차이라 할 것이다. 즉, 사용 색상이 7번 기본색상(황갈색)이라 할 때 백모는 7번의 황갈색의 결과를 얻게 되는 반면 자연모에서는 명도는 5번(밝은 갈색)과 블리치 레벨에 의하여 붉은 오렌지의 반사 빛을 얻게 된다, 그러므로 둘의 대비되는 차이가 보이게 됨으로 백모가 자연모의 결과와 동일한 결과를 얻게 함으로 커버력을 높일 수가 있다.

MEMO

2. 사전 연화(Pre softening)

사전 연화 또는 애벌 염색이라고 하며, 이 방법은 백모의 저항성 줄여 백모의 커버력을 높이기 위한 목적으로 사용하는 것과 자연모의 길이에 부족한 열을 보충하기 위하여 사용되는 기법이다.

1) 작업 방법

① 20v(6%) 산화제 준비한다.
② 도포: 모발에 산화제를 도포한다.
③ 건조: 5 ~ 10분 드라이로 건조한다.
④ 희망색상 + 산화제 20v(6%) 원터치 도포한다.
⑤ 방치시간: 자연방치 40 ~ 45분

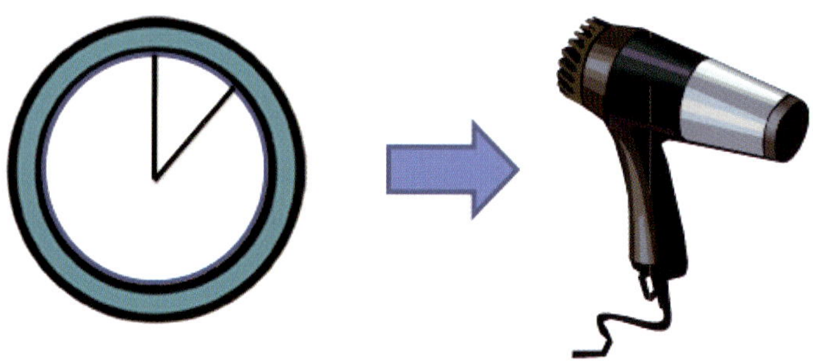

[그림 iii-69] 애벌 염색

Tip 애벌 염색

일반적으로 사용하는 산화제는 애벌 염색을 작업하기에 부적합하다. 그 이유는 산화제에 소프트닝 왁스 성분을 넣어주므로 모발의 부드러움과 윤기를 만들어 주는데 이 성분이 많이 들어가 있으므로 건조 시 건조가 되지 않는 현상이 발생이 된다. 애벌 염색에 적합한 산화제는 우리가 상처가 났을 때 사용하는 소독약과 비슷한 액상의 타입이여야 애벌 염색을 작업 시 좋은 결과를 얻을 수 있다.

MEMO

11 액상화 작업과 염색샴푸의 실제

학습목표

1. 액상화 작업의 목적과 방법에 관하여 설명하고 작업에 적용할 수 있다.
2. 염색 후 샴푸제의 선택과 염색 샴푸작업을 할 수 있다.
3. 염색된 모발의 손상정도에 따라 홈케어 제품과 마무리용 제품을 추천할 수 있다.

1. 액상화 작업과 염색샴푸

1) 액상화(Eumlsion) 작업

액상화는 유화(乳化) 또는 애멀션이라고 하며, 염색 작업이 끝나기 약 3 ~ 5분전 모발과 두피에 부드럽게 마사지를 하는 것을 말한다. 이는 두피와 모발에 남아 있는 염모제의 잔여물을 제거하기 위한 목적으로 작업한다.

(1) 액상화 작업의 효과

① 두피와 모발의 염모제 잔여물 제거
② 색소의 정착을 도와준다.
③ 부드러움과 윤기를 더해 준다.
④ 유지력을 증가시킨다.

(2) 작업방법

① ~ ③ 시술 의자에서 길이 부분을 2 ~ 3개의 슬라이스를 떠 길이에서 길이 끝 방향으로 부드럽게 마사지를 진행하며, 전체적으로 돌아가며 반복한다.

[그림 iii-70] 모발 액상화 작업

MEMO

① ~ ④ 샴푸실로 이동하여 두피에 물을 두르지 않고 먼저 두피를 부드럽게 마사지를 하며, 조금씩 물을 두르며 두피와 모발의 염모제를 제거한다. 전체 모발을 반복적으로 작업하여 염모제를 깨끗하게 제거한다.

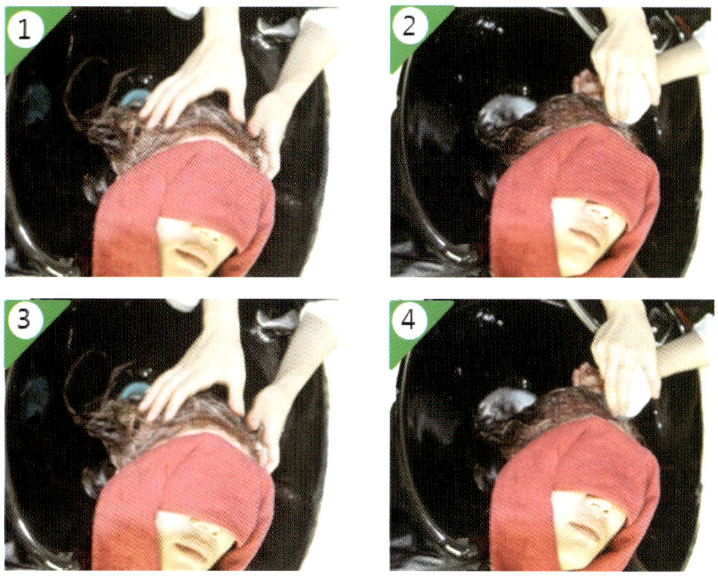

[그림 iii-71] 두피 액상화 작업

2) 샴푸와 컨디셔닝(Shampoo & Conditioning)

염색 후 샴푸는 컬러 전용 샴푸제를 선택하여 사용한다. 이 샴푸들은 약산성으로 산화방지의 역할을 하는 비타민E와 모발에 보습과 영양을 주며, 컬러의 색상을 선명하고 오래 유지될 수 있도록 도와준다. 또한 샴푸 서비스 시 화학성분으로 인한 모발의 손상을 예방하는 방법과 관리방법을 설명한다.

샴푸제와 컨디셔닝제는 모발의 손상정도와 서비스 품목에 따라 선택해야하며, 모발관리를 하지 못하였을 때 모발에 나타나는 문제점 등을 설명하여 헤어 컬러의 서비스 제공 후 모발관리의 필요성에 관하여 인식을 시켜야할 것이다.

(1) 샴푸의 목적과 기능

가. 샴푸의 목적

모발과 두개피의 세정을 의미하는 샴푸는 샴푸제와 매니플레이을 통하여 모발 내 오염물과 이물질을 제거함과 동시에 두개피의 혈액순환과 함께 두발의 성장을 촉진시킨다.

MEMO

[그림 ⅲ-72] 모발 액상화 작업

나. 샴푸제(Shampoo agent)의 기능

비누나 세정제 등과 함께 계면활성제에 속한다. 세정의 목적으로 사용되는 계면활성제는 습윤, 침투, 유화, 분산, 재부착방지, 가용화, 기포 등의 합성작용에 의해 오염물질을 제거한다(한국미용교과교육과정연구회, 2016).

(2) 컨디셔닝제의 정의

주성분 농도에 따라 린스, 컨디셔너, 트리트먼트로 구분되며, 컨디셔닝제는 모발의 영양 성분의 함유정도 다르게 함으로 모발의 손상도에 따라 선택하여 사용을 한다.

가. 린스제의 역할

린스(Rinse)란(한국미용교과교육과정연구회, 2016)"헹군다"는 의미로 샴푸 후 모발에 부드러움과 정전기 방지를 부여하여 모발표면 상태를 정돈한 목적으로 사용된다.

나. 컨디셔너제의 역할

모발에 대한 보완 기능을 가지며, 손상된 모발의 외관을 윤기 나며 코팅 막을 형성시켜 촉감, 매끄러움을 향상시키고 모발을 건강한 상태로 회복 또는 유지시킨다.

다. 트리트먼트의 역할

트리트먼트제는 모발 등전대가를 유지시켜 모발을 보호하며 더 이상 손상되지 않도록 하며, 손상을 받은 모표피의 회복은 단백질 성분의 흡착성을 이용함으로써 손상을 최저로 방지한다.

(3) 작업방법

① 염색 전용 샴푸를 손에 일정량을 덜어준다.
② 두상을 크게 5등분(전두부, 두정부, 측두부(2 부분), 후두부)하여 샴푸를 골고루 발라주며, 길이와 길이 끝에도 골고루 바른다.

MEMO

③ 염색 직후의 샴푸는 두피에 자극이 가지 않게 그렇지만 깨끗하고 꼼꼼하게 부드럽게 마사지를 하며 염모제의 잔여물이나 색소가 남아있지 않게 샴푸를 진행한다.

④ 미온수로 깨끗하게 헹군다.

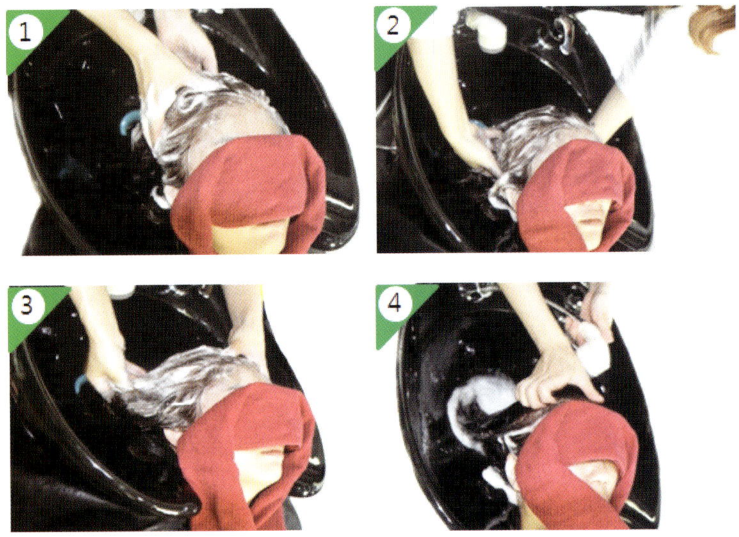

[그림 iii-73] 고객 샴푸

Ⅰ-3. 학습 정리

1. 미용 위생관리에 보다 많은 관심을 가져야하는 이유는 많은 사람이 모이는 곳이며, 고객의 두발과 신체의 접촉, 미용 도구, 재료 등으로 인하여 병원균의 감염 경로가 될 수 있는 환경에 노출되어있다. 따라서 늘 헤어 살롱의 실내를 청결히 유지하고 미용 도구의 위생관리를 철저히 한다.
2. 패치테스트는 염모제의 알레르기 반응을 파악하기 위한 것으로 고객 시술 48시간 전 테스트를 통하여 작업가능 여부를 파악하여야 한다.
3. 염모제는 주성분과 지속 기간, 등전점(pH)에 의하여 구분을 하는데, 일반적으로 일시적인 염모제, 반영구 염모제, 산화 영구 염모제로 구분을 하며, 반영구 염모제를 산성 염모제와 산화 염모제를 알칼리 염모제로 구분을 한다.
4. 반영구 염모제는 직접 염모제(Direct color)라고도 하며 이는 색소가 모발의 표피에 이온 결합의 방식으로 정착하여 결과를 만들기 때문이다.
5. 반영구 염색 전 샴푸는 약산성의 샴푸를 사용하여 샴푸 시 정착력 향상을 주며, 산화 영구 염모 전 샴푸는 과도한 스타일 제품을 사용했을 경우나 혹은 에센스 종류의 스타일 제품을 사용하였을 경우 샴푸를 한다.
6. 자연모의 명도를 파악하는 것은 고객의 희망 색상을 시술하는 가장 기본적인 요소이다. 그러므로 자연모 레벨 진단을 파악하므로 시술 방법을 결정할 수 있다.
7. 과산화수소에서 발생되는 유리 산소는 모발 내 멜라닌 탈색과 염구 염모제의 염료를 산화중합반응을 동시에 일으킨다.
8. 모발의 멜라닌 색소를 탈색시키는 요소는 자연적인 요소와 인위적인 요소로 말할 수 있다.
9. 염색의 가장 이상적인 작업은 정확한 색상과 모발 손상의 최소, 색상의 유지력이다. 그러므로 정확한 결과 색상은 염모제와 산화제의 정확한 비율을 통한 혼합과 정확한 방치시간, 도구의 올바른 사용이라고 할 수 있다.
10. 염모제의 경우 두피의 열이 많은 곳과 적은 곳 그리고 모근 쪽과 길이 쪽에 따라 염모제의 도포 량을 조절하여 줌으로서 결과 색의 균일성을 만들어 준다.
11. 방치시간은 결과의 색상에 매우 중요한 영향을 미친다. 방치 시간이 부족하면 탈색과 발색이 떨어져 정확한 결과의 색상뿐만 아니라 유지력도 떨어지게 된다. 만일 방치 시간을 오버타임 한다면 색은 탁하고 어두워지는 결과 색상을 얻게 된다.
12. 염색 샴푸의 방법을 액상화 작업이라고 하며, 액상화 작업은 두피와 모발의 염색 잔여물을 제거하며 염색 색소의 정착력을 도와주고, 부드러움과 윤기, 색의 유지력을 증가시켜 준다.

13. 탈색의 사용은 제 1제인 탈색제와 제 2제인 산화제를 혼합하여 사용한다, 이때 혼합과 동시에 산소의 발생으로 모발을 산화(탈색)되어 모발이 밝아진다. 이러한 밝아지는 단계를 나눈 것이 블리치 레벨이다.
14. 염색의 결과색상은 탈색과 발색으로 블리치 레벨과 사용한 색상이 합쳐져 결과의 색상을 만든다.
15. 고객 상담 시 파악할 사항은 싫어하는 색상, 좋아하는 색상, 즐겨 입는 옷의 색상, 즐겨 하는 색조 화장, 즐겨 하는 액세서리, 원하는 색상 등을 파악하여 희망하는 색상을 제안하는 것이 중요하다.
16. 모발의 진단은 손상의 정도와 자연모의 밝기(자연모 레벨)와 기염모의 레벨(블리치 레벨)을 진단하여야 한다.
17. 염색의 도포 시 슬라이스의 두께와 브러시의 각도를 통한 숙련도를 향상 빠른 시간에 정확하게 도포하는 것이 중요하다. 이때 빗을 사용하여 염모제를 도포한다면 모발의 손상을 증가 시키므로 빗의 사용은 지양하여야 한다.
18. 자연모 염색이란? 처음 염색하는 모발을 말하며, 두피에서 2cm까지는 체온의 영향으로 염색 진행이 정상적으로 진행되는 반면, 2cm 이상의 모발은 두피의 열이 전달되지 않아 염색 속도가 달라지므로 도포시기를 다르게 시술하는 방법을 의미하며, 여기는 투터치의 기법이 있다.

Ⅱ - i

색채학

학습 개요

헤어 컬러링은 고객의 이미지 연출에 70%를 차지할 정도로 매우 중요한 역할을 하며 고객의 개성 또는 조화로운 이미지를 연출을 위해 색채의 대비와 속성을 통한 배색과 조합을 알아볼 것이고, 색채의 심리를 통하여 선호색상과 비선호 색상에 파악, 색채의 계절적 이미지와 퍼스널 컬러 분석에 관하여 학습한다.

주요 용어

면적 대비, 한난 대비, 명도 대비, 채도 대비, 색상 대비, 보색 대비, 그라데이션(Gradation). 콘트라스트 (Contrast), 비비드 톤(Vivid tone), 브라이트 톤(Bright tone), 스트롱 톤(Strong tone), 딥 톤(Deep tone), 라이트 톤(Light tone),소프트 톤(Soft tone), 덜 톤(Dull tone), 다크 톤(Dark tone), 페일 톤(Pale tone), 라이트 그레이시 톤(Light grayish tone), 그레이시 톤(Grayish tone), 다크 그레이시 톤(Dark grayish tone), PCCS 톤 표

MEMO

01 색채의 대비

학습목표

1. 계시 대비, 동시 대비, 색상과 배색의 효과에 관하여 이해하고 컬러 디자인에 적용할 수 있다.

1. 색채 대비

1) 계시 대비

어떤 색을 계속 보다가 다른 색을 보면 앞 색의 잔상으로 색이 달라져 보이는 현상이다.

(1) 면적 대비

① 면적이 작은 색의 부분은 명도와 채도가 작아 보인다.
② 둘 또는 그 이상의 색들과 넓이의 상대적인 관계이다.
③ 면적대비는 다른 종류의 대비가 주는 효과를 강조한다.
④ 개성을 표현하고자 한다면 한 가지 색의 면적을 크게 한다.
⑤ 배색에 있어 조화된 면적 비례는 정적이고 고요한 효과를 준다.
⑥ 일반적으로 면적이 넓은 색의 부분은 명도와 채도가 크게 보인다.
⑦ 같은 색이라도 면적이 클수록 명도와 채도가 높아 보이는 현상이다.

[그림 iv-1] 면적 대비

MEMO

(2) 한난 대비

① 한난대비는 같은 명도로 표현해야 하고 중간 명도의 경우 가장 효과적이다.

② 한색 계통의 색과 난색 계통의 색을 대비시키면 한색은 더욱 차게, 난색은 더욱 따뜻하게 느껴지는 현상이다.

③ 한색과 난색이 각각 원근을 암시하는 요소를 포함하고 한난 대비의 배색은 고도의 회화적인 효과를 나타낸다.

④ 본래 색이 갖고 있는 특성보다 대비에 의해 색의 차고 따뜻함이 강조되어 색의 온도감이 강하게 느껴지게 되는 현상이다.

[그림 iv-2] 한난 대비

2) 동시대비

두 색을 동시에 보았을 때 색이 달라져 보이는 현상이다.

(1) 명도 대비

① 어두운 바탕 위의 색이 실제보다 더 밝아 보인다.

② 강한 조형적 힘에 의한 입체적이고 공간적으로 변화 시키는 효과가 있다.

③ 배색된 색의 관계에서 명도의 차이가 크게 되면 서로를 더욱 강조하는 역할이다.

④ 바탕색의 명도에 따라 원 색의 명도가 다르게 보이는 현상이다. 어두운 바탕 위의 색이 실제보다 더 밝아 보인다.

MEMO

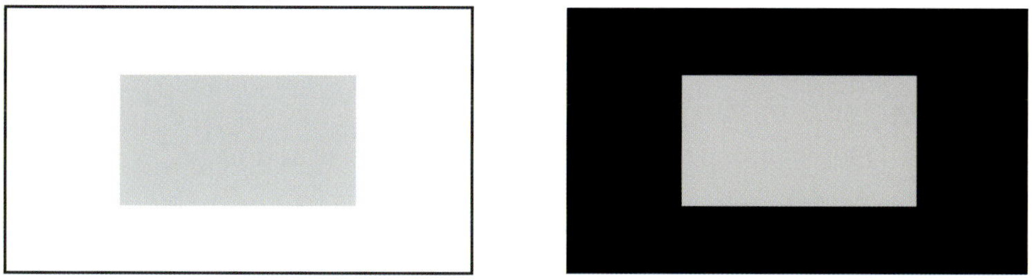

[그림 iv-3] 명도 대비

(2) 채도 대비

① 무채색 위의 유채색은 채도가 더 높아 보인다.
② 채도 대비의 배색은 고요하고 안정되며 정적인 분위기이다.
③ 명도 대비가 생기지 않도록 명도를 같게 하거나 비슷하게 한다.
④ 바탕색의 채도에 따라 원색이 선명해 보이거나 탁해 보이는 현상이다.
⑤ 순색과 탁색 사이에 생기는 대비로 흐릿하거나 선명해 보이는 대비효과는 상대적이다.
⑥ 채도 대비의 배색은 고채도의 순수하고 강한 색과 저채도의 흐릿한 색을 상대적으로 대비 시켜야 효과가 크다.

[그림 iv-4] 채도 대비

MEMO

(3) 색상 대비

① 바탕색의 영향으로 색상 차가 크게 보이는 현상이다.

② 주로 배색은 힘차고, 활발하고, 결정적이고, 단호한 느낌이다.

③ 두 가지 이상의 배색에서 각각의 색을 단독으로 볼 때 보다 색상을 좀 더 뚜렷하게 느껴지는 현상이다.

[그림 iv-5] 색상 대비

(4) 보색 대비

① 보색끼리의 색의 배색으로 상대의 색이 더 선명해 보이는 현상이다.

② 색상이 정반대되는 보색끼리 배색 되었을 때에는 각각의 색이 독립적으로 더욱 뚜렷해지고 채도가 높아 보인다.

③ 보색 대비로 배색을 하는 경우 보색의 색 면적을 적절한 비율로 사용하면 정적이고 안정된 효과를 얻을 수 있고 보색이 서로 맞닿아 있거나 가까울 경우 선명한 효과가 있다.

[그림 iv-6] 보색 대비

MEMO

3) 색상의 효과

(1) 그라데이션(Gradation)

동일 색 또는 유사 색의 조합으로 명도, 채도, 색상의 레벨 차가 적은 단계적으로 움직임 느낄 수 있다.

[그림 iv-7] 그라데이션

4) 배색의 효과

(1) 콘트라스트 (Contrast)

대조색, 보색의 조합으로 명도, 채도, 색상의 레벨 차가 많은 배색 변화가 있고 다이내믹한 느낌을 준다.

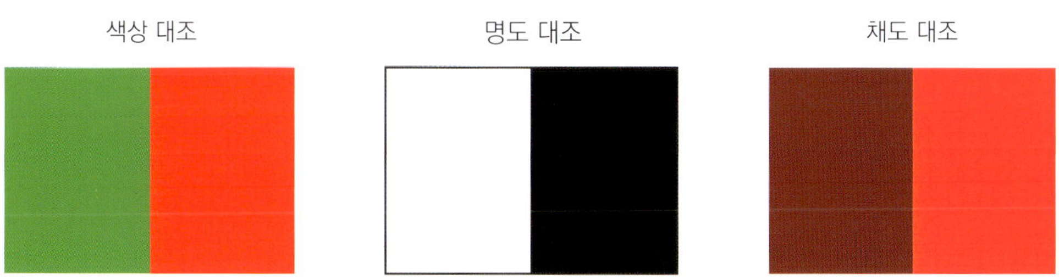

[그림 iv-8] 콘트라스트

MEMO

02 색채의 심리적 기능

학습목표

1. 색상이 가지고 있는 시각적 효과와 색채의 감성효과를 통하여 색상 배색을 활용할 수 있다.

1. 색의 감성효과

색의 삼원색상을 빨강, 파랑, 노랑의 색을 각각 보았을 때 그 느끼는 감정 또는 떠오르는 생각을 살펴보면, 빨강의 색을 보았을 때 어떠한 느낌 또는 생각이 드는가? 섹시함, 정열적, 도도함, 립스틱, 태양(아시아인), 두려움, 경고, 금지, 흥분 등의 감정을 느낀다.

파랑하면, 시원함, 평화, 하늘, 성공, 차갑다, 어둠, 공포, 냉정함 등의 생각이 떠올린다.

노랑은 따뜻하다, 봄, 태양(유럽인), 개나리, 돈, 레몬, 나른함, 유치함, 짜증, 질투, 눈부심 등의 감정을 느낀다, 이처럼 색은 사람의 심리적 감정을 느끼게 한다, 색에는 여러 가지 감성효과를 활용하면 컬러 디자인, 매장의 디스플레 등 여러 부야의 마케팅에 상당한 효과를 얻을 수 있다.

1) 색채와 원근감

가까이 보이는 것은 진출색, 멀리보이는 것은 후퇴색이라고 한다. 일반적으로 색상과 명도가 영향을 준다. 따뜻한 색이 차가운 색보다 진출해 보이고 밝은 색이 어두운 색보다 진출되어 보인다. 따라서 거리의 판단은 색상, 밝기, 넓이 등과 관련이 있다.

[그림 iv-9] 진출색과 후퇴색

MEMO

2) 색채의 팽창과 수축

실제보다 확대되어 커 보이거나 작아 보이는 것을 말한다. 색상, 명도, 채도에 전부 영향을 받는다. 난색계가 한색계보다, 밝은 색이 어두운 색보다, 고채도가 저채도보다 팽창되어 보인다.

[그림 i-10] 팽창색과 수축색

3) 색채와 온도감

색채에는 따뜻한 느낌을 주는 것이 있는데, 이것은 주로 색상과 관계가 있다. 적색계통은 따뜻한 느낌을 청색계통은 찬 느낌을 준다. 백열등 불빛이 따뜻한 느낌을, 형광등 불빛이 찬 느낌을 주는 것도 이 때문이다. 난색계통의 색은 이글거리는 태양이나 뜨거운 불을 상징하고 한색계통의 색은 차갑고 시원한 바다를 연상 시킨다.

[그림 i-11] 따뜻한색과 차가운색

MEMO

4) 색채와 무게감

무게에 가장 큰 영향을 주는 색의 속성은 명도이다. 명도가 높은 색, 즉 밝은 색은 가벼운 느낌을, 명도가 낮은 색 즉 어두운 색은 무거운 느낌을 준다.

[그림 i -12] 가벼운색과 무거운색

5) 색채와 감정적 심리

빨강색은 흥분되고 파랑색은 진정된다. 여러 외부 자극에 따라 다르게 나타날 수도 있지만 흥분색과 진정색은 색상의 영향을 가장 많이 받는다. 사람의 감정과 직접 연결된 것으로 색상과 채도의 영향을 받는다.

흥분색 : 난색계열의 채도가 높은 색

진정색 : 한색계열의 채도가 낮은 색

[그림 i -13] 흥분색과 진정색

6) 색채와 질감

색의 경연감을 말하며 색상과 채도, 그리고 명도의 영향을 다 받는다. 한색보다는 난색이 부드럽게 느껴지며, 채도가 높은 선명한 색이 딱딱한 느낌을 강하게 받으며, 명도가 높은 연한 계통의 색이 부드럽게 보인다.

MEMO

[그림 i -14] 부드러운색과 딱딱한색

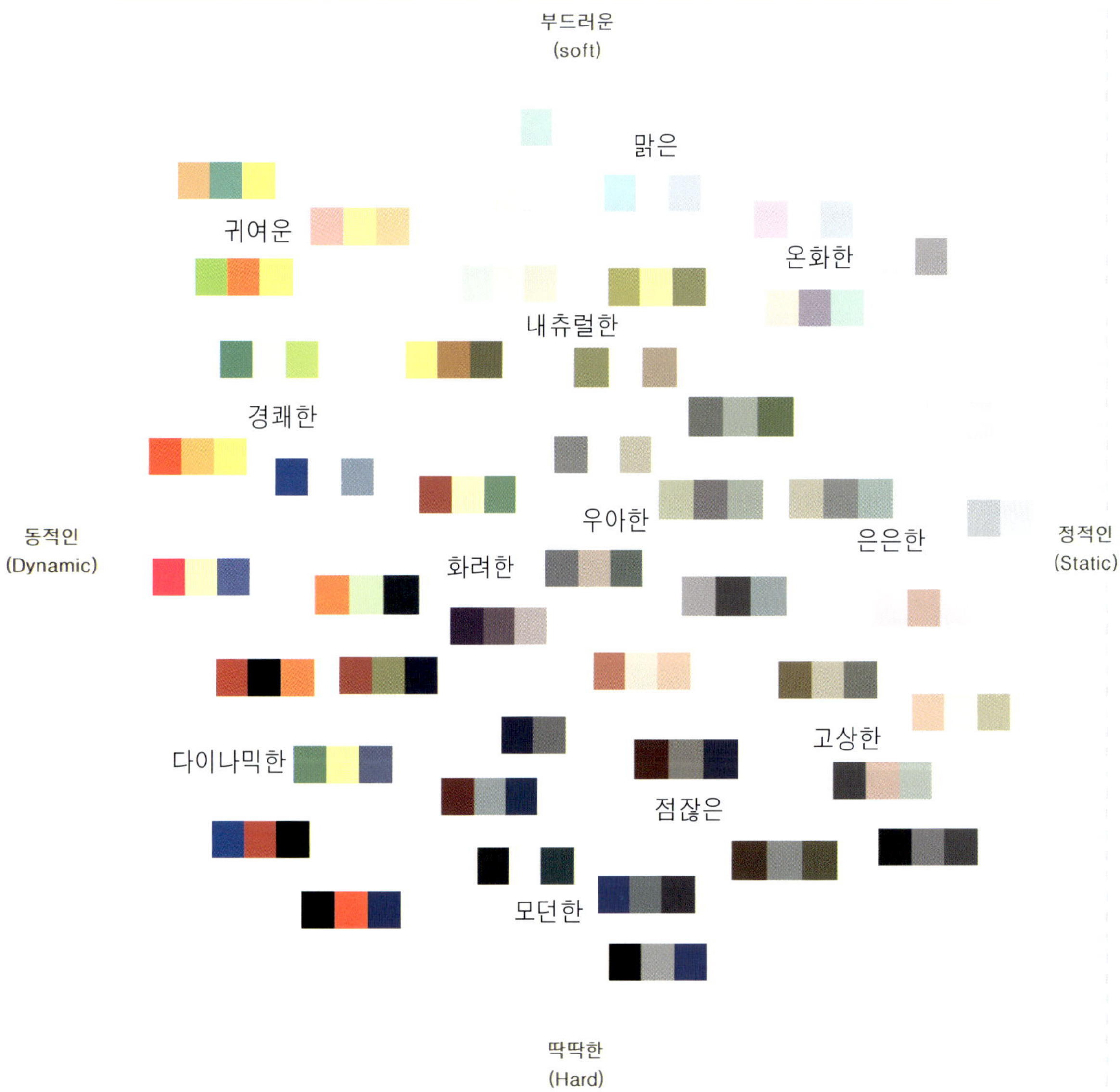

[그림 i -15] 색상의 이미지 맵

MEMO

03 색채의 심리

학습목표

1. 색채의 심리를 이해를 통하여 고객의 좋아하는 색과 싫어하는 색상관의 심리를 파악할 수 있다.

1. 색채의 심리

1) 색채와 심리

색채심리는 색채와 관련된 인간의 반응을 연구하는 학문이며, 색의 3속성, 대비, 동화, 잔상 등의 영향을 받는다.

① 기억색: 우리의 의식 속에 자리 잡은 의미상의 상징 색
예) 사과색 = 빨간색

② 현상색: 실제보이는 색
예) 사과색 = 칙칙한 주황색

2) 색채의 연상

색채연상이란 어떤 색을 보았을 때 개인적인 경험, 기억, 사상, 의견 등의 심리적 활동의 영향으로 어떤 추상적 언어나 이미지(형상)가 나타나는 것을 말한다.

빨간색을 보면 사과를 떠올리거나 피 혹은 태양을 연상한다. 이것은 색채에는 관념을 이끌어 내는 힘이 있기 때문이다. 색채의 연상을 자유연상으로 끄집어내어 이를 분류하여 정리하면 사과나 태양과 같이 구상적인 것과 정렬이나 분노와 같은 추상적인 것으로 나눌 수 있다.

유채색의 연상이 강하며 빨강, 파랑, 노랑 등 원색과 해맑은 톤 일수록 연상 언어가 많다. 무채색은 추상적인 연상이 나타난다. 세계적으로 대체로 공통되는 긍정적, 부정적 연상의 이미지를 갖는 색은 흰색과 검정색이다.

MEMO

3) 무채색의 연상 언어

[표 iv-1] 무채색의 연상 연어

흰 색	신부, 청순, 결백, 신성, 웨딩드레스, 청정
회 색	평범, 소극적, 차분, 쓸쓸한, 안정, 스님
검은색	밤, 악함, 강함, 신비, 정숙, 슬픔, 불안, 상복, 모던, 장엄함, 죽음, 공포

4) 유채색의 연상 언어

[표 iv-2] 유채색의 연상 연어

색상 / 톤	밝은 색인 경우	순색인 경우	어두운 색인 경우
빨간색	사랑, 행복, 봄, 온화함, 젊음, 순정	기쁨, 정열, 강열, 위험, 혁명	기품, 어두움, 답답한, 차분한, 칙칙한
주황색	따뜻함, 기쁨, 명랑, 애정, 희망	화려함, 악동, 무질서, 명예	가을, 풍요, 칙칙함, 노후함, 엄격, 중후함
노란색	미숙, 활발, 소년	황제, 환희, 발전, 노패, 경박, 도전	신비, 풍요, 어두움, 음기
초록색	양기, 온기, 명랑, 기쁨, 평화, 희망, 건강, 안정, 산뜻	희망, 휴식, 위안, 지성, 고독, 생명	침착, 우수, 심원함 (깊은 숲, 바다, 산 등 연상)
파란색	젊은, 하늘, 신(神), 조용함, 상상, 평화	희망, 이상, 진리, 냉정, 젊음, 지성, 이성	어두움, 근심, 쓸쓸함, 고독, 반성, 보수적
남색	장엄, 신비, 천국, 환상, 차가움	차가움, 영국왕실, 이해	위엄, 숙연함, 불안, 공포, 고독, 신비
보라색	귀인, 고풍, 고귀, 우아, 부드러움, 그늘, 실망	고귀, 섬세함, 퇴폐, 권력, 도발, 예술가적, 신비	슬픔, 우울, 복잡함

MEMO

5) 색채의 심리

(1) 흰색의 심리

흰색을 좋아하는 사람들은 원숙함과는 거리가 멀고 항상 완전함을 추구하며 기품 있는 이상을 가지고 노력하는 타입으로 흰색을 좋아하는 남자는 완벽주의를 좋아하며 순수한 정신을 존중, 건강한 심신의 소유자이며 소속된 세계의 선구자이이다. 그러나 가장 먼저 흰색을 선택하는 사람은 정신의학상 주의를 요한다고 하는데 이것은 한정된 실험의 결과에 지나지 않는다.

① 순수, 무구, 출발, 전진을 의미한다.
② 일부 사람들은 자만심이 강하고 동시에 고독해 한다.
③ 흰색을 좋아하는 여자는 기품 있고 고귀한 인품을 의미한다.
④ 흰색은 어떤 색과도 조화가 잘되며 활기에 찬 건강한 인상을 준다.

(2) 회색의 심리

① 평온과 평화를 추구한다.
② 조심스럽고 부딪치기보다는 타협을 하려고 한다.
③ 자신이 설계한 틀에 자신을 맞추려고 노력한다.
④ 회색은 수동적이고 조심스러우며 타협과 평화를 추구하고 스스로 설계한 기준에 맞추려고 한다.

(3) 검정색의 심리

검정색은 억압된 감정, 엄격한 부모 통제, 죽음, 슬픔, 포기, 적막함, 세속적, 관습적, 예의바르고, 검정을 좋아하는 남자는 지극히 남성적이고 적극적인 행동력이 있어 반드시 대장이 되어야만 직성이 풀린다, 검정을 좋아하는 사람은 신비적인 인상 또는 고귀함이나 위엄을 내보이고 싶어 한다, 하지만 검정은 입는 사람에 따라 장엄해 보이기도 초라해 보이기도 한다. 남을 다룰 줄 아는 재능도 있고 힘도 강하지만 명랑하고 솔직한 면이 결여 되어 있다. 다른 사람과 구별하기 위해 검정을 사용하며 이치에 맞지 않는 일을 원하고 자기만의 세계에 혼자 틀어박히려 한다.

① 예의 바르고 의리가 있다.
② 정열을 억제하고 있다.
③ 예의가 바르고 당당하다.
④ 늘 강력한 권위를 갖추고 있다.
⑤ 의지가 강하고 독립심에 불탄다.
⑥ 하나라도 지고 싶어 하지 않는다.
⑦ 타인에게 신비하게 보이길 좋아한다.

MEMO

(4) 빨간색의 심리

인류가 최초로 의식한 색으로 고분내부나 동굴 벽화에서도 빨강이 나타난다. 인간은 내면에 흐르는 피와 호응해서 빨강색에 눈을 떴다. 야심적이며 충동적, 자극적인 것을 원한다. 통상적으로 단조로운 일에는 금방 싫증을 낸다. 낙천적이며 야심적이다. 강렬한 캐릭터의 행동파, 여자는 자존심이 강하다, 외견상 조용해 보이는 사람이라도 사실은 격심한 감정과 욕망을 감추고 있다.

① 외향적인 사람이 선호한다.
② 격렬하고 열정적인 색이다.
③ 소심증 우울증치료에 사용한다.
④ 주의집중을 분산시켜 발산하게 한다.
⑤ 자극적, 자극유발, 생명의 상징이다.

(5) 주황색의 심리

주황을 좋아하는 사람들은 다른 사람들과 함께 있기를 좋아한다, 에너지를 한 방향으로만 쏟아 부어 일을 완수하는 것을 목표로 한다. 지위고하를 막론하고 어떤 사람과도 잘 어울리는 독특한 능력을 가진다, 그리고 사람들과 금방 어울리고 친해지며 항상 미소를 잃지 않고 이해심이 빠르다.

① 인정이 많다.
② 유쾌한 성격이다.
③ 주목받기를 원한다.
④ 항상 미소가 넘친다.
⑤ 화려한 모임을 즐긴다.
⑥ 귀가 얇고 충성심이 강하다.
⑦ 혼자서 지내는 것을 싫어한다.
⑧ 사람이 좋아 보이며 사교적이다.
⑨ 따뜻한 성격으로 쉽게 어울리는 성격이다.

(6) 노란색의 심리

노랑은 빛에 가까운 색이다(괴테). 노란 색과 같은 밝은 색을 갖고 싶을 때 그 마음은 빛의 밝음과 따듯함을 원하고 있다. 유아적 성향, 부모에 의한 의존성, 뛰어난 상상력, 생각들이 잘 정리, 마음을 털어 놓지 않고, 실행보다 이론에 집중, 정신적 외톨이, 은밀한, 수줍어하고, 존경받기를 갈망하는 마음, 책임이 싫어서 자신의 생각에만 얽매이거나 인습으로 탈피하고 싶을 때, 어려운 문제로 머리가 아플 때는 자기 주변의 물건을 노란색으로 바꾸어 사용하면 효과적이다.

MEMO

① 이상이 높다
② 표정이 풍부하다.
③ 늘 새로운 것을 찾아내고 싶어 한다.
④ 뛰어난 유머감각과 센스를 가지고 있다.
⑤ 정신적으로 불안정한 사람에게 도움을 준다.
⑥ 자유로운 사고방식이나 행동을 취하는 경우가 있다.
⑦ 뛰어난 상업적 두뇌가 있어 기업경영을 성공적으로 이끈다.

(7) 초록색의 심리

심리적으로 자극을 주지 않고 감정의 안식을 얻는다. 초록색은 시각을 통한 색 치료법의 역할을 담당하고 불안정할 때 초록이 옆에 있으면 생명력을 회복시키고, 마음에 평안을 준다는 공통적 이미지, 자연을 상징하는 원초의 색, 초록은 물리적으로 인간이 보는 빛의 파장의 중심에 있다.

① 관대하고 편견이 없다.
② 조용함과 평화를 더 사랑한다.
③ 남에게 곧잘 이용당하기 쉽다.
④ 사회적 관습과 예의범절에 민감하다.
⑤ 도덕적 견해를 가지고 있는 사람이다.
⑥ 기품 있고 성실한 사람이 초록을 좋아한다.
⑦ 온화한 상태로 균형 있는 안정감을 주는 색이다.
⑧ 초록을 통해 피곤을 회복하고 기분을 안정시킨다.

(8) 파란색의 심리

빨강과 반대의 성질로 식물의 성장을 지연, 호르몬의 활동을 감퇴, 상실과 재생의 마음, 신중, 내성적, 보수적, 절망, 이별, 고독, 우울, 자기탐구, 정화, 내적성장, 치유, 자립, 희망 모범적인, 솔직하며 신중하고 내성적, 보수적인 신념을 갖고 있으며 성열과 열성을 억제하며 신의가 두절한 사람이며 착실히 생활한다.

① 독자적인 성격이 강하다.
② 자신이 옳다고 생각한다.
③ 시작한 일을 반드시 성사 시킨다.
④ 냉정하며 헌신적이고 생각이 깊다.
⑤ 생각이 깊어 과감한 행동력을 발휘한다.
⑥ 고집이 세고 굽힐 줄 모르며 독선적이다.
⑦ 황당무계한 꿈을 꾸거나 실행하지는 않는다.

MEMO

⑧ 자제심이 강하고 논리적이고 자기변호가 뛰어나다.
⑨ 참을성이 있고 오기도 있기 때문에 대부분 일을 잘한다.

(9) 보라색의 심리

보라색을 아름답게 느끼는 감정 그 자체가 회복하려하는 생명력이 나타나 있는 것이다. 고통을 치유의 힘으로 침체된 우울한 기분, 체험을 가진 불행한 아동, 정서불안을 가져오는 몸의 기능 저하, 심신의 기능저하, 병약한 색, 재치, 관찰능력, 허영심, 예술적 창조성이 뛰어나다.

① 신비한 매력이 있다.
② 개성이 강한 예술가, 이상론자이다.
③ 사물을 관찰하는 능력을 가지고 있다.
④ 타인과는 다르고 생각하고 싶어 한다.
⑤ 변덕이 심하고 감수성이 풍부한 성격이다.
⑥ 약간의 허영심과 예술적 창조성을 드러낸다.
⑦ 권위를 갖추려 노력하며 높은 지위를 동경한다.

(10) 분홍색의 심리

행복의 에너지, 여성의 이미지, 달콤함, 행복감, 핑크 색을 좋아하는 사람은 대부분 딜레탕트(dilettante: 호사가)적인 요소를 가지고 있다. 그들의 속마음은 레드를 좋아하면서도 신중을 기하는 방편으로서 빨간색을 선택할 용기가 없는 경우가 많다. 짙은 핑크를 좋아하는 사람은 빨간색을 좋아하는 사람과 비슷하여 열정적이고 강렬한 성격을 가지고 있다.

① 활력을 주며 상냥하다.
② 상처 받기 쉬운 타입이다.
③ 감정에 있어서는 섬세하다.
④ 핑크는 연애, 모성애의 상징이다.
⑤ 감정에 있어서 타인보다 풍부하다.
⑥ 감정으로 상처 받기 쉬운 여린 면이 있다.
⑦ 타인을 다독거리며 이해해 주는 사람이다.

(자료출처: 국제이미지컨설턴트 색채의 심리)

MEMO

04 PCCS톤의 색채 용어와 4계절 구분

학습목표

1. PCCS톤에 색채 용어를 이해하고, PCCS톤 표를 각 계절로 나눌 수 있다.
2. 계절적 요소에 맞게 컬러의 색상을 4계절로 분류할 수 있다.

1. PCCS톤의 색채 용어

1) 비비드 톤(Vivid tone)

① 가장 채도가 높은 색이다.
② 명쾌하고 느낌을 준다.
③ 큰 대비요인을 갖고 있다.
④ 순색이며, 선명하고 활기가 있다.

2) 브라이트 톤(Bright tone)

① 라이트 톤 옆에 위치하여 밝은 톤이다.
② 빛나는, 밝은 등의 이미지를 가지고 있다.
③ 비비드 톤 보다 명도는 높고, 채도는 조금 낮다.

3) 스트롱 톤(Strong tone)

비비드 톤 바로 옆에 위치하며 명도는 거의 같지만 채도가 낮다. 그러나 채도가 낮다고 해도 비비드 톤에 비해 아주 약간만 낮은 것이므로 색으로서는 강하고 선명한 이미지를 갖는다.

4) 딥 톤(Deep tone)

비비드 톤과 가까운 위치에 있지만 명도, 채도가 모두 조금씩 내려간 색조이며, 깊고 진한 이미지를 갖는다.

MEMO

5) 라이트 톤(Light tone)

① 라이트의 의미는 밝은이며, 가벼운 느낌이다.
② 브라이트 톤보다 더 밝고 채도는 낮다.
③ 가볍고, 밝고, 색이 연한 느낌의 색조이다.
④ 전반적으로 밝으면서 부드러운 톤의 느낌이다.

6) 소프트 톤(Soft tone)

라이트 톤이나 페일 톤 같은 고명도의 톤에 비교하여 선명도는 떨어지지만 약간 탁하면서 부드럽고, 라이트 톤의 아래에 위치한 중간색조이다.

7) 덜 톤(Dull tone)

① 중명도, 중채도 톤이다.
② 라이트 톤과 같은 중채도로 색 기미를 분명히 유지하고 있다.
③ 소프트 톤보다 약간 무거운 느낌으로 회색을 다량 포함한 색 같은 느낌이다.

8) 다크 톤(Dark tone)

① 전체가 어두운 색조에 속한다.
② 어두운, 무거운, 강한의 이미지를 지닌다.
③ 그룹 중에서도 가장 밝은 색상인 기호 8의 노랑은 명도가 4(채도4)이다.
④ 최저 명도인 색상 기호 20의 청자는 명도 2(채도 4)로 명도 차가 불과 2단계에 지나지 않는다.

9) 페일 톤(Pale tone)

① 라이트 톤의 색 위에 흰색을 석인 듯 한 고명도의 색으로 부드럽고, 연하고, 흐리다.
② 밝고 고상한 느낌으로 여성의 선호도가 높고 화장품 등의 패키지 디자인에 적합하다.

10) 라이트 그레이시 톤(Light grayish tone)

명도가 높고 약간 어두운 회색이 들어가 둔탁하지만 부드러운 느낌의 색으로 내추럴한 실내의 인테리어에 적합한 안정감을 주는 톤이다.

MEMO

11) 그레이시 톤(Grayish tone)

어두운 회색이 많이 들어가 언뜻 보면 깨끗하지 못한 느낌이 드는데, 하나하나의 색들은 각각 무거우면서도 깊이감이 드는 색이다.

12) 다크 그레이시 톤(Dark grayish tone)

가장 어두운 3.0 ~ 1.5의 명도 범위이며 그 폭이 좁고 검정색(명도 1.5)에 가까운 위치에 있으므로 색상이 떨어져 있어도 어둡기 때문에 색의 차이가 별로 느껴지지 않는다.

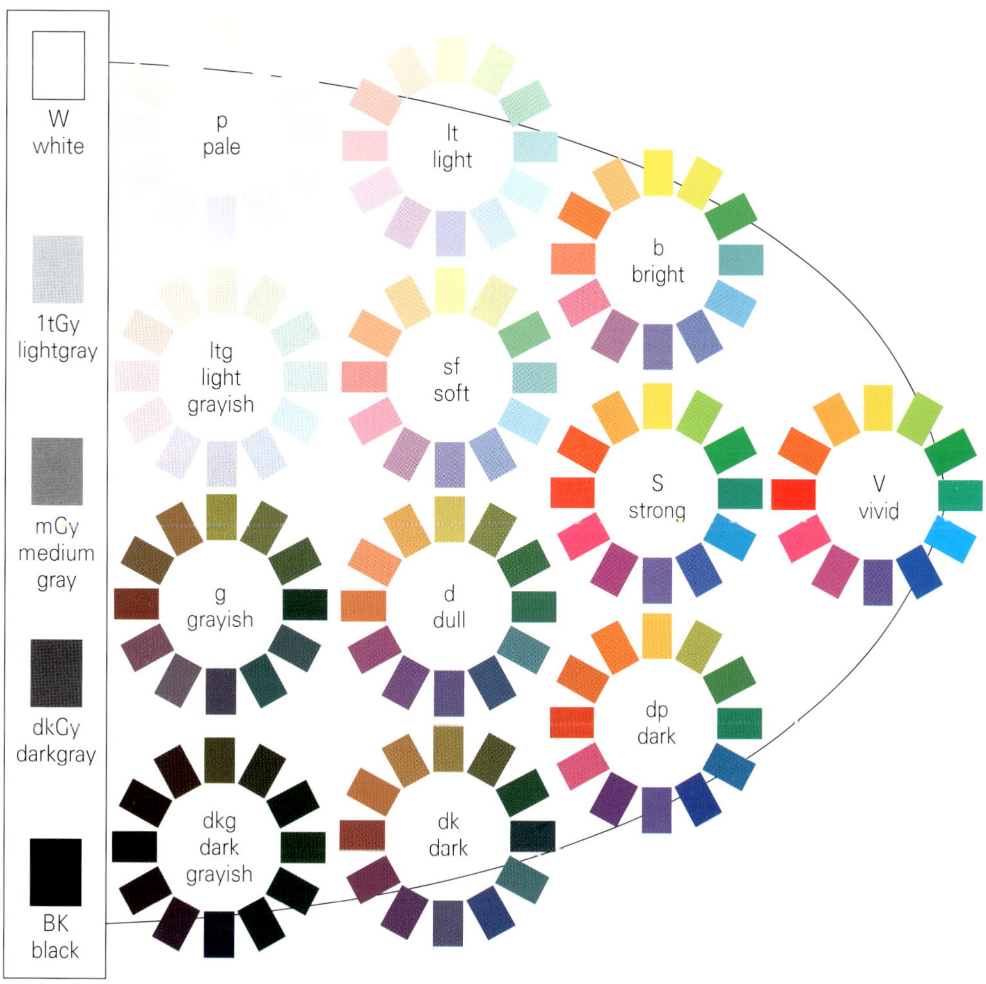

[그림 i -16] PCCS 톤 표

MEMO

옐로우베이스 (Yellow base)	봄의 색	· 노란색을 바탕으로 하는 선명하고 밝은 색. · 명도는 높고 채도는 낮은 밝고 생기 있는 색 · pale톤, light톤 ,bright톤
	가을의 색	· 노란색을 바탕으로 하는 어둡고 탁한 색. · 명도와 채도가 낮은 진하고 탁한 색. · soft톤, dull톤, deep톤, grayish톤
블루베이스 (Blue base)	여름의 색	· 파랑색을 바탕으로 하는 부드럽고 은은한 파스텔 톤의 밝은 색 · 명도는 높고 채도는 낮은 색 · light톤, soft톤, bright톤, strong톤
	겨울의 색	· 파랑색을 바탕으로 하는 콘트라스트가 강한 선명하고 원색의 차갑고 분명한색 · 명도가 낮고 채도는 높은 색 · dark톤, very pale톤, vivid톤

아래의 그림은 4계절 퍼스널 컬러 톤 표는 PCCS 톤 표를 4계절 이미지에 따른 색상을 분류한 것이다.

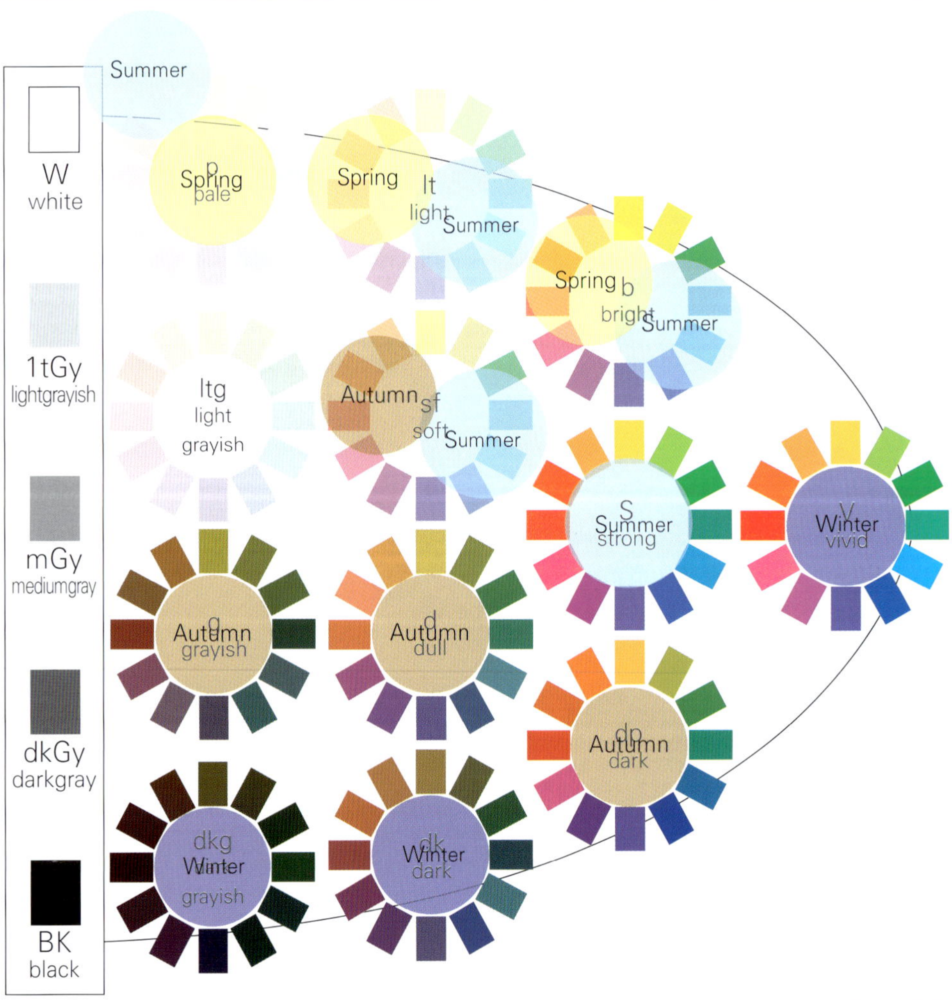

[그림 i -17] PCCS 톤 표와 사계절 퍼스널 표

실습 과제 Ⅱ-1. 4계절의 연상 이미지

1. 실습 준비물

색 종이, 패션 잡지, 풀, 가위

2. 실습 진행 요령(실습 소요시간: 60분)

① 퍼스널 컬러 칩과 잡지를 이용하여 각각의 계절에 맞게 오려 붙이거나 찢어 붙여 사계절을 표현하여 보자.

[그림 i -18] 퍼스널 컬러 이미지 맵

퍼스널 컬러칩

퍼스널 컬러칩

봄에 연상되는 사진이나 컬러 칩 콜라주

봄 Bright Spring

봄에 연상되는 사진이나 컬러 칩 콜라주

여름에 연상되는 사진이나 컬러 칩 콜라주

여름 Pastel Summer

가을에 연상되는 사진이나 컬러 칩 콜라주

가을 Deep Autumn

겨울에 연상되는 사진이나 컬러 칩 콜라주

겨울 Brilliant Winter

3. 실습 평가: 포트폴리오

평가 항목		
지식	상	4계절의 이해와 4계절의 명도와 채도를 이해하고 정확하게 적용할 수 있는 경우
	중	4계절의 이해와 4계절의 명도와 채도를 이해하고 적용하나 정확하지 못하는 경우
	하	4계절의 이해와 4계절의 명도와 채도를 이해와 적용도 하지 못하는 경우
기술	상	4계절의 구분과 콜라주 작업, 구성을 능숙하고 깔끔하게 진행하는 경우
	중	4계절의 구분과 콜라주 작업, 구성을 진행하나 능숙하지 못한 경우
	하	4계절의 구분과 콜라주 작업, 구성이 전반적으로 미숙한 경우
태도	상	실습준비, 진행과정, 마무리 정리 등 모두 완벽하게 수업에 임한 경우
	중	실습준비, 진행과정, 마무리 정리 중 한 가지라도 부족한 경우
	하	실습준비, 진행과정, 마무리 정리 모두 부족한 경우

MEMO

05 퍼스널 컬러

학습목표

1. 퍼스널 컬러의 진단 목적과 진단과정의 이해하고 진단과정에 적용할 수 있다.
2. 퍼스널 컬러진단을 통하여 고객에게 어울리는 컬러색상을 제안할 수 있다.

1. 퍼스널 컬러

퍼스널 컬러는 자신이 가지고 있는 신체 색과 조화를 이루어 얼굴에 생기가 있고 활기차 보이나, 맞지 않는 경우에는 피부 결이 거칠어 보이고, 투명 감이 사라져 피부의 결점만이 드러나게 된다. 따라서 자신의 신체 색을 아는 것은 이미지 관리를 위해 효과적인 방법이 된다. 유럽 일본 등에서 4계절의 이미지에 비유하여 신체 색을 분류하는 방법을 활용하고 있다.

퍼스널 컬러를 이해하는 데 있어서 가장 중요한 요소는 색이 가지는 특성을 잘 파악하고 이를 신체 색에 적용하여 신체의 변화를 잘 분석하는데 있으며, 퍼스널 컬러 시스템이 반드시 최고의 배색 방법이라고는 할 수 없으나, 보다 체계적인 시스템에 의한 헤어, 메이크업, 네일, 패션 코디네이션은 중요한 요소가 아닐 수 없다.

1) 퍼스널 컬러의 진단 목적

① 자신의 장점을 살리고 이미지를 높여 자신감을 준다.
② 차별화된 색채전문 지식으로 활동영역을 넓힐 수 있다.
③ 맞는 색은 얼굴을 화사하게 해 주어 젊고 건강하게 보인다.
④ 색에 따라 얼굴형을 축소시키기도 하고 얼굴형을 변화 시킨다.
⑤ 어울리는 색은 혈색이 있어 보이기도 하고 투명감 있는 얼굴색을 만들어 준다.

2) 사계절 이미지

봄과 가을의 색상은 따뜻한(난색) 계열이며, 여름과 겨울의 색상은 차가운(한색) 계열이며, 봄과 여름은 명도가 밝고, 가을과 겨울은 명도가 어두운 계열의 색상이다.

MEMO

(1) 봄(Spring)의 이미지

① 움직임이 있는 가벼운 이미지다.
② 사랑스럽고 다정하며 깨끗하고 신선한 이미지를 지닌다.
③ 만물이 소생하는 봄이 되면 따스한 대지와 태양 빛에 새순이 돋아나는 연상케 한다.
④ 개나리, 진달래 꽃 등 맑고 화사한 컬러가 주류를 이루며 촉촉한 풀잎처럼 초록은 선명한 밝은 빛의 투명함을 지니게 된다.

(2) 여름(Summer)의 이미지

① 눈부신 태양 빛에 의해 여름은 대중적이면서 활력적인 와일드한 이미지의 순색이나 원색의 이미지가 강하나 퍼스널 컬러의 여름은 부드럽고 흐린 파스텔 톤과 싱그러운 푸름이 주를 이루는 색상이다.
② 시원하고 부드럽게 표현해도 좋고 강하게 내리쬐는 태양빛을 연상하면서 정열적으로 표현해도 좋다.

(3) 가을(Autumn)이미지

① 안정되고 차분하면서 가라앉는 자연의 색이다.
② 우아하고 세련되며, 깊이감이 있는 멋진 이미지로 표현한다.
③ 수확의 풍요로움이 가득 찬 황금빛의 곡식이 익은 들판의 색과 붉게 물든 가을 단풍잎 색과 은행나무의 노랑, 감과 밤의 오렌지와 브라운이 대표적이다.

(4) 겨울(Winter)의 이미지

① 춥고 차가운 바람이 불어와 옷깃을 더욱 여미게 만드는 겨울은 눈 덮인 겨울 산의 이미지
② 하얀 눈꽃, 그리고 그 틈사이로 보이는 붉은 동백꽃, 크리스마스트리와 눈사람 등, 콘트라스트가 강하고 투명한 이미지다.
③ 차갑고 선명한 색과 무채색을 사용하여 겨울 풍경을 표현해도 좋고 크리스마스 컬러를 사용한 낭만적인 겨울 이미지도 좋다.

MEMO

[그림 iv-19] 4계절 컬러 칩

3) 퍼스널 컬러 진단절차

① 자연광이 잘 들어오는 곳이 최적이나 인공조명일 경우 자연광과 비슷한 효과를 갖는 조명 아래 피진단자는 화장을 하지 않은 채 맨 얼굴로 거울 앞에 앉는다.
② 정확한 진단을 위해 액세서리, 안경은 제거하고 두발이 흘러내리지 않도록 묶고 색에 영향을 주지 않기 위해 고객의 어깨에 흰 케이프로 가려준다.
③ 봄, 여름, 가을, 겨울의 4계절 중 2계절을 고르고 선택한 2그룹의 색상을 얼굴 아래로 가져다 대면서 비교하고 얼굴색의 변화를 관찰한다.
④ 테스트컬러로 분석 된 결과에 따라 어울리는 계절과 색을 결정하여 퍼스널 컬러의 특징을 진단자의 개성에 맞게 제안한다.

4) 진단키트의 색상이 어울리는 컬러일 경우

① 눈동자가 반짝이고 생기 있어 보인다.
② 얼굴색이 화사하고 건강해보이며 피부의 투명감이 높아진다.
③ 얼굴의 윤곽이 또렷해 보이며 젊어 보이고 주름살도 없어 보인다.
④ 얼굴의 기미, 주근깨 잡티가 눈에 띄지 않고 피부 톤이 고르게 보인다.

5) 진단키트의 색상이 어울리지 않는 컬러일 경우

① 얼굴이 톤온톤으로 묻혀 보인다.
② 피곤해 보이거나, 혈색이 창백하거나 누렇게 떠 보인다.
③ 얼굴이 검고 칙칙해 보이고, 기미, 주근깨, 다크써클, 잡티가 보인다.
④ 눈동자가 흐려 보이고 생기 없이 상대방에게 지루함과 답답한 인상을 준다.

실습 과제 Ⅱ-2. 퍼스널 컬러 진단

1. 실습 준비물

퍼스널 컬러 진단키드, 경대

2. 실습 진행 요령(실습 소요시간: 60분)

① 밝고 차가운 색상과 밝고 따듯한 색상 두 가지를 가지고 고객의 목 부위에 놓고 피부색의 변화를 관찰한다, 다음 밝고 차가운 색상과 밝고 따듯한 색상 두 가지를 짝을 지어 동일한 방법으로 고객의 피부색의 변화 등을 관찰한다. 고객의 얼굴에 차가운(한색) 계열과 따뜻한(난색) 계열의 색상 중 어떠한 계열의 색상이 어울리는지를 진단하는 과정이다.

[그림 iv-20] 퍼스널 컬러 레드의 사계절

② 밝고 차가운 색상과 밝고 따듯한 색상 두 가지를 가지고 고객의 목 부위에 놓고 피부색의 변화를 관찰한다, 다음 밝고 차가운 색상과 밝고 따듯한 색상 두 가지를 짝을 지어 동일한 방법으로 고객의 피부색의 변화 등을 관찰한다. 고객의 얼굴에 차가운(한색) 계열과 따뜻한(난색) 계열의 색상 중 어떠한 계열의 색상이 어울리는지를 진단하는 과정이다.

[그림 iv-21] 퍼스널 컬러 그린의 사계절

고객의 계절을 진단하는 과정이다.

③ 고객의 진단결과, 차가운(한색) 계열 색상이 어울린다면, 차가운 색상 중 밝은 색과 어두운 색으로 진단하여 여름과 겨울 중 어느 계절인지를 진단한다.

④ 고객의 진단 결과, 따뜻한(난색) 계열 색상이 어울린다면, 따뜻한 색 중 밝은 색과 어두운 색으로 진단하여 봄과 겨울 중 어느 계절인지를 진단한다.

[그림 iv-22] 퍼스널 컬러 명도진단

최종 진단으로 고객의 헤어컬러를 진단하는 과정이다.

⑤ 고객의 진단결과, 여름과 겨울이 어울린다면, 헤어컬러의 진단 보드의 차가운(한색) 계열 색상을 사용하여 밝은 색상과 어두운 색상을 진단하고 고객에게 어울리는 색상을 제안한다.

⑥ 고객의 진단결과, 봄과 가을이 어울린다면, 헤어컬러 진단 보드의 따뜻한(난색) 계열 색상을 사용하여 밝은 색상과 어두운 색상을 진단하고 고객에게 어울리는 색상을 제안한다.

[그림 iv-23] 퍼스널 헤어컬러 진단

3. 실습 평가: 평가자 체크리스트

평가 항목		
지식	상	고객의 퍼스널 컬러 분석방법과 진행과정을 이해하고 정확하게 적용할 수 있는 경우
	중	고객의 퍼스널 컬러 분석방법과 진행과정을 이해하고 적용하나 정확하지 못하는 경우
	하	고객의 퍼스널 컬러 분석방법과 진행과정을 이해와 적용도 하지 못하는 경우
기술	상	퍼스널 컬러 분석과 상담과정, 진행방법의 제안을 자연스럽게 진행할 수 있는 경우
	중	퍼스널 컬러 분석과 상담과정, 진행방법의 제안을 진행하나 능숙하지 못한 경우
	하	퍼스널 컬러 분석과 상담과정, 진행방법의 제안을 진행이 미숙한 경우
태도	상	실습준비, 진행과정, 마무리 정리 등 모두 완벽하게 수업에 임한 경우
	중	실습준비, 진행과정, 마무리 정리 중 한 가지라도 부족한 경우
	하	실습준비, 진행과정, 마무리 정리 모두 부족한 경우

자료출처: NCS이용학습모듈, 2016

Ⅱ-2. 학습 정리

1. 계시 대비는 어떤 색을 계속 보다가 다른 색을 보면 앞 색의 잔상으로 색이 달라져 보이는 현상이다.
2. 동시 대비는 두 색을 동시에 보았을 때 색이 달라져 보이는 현상이다.
3. 그라데이션(Gradation)은 동일 색 또는 유사 색의 조합으로 명도, 채도, 색상의 레벨 차가 적은 단계적으로 움직임 느낄 수 있다.
4. 콘트라스트 (Contrast)는 대조색, 보색의 조합으로 명도, 채도, 색상의 레벨 차가 많은 배색 변화가 있고 다이내믹한 느낌을 준다.
5. 색의 성질은 색은 사람의 심리적 감정을 느끼게 한다, 색에는 여러 가지 성질이 있어서 이를 잘 활용하면 마케팅에 상당한 효과를 얻을 수 있다.
6. 색채심리는 색채와 관련된 인간의 반응을 연구하는 학문이며, 색의 3속성, 대비, 동화, 잔상 등의 영향을 받는다.
7. 색채연상이란 어떤 색을 보았을 때 개인적인 경험, 기억, 사상, 의견 등의 심리적 활동의 영향으로 어떤 추상적 언어나 이미지(형상)가 나타나는 것을 말한다.
8. 색채는 계절과 같이 사계절의 색을 가지고 있으며, 우리의 고객을 사계절로 분류하여 각각의 고객 이미지에 어울리는 컬러를 제안하고 선정할 수 있다.

Ⅱ - ii

재염색 기법의 실무

〈그림 자료제공: 밀본 코리아 제공〉

학습 개요

고객 상담 방법과 스타일 분석 기법을 통하여 전문적인 염색 기법의 활용을 알아보게 될 것이다. 염색 작업 시 사용되는 염색 기법인 자연모의 염색의 방법, 재염색 시 색상의 제거와 기염모의 염모제 도포 방법, 기염모에서의 레벨업과 레벨다운 활용을 익히며, 이러한 염색 기법을 통하여 고객이 희망하는 다양한 색상의 결과를 만드는 방법에 관하여 학습한다.

주요 용어

제스처 테스트, 스타일 테스트, 일치성, 직연연장, 반연연장, 종연연장, 클린징(Cleansing), 딥 클린징(Deep cleansing), 필러 색상(Filler), 컬러 매치(Color match), 프리 피그멘테인션(선착법, Pre- pigmentation), 사전 연화(Pre- softening)

MEMO

01 고객 상담과 스타일 분석

학습목표

1. 고객 상담의 중요성과 고객 스타일 분석에 관하여 이해하고 설명할 수 있다.
2. 고객 스타일 분석을 통하여 고객의 니즈를 파악하고 제안할 수 있다.

1. 고객 상담

고객의 스타일 분석은 스타일의 만족도를 높이는데 있어서 가장 중요한 부분이라고 말하여도 과언이 아닐 것이다. 아무리 스타일을 잘 연출하였다 하여도 고객의 만족도가 떨어진다면 그 후로 그 고객을 다시는 볼 수가 없게 될 것이다. 그러므로 고객의 스타일 파악이 중요한 하나의 과정이자 필수요소라고 말할 수 있다.

고객이 평소 어떻게 스타일을 손질하는가에 관점을 가져야 할 것이다. 왜냐하면 고객은 살롱을 다녀온 후 집에서 스타일을 연출한다. 그러나 전문가가 아니므로 평소의 스타일의 손질 방법에 따라 손질을 대부분 하게 되므로 손질이 되지 않으면 스타일을 못하는 살롱으로 생각하게 될 것이다.

1) 고객의 꿈

고객은 살롱으로 방문할 때 3가지의 생각을 가지고 방문하게 된다.

고객의 유형

+ 고객 : 꿈, 이상을 가지고 오는 고객
예) 연예인 사진, 잡지 사진

- 고객 : 문제를 가지고 오는 고객
예) 머리 손질의 문제, 색상 변화

+- 고객 : 꿈, 문제 모두 가지고 오는 고객

[그림 v-1] 살롱 방문 시 고객의 희망

MEMO

① 신문, 잡지 혹은 매스컴을 통하여 현재의 스타일이 아닌, 자신이 원하는 새로운 스타일을 찾아 전혀 다른 새로운 스타일 변화의 꿈을 꾸며 방문하는 고객이다.
② 현재의 스타일의 문제 즉, 손질의 어려움이나 또는 스타일의 변화는 없지만 전체적으로 정리를 원하여 방문하시는 고객이다.
③ 위의 두 가지 사항을 희망하여 방문하는 고객이다. 즉, 손질하기도 어렵고 무언가 전체적으로 스타일의 변화를 원하여 방문하는 고객일 것이다.

그러나 이러한 고객에게 정확한 스타일의 파악 없이 고객의 이야기를 듣고 스타일을 만들어 준다면 과연 어떠한 결과가 나타날까?

2) 고객 상담 시 파악할 사항

① 원하는 색상
② 싫어하는 색상
③ 좋아하는 색상
④ 즐겨 입는 옷의 색상
⑤ 즐겨 하는 액세서리
⑥ 즐겨 하는 색조 화장

2. 제스처 테스트

제스처 테스트는 자신의 표현을 잘하시는 고객과 평소의 손질을 어떻게 하는지를 파악할 때 유용하게 사용할 수 있는 방법이다.

Talking hands

유형 진단법〈제스처 테스트〉

① 고객이 거울을 등지게 앉힌다.
② 양해를 구한 뒤 평소 습관을 보기 위해 현재 스타일을 헝클어뜨린다.
③ 고객 스스로 평소 습관대로 연출하도록 한다.
④ 자세히 관찰 후 기록한다.
(하는 중간중간 왜 그렇게 하는지 묻는다.)
⑤ 고객의 언어를 그대로 사용하여 요구조건을 확인한다.
시술방법을 2가지 이상 제안한다.

[그림 v-2] 제스처 테스트 단계별 진행

MEMO

(1) 테스트 방법

① 고객이 거울을 등지게 하여 앉게 한다.

② 디자이너는 고객의 헤어스타일이 연출된 반대로 헝클어 놓는다.

◆ 6개 영역(Zone) 관찰: 프론트 존(Front zone), 사이드 존(Side zone), 탑 존(Top zone), 백 존(Back zone), 네이프 존(Nape zone)으로 구분한다.

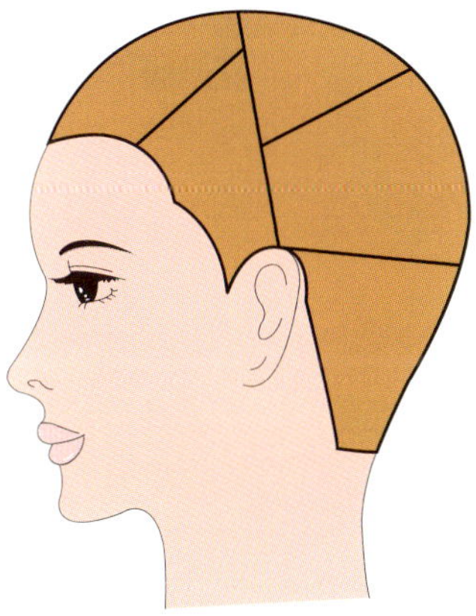

[그림 v-3] 두상의 6가지 영역

③ 고객에게 헝클어진 모발을 평소 손질하는 대로 스타일 연출하게 하며, 이때 손질하는 동작과 부분을 관찰한다.

◆ 어느 부분을 어떻게 손질을 하는지를 관찰한다.

④ 다시 헝클어 놓는다(손바닥을 이용해서 고객이 관심 있는 부분).

→ 다시 고객이 머리를 만질 때 질문한다.

⑤ 고객이 스타일을 만지는 동안 질문을 한다.

◆ 긍정적 질문: 뭐가 좋으세요?

◆ 부정적 질문: 뭐가 싫으세요?

⑥ 고객에게 영역별로 제안을 한다.

◆ 머리를 헝클어 틀일 때는 고객에게 미리 이야기를 해야 한다.

◆ 이러한 과정을 통하여 고객이 얼마나 행복해 하는지를 알 수 있을 것이다.

MEMO

3. 스타일 테스트

스타일 테스트는 내성적 고객과 다른 스타일의 변화를 희망하는 고객에게 사용하기 유용한 방법이다.

Talking hands

유형 진단법〈스타일 테스트〉

① 기다리는 대기 시간을 이용한다.
② 스타일링 잡지(뷰티 잡지)와 빨강. 초록색 핀셋(핀컬핀)을 준비하여 3개씩 준다.
③ 빨강 → 싫어하는 스타일
④ 초록 → 좋아하는 스타일. 비쥬얼에 꼽도록 한다.
⑤ 잡지를 가지고 상담을 시작한다.
　스타일을 보면서 이유를 꼭 묻는다.
⑥ 고객의 요구조건을 고객의 언어를 사용하여 파악한다.
⑦ 시술한다.

[그림 v-4] 스타일 테스트 단계별 진행

(1) 테스트 방법

준 비 물
스타일 책 - 형태, 볼륨, 질감이 있는 스타일 북, 칼라 차트 - 색상 핀셋 - 초록 핀셋과 빨강 핀셋 3개씩 2가지 종류

① 고객으로 하여금 싫어하는 색상과 좋아하는 색상을 파악하는 데 중요한 정보가 된다.
② 고객이 대기하는 시간을 이용하여 진행한다,
③ 가장 먼저 싫어하는 색상(싫어하는 스타일)은 빨강 핀셋으로 체크를 하게 한다.
④ 다음으로 좋아하는 색상(좋아하는 스타일)은 초록 핀셋으로 체크를 하게 한다.
⑤ 먼저 체크한 것을 확인을 하며, 고객에게 질문을 한다.
⑥ 싫어하는 색상(싫어하는 스타일)을 보며 특별히 싫어하시는 이유는?
⑦ 고객의 이야기를 따라서 이야기를 한다(이것은 고객의 말을 이해를 했다는 표현이다).
⑧ 좋아하는 색상(좋아하는 스타일)을 보며 특별히 좋아하시는 이유는?

MEMO

⑨ 고객의 이야기를 따라서 이야기를 한다.

⑩ 싫어하는 색상을 제외하고, 고객이 좋아하는 색상을 감안하여 색상을 제안한다.

4. 서비스의 제안

① 고객의 이미지에 어울리는 색상을 퍼스널 컬러를 통하여 진단하고 제안한다.

② 스타일 분석기법인 스타일 테스트를 통하여 고객의 비선호색상(싫어하는 스타일)과 선호색상(좋아하는 스타일)을 파악한다.

③ 제스처 테스트를 통하여 고객의 평소 스타일 손질 방법을 통하여 컬러 디자인과 펌, 스타일 제품 등을 연계하여 제안한다.

④ 모발과 두피의 진단한 결과를 통하여 나타날 수 있는 문제에 관하여 제안하고, 고객이 원하는 결과를 얻기 위하여 필요한 시간과 전체적인 작업방법, 비용에 관하여 설명한다.

고객 상담은 고객과의 의사소통(Communication)을 통하여 자료(Data)를 얻게 된다. 이러한 자료를 전문적인 지식과 경험을 통하여 정보(Information)로 가공하고, 고객의 정보와 전문가적인 지식을 바탕으로 고객에게 진행되는 과정 등을 상세하게 설명하고 제안을 하는 컨설팅 세일즈(Consulting sales) 즉, 서비스나 제품에 대한 전문적인 지식을 가진 사람이 서비스나 제품을 구매하려는 고객의 궁금한 내용에 관하여 상담하여 주면서 서비스나 제품을 판매하는 방식이 필요로 한다. 그러므로 이러한 과정을 통하여 고객의 호기심을 자극함과 동시에 고객은 자연스럽게 헤어디자이너의 전문성을 알게 될 것이다. 고객은 새로운 스타일의 변화에 익숙하지 않을 수 있지만 그러나 망설이지 말고 완전한 서비스 제공을 위해 전문가의 의견을 잘 설명하고 이해시켜야 한다. 그러면 고객은 신중하게 생각을 할 것이고 선택할 것이고 그 선택에 매우 만족스러운 결과로 살롱을 나가게 될 것이다.

실습 과제 Ⅱ-3. 고객 상담과 진단 카드 작성 실무

1. 실습 준비물

모발 진단서, 볼펜

2. 실습 진행 요령(실습 소요시간: 40분)

① 2인 1조로 그룹을 나눈다.
② 스타일 테스트와 제스처 테스트 진행요령에 맞게 진행을 한다.
③ 고객 상담 카드 두 가지의 내용을 상호간 질문하며 작성을 한다.
④ 색상 제안과 작업방법을 제안을 한다.

3. 실습 평가: 역할 연기

평가 항목		
지식	상	고객 상담 과정과 스타일 분석에 관한 지식을 통하여 상담 카트 작성에 정확하게 적용할 수 있는 경우
	중	고객 상담 과정과 스타일 분석에 관한 지식을 통하여 상담 카트 작성에 적용하나 정확하지 못하는 경우
	하	고객 상담 과정과 스타일 분석에 관한 지식을 통하여 상담 카트 작성에 적용하지 못하는 경우
기술	상	고객 상담, 모발을 진단하는 과정과 스타일 분석과정, 작업방법의 제안을 자연스럽고 능숙하게 진행할 수 있는 경우
	중	고객 상담, 모발을 진단하는 과정과 스타일 분석과정, 작업방법의 제안을 진행하나 능숙하지 못한 경우
	하	고객 상담, 모발을 진단하는 과정과 스타일 분석과정, 작업방법의 제안을 진행이 미숙한 경우
태도	상	실습준비, 진행과정, 마무리 정리 등 모두 완벽하게 수업에 임한 경우
	중	실습준비, 진행과정, 마무리 정리 중 한 가지라도 부족한 경우
	하	실습준비, 진행과정, 마무리 정리 모두 부족한 경우

자료출처: NCS이용학습모듈, 2016

<table>
<tr><th colspan="8">고객 상담 스타일 분석 카드</th></tr>
<tr><td>이름</td><td colspan="3"></td><td colspan="2">방문 일자</td><td colspan="2"></td></tr>
<tr><td>주소</td><td colspan="7"></td></tr>
<tr><td>전화번호</td><td colspan="2"></td><td colspan="3">펌, 염색 등의 알레르기</td><td>유</td><td>무</td></tr>
<tr><td>생년월일</td><td colspan="2"></td><td>두피타입</td><td colspan="4"></td></tr>
<tr><td colspan="8">얼굴형</td></tr>
<tr><td>타원형</td><td>원형</td><td>정방형</td><td>삼각형</td><td>장방형</td><td>마름모형</td><td colspan="2">역삼각형</td></tr>
<tr><td colspan="8"></td></tr>
<tr><td colspan="6">모발 진단 (백모 량:)</td><td colspan="2">모발 손상도</td></tr>
<tr><td colspan="6" rowspan="5">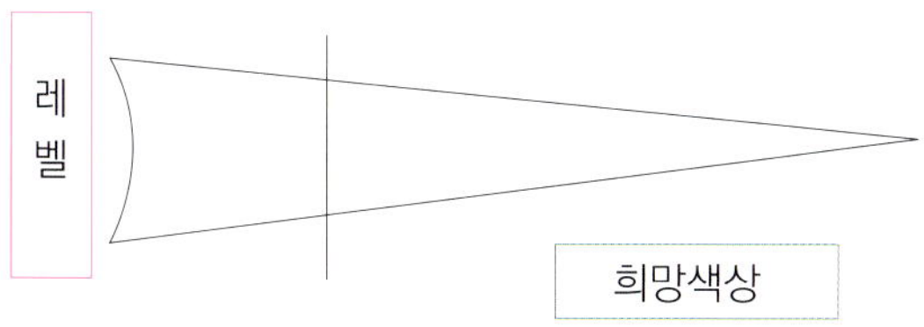</td><td>레벨 0</td><td></td></tr>
<tr><td>레벨 1</td><td></td></tr>
<tr><td>레벨 2</td><td></td></tr>
<tr><td>레벨 3</td><td></td></tr>
<tr><td>레벨 4</td><td></td></tr>
<tr><td colspan="8">모발의 길이 모량: 많음■ 보통■ 적음■</td></tr>
<tr><td colspan="2">신생모 길이</td><td colspan="6">모발 길이</td></tr>
<tr><td>① 2cm</td><td>② 2cm 이상</td><td>③ 단발선</td><td>④ 어깨선</td><td>⑤ 가슴선</td><td colspan="3">⑥ 가슴선 이상</td></tr>
<tr><td colspan="8">최근 서비스 내역: (개월)</td></tr>
<tr><td colspan="8">좋아하는 색상과 싫어하는 색상 분석</td></tr>
<tr><td rowspan="3">싫어하는 색상</td><td colspan="7"></td></tr>
<tr><td colspan="7"></td></tr>
<tr><td colspan="7"></td></tr>
<tr><td rowspan="2">좋아하는 색상</td><td colspan="7"></td></tr>
<tr><td colspan="7"></td></tr>
<tr><td colspan="8">작업방법 제안</td></tr>
<tr><td colspan="8"></td></tr>
</table>

고객 상담 스타일 분석 카드						
이름				방문 일자		
주소						
전화번호		펌, 염색 등의 알레르기			유	무
생년월일		두피타입				
얼굴형						
타원형	원형	정방형	삼각형	장방형	마름모형	역삼각형

모발 진단 (백모 량:)					모발 손상도	
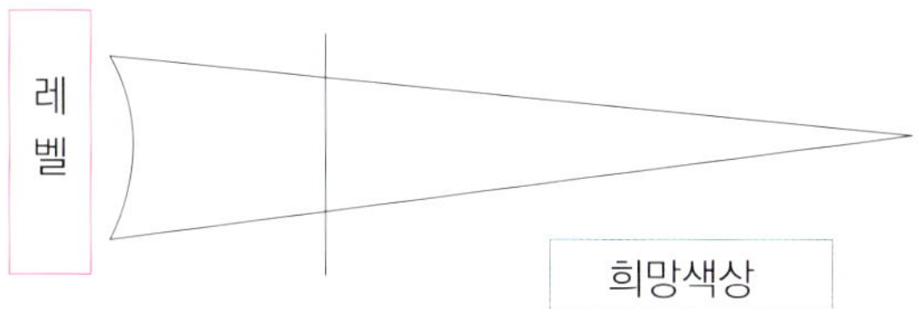					레벨 0	
					레벨 1	
					레벨 2	
					레벨 3	
					레벨 4	
모발의 길이			모량: 많음■ 보통■ 적음■			
신생모 길이		모발 길이				
① 2cm	② 2cm 이상	③ 단발선	④ 어깨선	⑤ 가슴선	⑥ 가슴선 이상	
최근 서비스 내역: (개월)						
제스치 데스드 볼륨 존: 프론드■, 딥■, 사이드■, 백■, 네이프■ 크기: L, M, S						
존(Zone)별 특이 사항	중요한 부분:				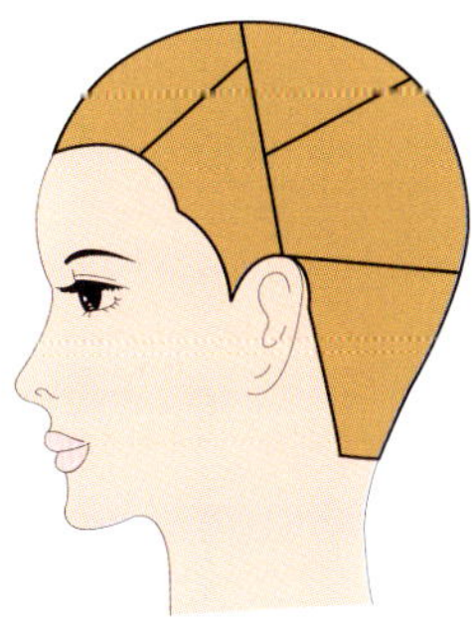	
	고객의 의견:					
작업방법 제안						

MEMO

02 염색의 결과색상

학습목표

1. 염색의 결과색상에 관하여 이해하고 설명할 수 있다.
2. 염모제 반사별 결과색상을 예상하고 설명할 수 있다.
3. 염색의 결과색상을 이해를 통하여 고객 상담과 산화 염모제의 활용과 응용에 적용할 수 있다.

1. 재염색의 일치성과 연연장 기법

1) 재염색의 일치성

재염색이란? 염색 후 새로 자란 모발을 염색을 하거나, 기존 염색한 모발에 동일한 색상으로 또는 다른 색상으로 염색하는 것을 의미한다. 기염모(기존에 염색한 모발)의 밝기와 희망 색상의 밝기가 동일한 경우, 재염색 작업 시 색상의 일치성에 관하여 고려하여야 한다.

그림V-7은 재염색 시 색상의 일치성을 확인하기 위한 예시이다. 색상의 일치성 유무를 확인하기 위해서는 남아 있는 반사빛의 색상을 색상의 일치성 유무의 빈칸에 반영구 염모제를 바르고, 그 위에 희망색상의 반영구 염모제를 바른다. 결과색이 희망색상으로 잘 표현되는지를 살펴보면 쉽게 판단할 수 있다.

기염모에 기존에 염색한 반사빛이 남아 있는 경우, 희망하는 색상으로 염색 시 남아 있는 반사빛으로 인하여 다른 결과색상을 얻을 수 있기 때문이다. 그러므로 명도의 변화가 없는 상황에서 색상의 일치성 여부를 작업 전 확인한다.

일치성이란? 기염모의 레벨과 희망색상의 레벨이 동일한 상황에서 기염모의 남아 있는 반사빛에 희망하는 반사 빛이 겹쳐졌을 때 희망색상이 결과로 표현되는지의 유무를 판단하는 것이다. 차가운 계열과 따뜻한 계열은 서로에 일치성이 없으며, 차가운 계열의 색상은 서로에 일치성이 없고, 오직 따뜻한 계열에서만 일치성이 있다. 따뜻한 계열에서는 반사빛의 강도가 강한 계열로 작업 시 일치성이 있다.

예를 들면, 고객의 모발에 .5의 자주빛 계열의 색상이 있고 희망하는 색상이 .6의 적 빛의 반사빛을 희망한다면 일치성이 있으나, 희망하는 색상이 .4의 구리빛이라면 결과색상으로 .4의 구리빛이 표현되지 않으므로 일치성이 없는 반사빛 제거를 통하여 재염색 작업을 한다.

MEMO

	남아있는 반사 빛	희망하는 색상	색상의 일치성 유무
1	.1	.2	
2	.2	.3	
3	.3	.4	
4	.4	.5	
5	.5	.6	
6	.6	.4	
7	.7	.6	
8	.4	.3	
9	.5	.4	
10	.6	.4	

[그림 v-7] 일치성의 판단

2) 연연장의 기법

연연장이란? 재염색 시 신생부에는 희망색상으로 표현하기 위하여 명도는 밝게 할 필요가 있지만, 기염부는 이미 명도가 밝아진 상태이므로 불필요한 탈색의 힘이 진행하게 되면 모발의 손상이 가중된다. 그러므로 기염모의 손상을 최소화하기 위해 신생모를 도포하고 남은 염모제에 온수(10 ~ 15cc)를 혼합하여 기염모에 바르는 것을 의미한다. 또한 동일한 색상으로 재염색 시 고려해야 할 사항은 기염부의 퇴색 정도인데, 이는 색상의 겹침으로 탁해지는 것을 방지하고 신생모와 기염모의 결과색상을 동일한 결과로 만들어 주기위한 방법이다.

MEMO

[표 v-1] 연연장 기법의 종류

구분	기염모 퇴색정도	기염모 도포시기	방치시간
직연연장	퇴색이 많다	신생모 도포 직후 도포	자연방치 30~35분
반연연장	중간 정도 퇴색	신생모 도포 15~20분 후	자연방치 20~15분
종연연장	퇴색이 거의 없음	신생모 도포 30분	자연방치 5분

① 작업방법

신생모 도포 후 남은 염모제 + 온수(10 ~ 15cc)를 혼합 기염모 부분에 도포하는 방법이다. 신생모는 레벨 업이 필요하지만 기염모는 이미 염색이 되어 있던 부분이므로 불필요한 탈색의 힘이 작용하여 모발의 손상을 준다. 이것을 최소화하기 위하여 신생모를 도포하고 남은 염모제에 비례하여 온수를 혼합하여 작업한다.

② 온수의 효과(90 ~ 95 ° C)

◆ 암모니아를 날려줌으로 탈색의 힘을 떨어뜨린다.
◆ 과산화를 막는다.
◆ 손상도를 줄여준다.

(1) 직연연장

① 신생모(①번): 희망색상 + 산화제 20v(6%)— 신생모 도포
② 기염모(②번): 남은 염모제+ 온수(10 ~ 15cc)— 기염모 도포
③ 방치시간: 자연방치 30 ~ 35분

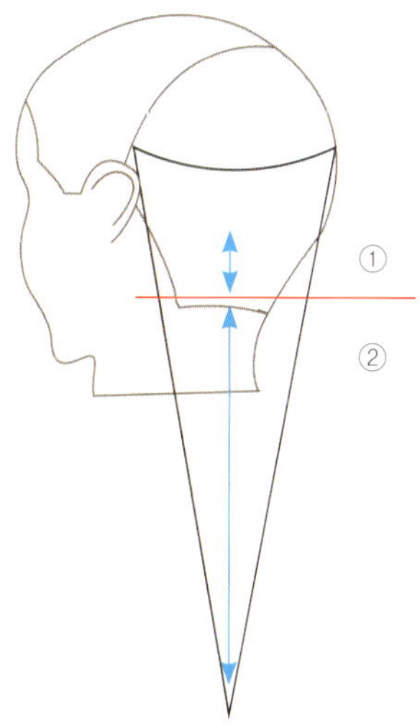

[그림 v-8] 직연연장의 예시

(2) 반연연장

① 신생모(①번): 희망색상 + 산화제 20v(6%)— 신생모 도포
② 방치 시간: 자연방치 15 ~ 20분
③ 기염모(②번): 남은 염모제 + 온수(10 ~ 15cc)— 기염모 도포
④ 방치시간: 자연방치 20~15분

(3) 종연연장

① 신생모(①번): 희망색상 + 산화제 20v(6%)— 신생모 도포
② 방치시간: 자연방치 30분

MEMO

③ 기염모(②번): 남은 염모제 + 온수(10 ~ 15cc)— 기염모 도포

④ 방치시간: 자연방치 5분

이때 종연연장은 액상화 작업으로 대체하여 진행하기도 한다. 신생모 부분에 희망색상을 표현하기 위하여 30v(9%) 산화제를 사용하였다면 기염모의 연연장 작업 시 남은 염모제를 사용하는 것이 아니라 새로이 20v(6%) 산화제로 혼합하여 온수를 혼합 연연장 하여야 한다.

3) 클린징(Cleansing)기법

재염색 시 희망색상이 기염부의 남아있는 반사빛과 일치성이 없는 경우 기염모의 색상을 제거하는 방법을 의미한다.

일치성이 없는 반사 빛 제거 - Cleansing

※ 반사 빛의 제거로 얼룩과 손상을 최소화 할 수 있음

· 일치성이 없는 반사빛의 제거(Cleansing)

탈색제 + 산화제 20V(6%) + 온수 + 샴푸
(40g : 40ml : 40ml : 40ml)

희망색의 도포는 직연연장

[그림 v-9] Cleansing 기법 시술 방법

(1) 작업방법

① 제품준비: 탈색제 + 산화제 20v(6%) + 온수 + 샴푸(1 : 1 : 1 : 1)혼합한다.

② 도포: 기염모 도포: 슬라이스는 얇게 도포 량은 충분히 빠르게 도포한다.

③ 방치시간: 5 ~ 20분까지 부드럽게 마사지를 한다.

④ 샴푸: 두피에 자극을 주지 않도록 주의 탈색제의 잔여물이 남지 않도록 깨끗하게 샴푸한다.

⑤ 희망색상 도포: 직연연장 도포한다.

샴푸는 마사지 시 마찰에 의한 손상을 줄이고, 클린징의 혼합물이 흐르지 않게 하는 역할을 하며, 온수는 (90 ~ 95 ˚ C)온수를 사용 탈색제의 탈색력을 줄이고, 탈염의 효과를 올리기 위해 사용한다. 클린징 시 포함된 탈색제로 인하여 작업시간을 20분 이상 넘길 경우 모발에 탈색제의 작용으로 밝아질 가능성 있기 때문에 작업시간에 주의해야 한다.

MEMO

실습 과제 Ⅱ-4. 재염색 작업하기(2인 1조 상호실기)

1. 실습 준비물

희망 색상 염모제(모량과 모발의 길이를 확인하여 준비), 산화제, 20v(6%)80g, 1개, 염색 솔
염색 볼 1개, 타월, 헤어드라이어, 롤 브러시, 염색용 장갑, 염색 보, 고객 가운, 앞치마
샴푸·컨디셔너제, 전·후처리제, 헤어크립

2. 실습 진행 방법(실습 소요시간: 90분)

▶ 실습의 전제 ◀

재염색에서 레벨 업과 레벨다운 등의 여러 기법을 사용하지만 재염색에서 기본적 작업방법인 연연장 기법의 활용을 배우기 위한 것이므로 현재의 모발 조건에서 신생모를 도포(만약, 신생모가 2cm 이상 자란 모발이라면 자연모 도포법을 사용)후 길이를 연결하는 직연연장 기법을 사용한다.

① 2인 1조로 아래의 고객 상담카드를 작성하여 희망하는 색상을 선정한다.
② ~ ③ 희망하는 색상과 시술 도구를 준비 및 고객 가운과 염색 보 등 작업준비를 한다.

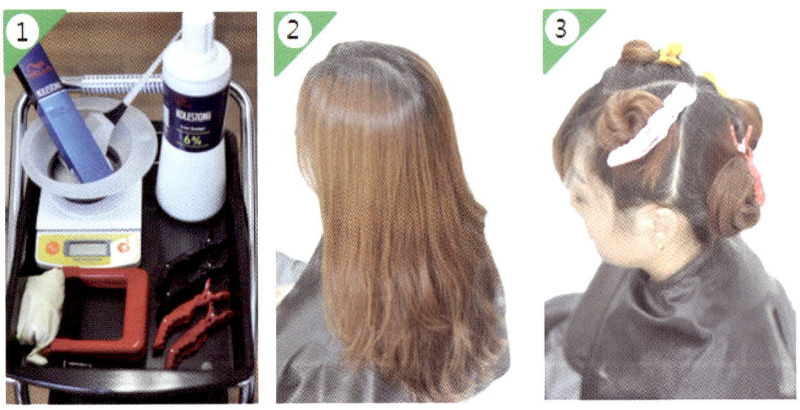

[그림 v-9] 염색작업 준비

④ ~ ⑨ 신생모 2cm일 경우 신생모를 원터치 도포를 한다(단, 2cm 이상일 경우 자연모 도포법을 활용하여 도포하며, 염모제 도포 시간은 5분 이내로 시간을 체크한다).

[그림 v-10] 신생부의 자연모 도포법

① ~ ② 남은 염모제에 비례하여 온수(10 ~ 15CC)를 혼합, 기염모 길이에서 길이 끝까지 연결한다(방치시간은 신생모를 도포를 마친 시간으로 기준하여 제조사 방치시간을 따른다).

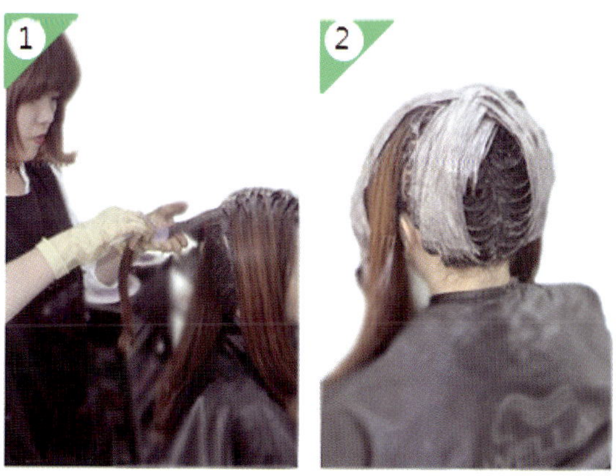

[그림 v-11] 기염부의 직연연장 도포

① ~ ② 모발의 액상화 마사지 작업을 3~5분간 진행한다.

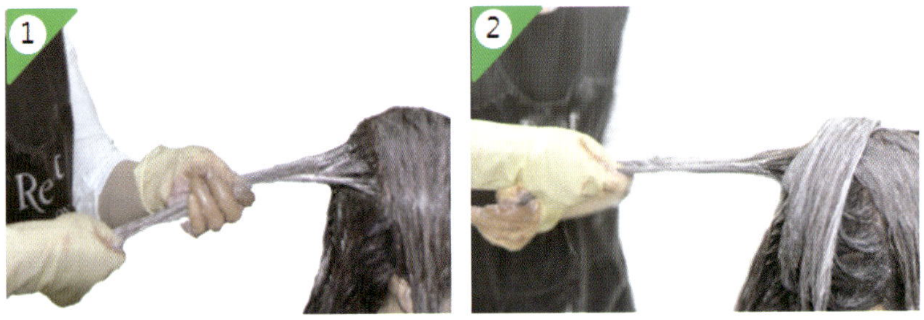

[그림 v-12] 모발 액상화

④ ~ ⑦ 샴푸실로 이동 두피 액상화 작업을 진행한다.

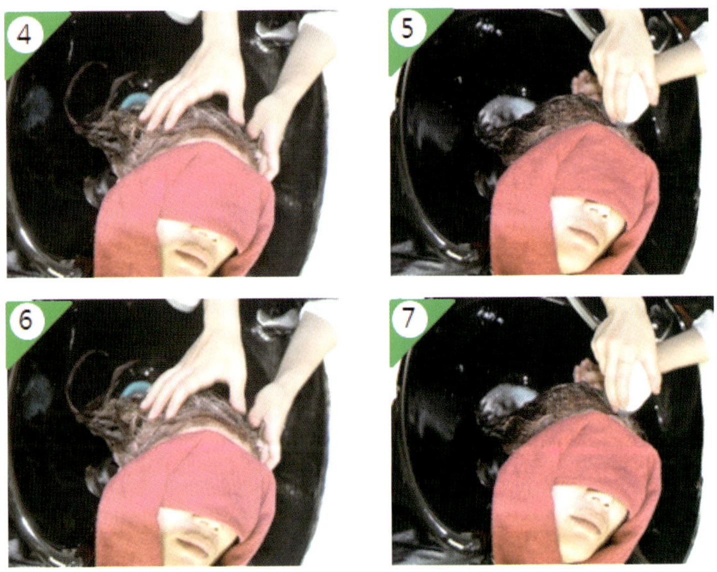

[그림 v-13] 두피 액상화

*** 염색 샴푸 시 주의사항에 관하여**

염색 샴푸를 하다보면 샴푸 또는 헹굼이 잘되지 않는 곳이 발생한다. 여성 고객 중 모발이 길거나 모량이 많은 경우, 두상의 부위의 경우는 두정부와 후두부가 깨끗하게 샴푸가 되지 않는 경우를 확인할 수 있다. 만약 염모제가 두피와 모발에 남아있을 경우 고객의 두피와 모발은 트러블과 손상을 가중시킬 것이다.

① ~ ④ 컬러전용 샴푸를 사용하여 깨끗하게 염색의 잔여물이 남지 않도록 샴푸를 한다.

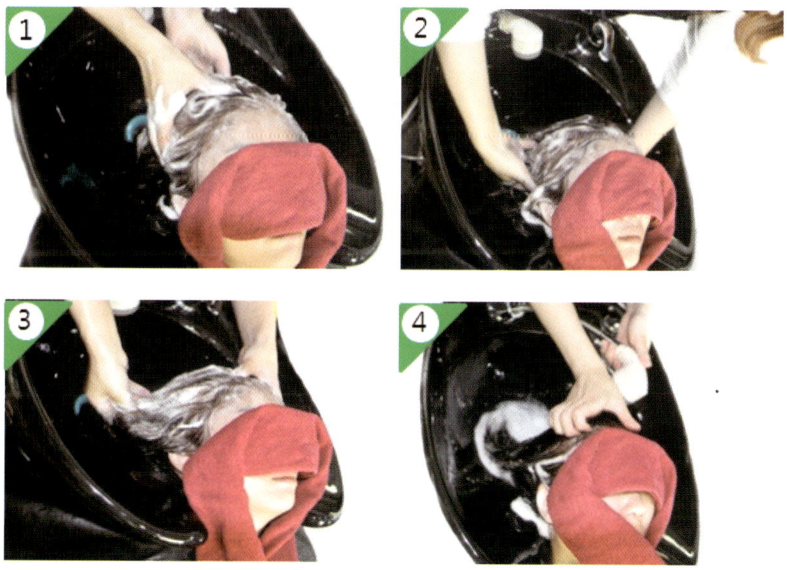

[그림 v-14] 염색 샴푸

① ~ ③ 타월 드라이 후 모발을 건조, 스타일을 연출한다(스타일 연출 시 주의사항 염색직후의 드라이 또는 아이롱과 같은 도구를 사용 시 과도한 열의 사용은 모발의 손상과 컬러 색상의 산화를 만들 수 있으므로 주의하여야 하며, 또한 이러한 사용에는 반드시 열로써 보호할 수 있는 제품을 사용 후 스타일 연출을 하는 것이 올바른 선택이다).

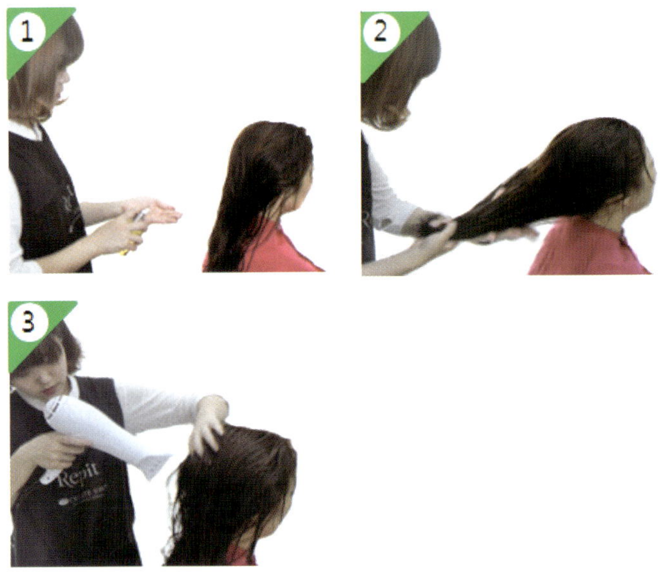

[그림 v-15] 마무리 작업

3. 시술 결과

작업 과정 사진	
시술 결과 색상 사진	

4. 실습 결과 체크 포인트

① 염모제 도포 시 빗질을 하지 않아야 한다.
② 액상화 작업과 샴푸작업은 잘 진행되었는가?
③ 슬라이스의 폭은 1cm의 폭을 넘지 않아야 한다.
④ 희망색상과 선택한 색상의 결과는 일치하였는가?
⑤ 기염모의 길이보다 길이 끝의 염모제 도포 량이 많아야 한다.
⑥ 작업한 색상의 결과는 전체적으로 균일하게 잘 표현되었는가?
⑦ 모근 쪽의 경우 두피의 열이 많은 곳과 적은 곳 그리고 모근 쪽과 길이 쪽에 따라 염색제의 도포량을 조절하여 주어야한다.
⑧ 5분 도포 시간에 염모제의 도포를 완성하여야 한다. 일반적으로 염모제의 도포의 시간은 5분 이내의 시간이 가장 이상적이다.
⑨ 기염모의 도포 시간은 5분 도포 시간에 염모제의 도포를 완성하여야 한다. 일반적으로 염모제의 도포의 시간은 5분 이내의 시간이 가장 이상적이다.

위의 9가지 사항을 정확히 수행하여 결과를 완성한다.

5. 실습 평가: 작업장 평가

평가 항목		
지식	상	일치성 유무를 판단하여 연연장 기법과 클린징 기법을 재염색 작업에 관하여 정확하게 적용할 수 있는 경우
	중	일치성 유무를 판단하여 연연장 기법과 클린징 기법을 재염색 작업에 관하여 적용하나 정확하지 못하는 경우
	하	일치성 유무를 판단하여 연연장 기법과 클린징 기법을 재염색 작업에 관하여 적용하지 못하는 경우
기술	상	고객과 작업 준비정도, 블로킹, 도포의 숙련도와 도포량 조절, 방치시간, 샴푸, 스타일 마무리 등 작업과정이 정확하고 숙련도가 높은 경우
	중	고객과 작업 준비정도, 블로킹, 도포의 숙련도와 도포량 조절, 방치시간, 샴푸, 스타일 마무리 등 작업과정은 진행하나 숙련도가 미숙한 경우
	하	고객과 작업 준비정도, 블로킹, 도포의 숙련도와 도포량 조절, 방치시간, 샴푸, 스타일 마무리 등 작업과 숙련도가 모두 미숙한 경우
태도	상	실습준비, 진행과정, 마무리 정리 등 모두 완벽하게 수업에 인한 경우
	중	실습준비, 진행과정, 마무리 정리 중 한 가지라도 부족한 경우
	하	실습준비, 진행과정, 마무리 정리 모두 부족한 경우

자료출처: NCS이용학습모듈, 2016

평가 항목		
지식	상	염색 후 모발에 맞는 샴푸제와 컨디셔너제를 파악하고 정확하게 적용할 수 있는 경우
	중	염색 후 모발에 맞는 샴푸제와 컨디셔너제 파악은하나 적용하지 못하는 경우
	하	염색 후 모발에 맞는 샴푸제와 컨디셔너제 파악과 적용을 못하는 경우
기술	상	염색 후 샴푸작업의 준비 작업과정, 매니플레이션, 마무리 과정 등을 원활히 진행하는 경우
	중	염색 후 샴푸작업의 준비 작업과정, 매니플레이션, 마무리 과정 등을 하나라도 미숙하게 진행하는 경우
	하	염색 후 샴푸작업의 준비 작업과정, 매니플레이션, 마무리 과정 등을 미숙하게 진행하는 경우
태도	상	실습준비, 진행과정, 마무리 정리 등 모두 완벽하게 수업에 임한 경우
	중	실습준비, 진행과정, 마무리 정리 중 한 가지라도 부족한 경우
	하	실습준비, 진행과정, 마무리 정리 모두 부족한 경우

자료출처: NCS이용학습모듈, 2016

MEMO

03 재염색의 레벨 업과 레벨 다운

학습목표

1. 재염색 시 레벨 업 기법인 딥 클린징방법에 관하여 이해하고 적용할 수 있다.
2. 재염색 시 레벨다운 기법인 컬러매치와 프리 피그멘테이션에 관하여 이해하고 적용할 수 있다.

1. 재염색의 레벨 업과 레벨 다운

1) 재염색의 레벨 업

(1) 딥 클린징(Deep cleansing) 기법

기염부의 인위적인 색소의 제거와 레벨 업을 위한 목적으로 사용하며, 항상 딥 클린징(Deep cleansing)시 클린징(Cleansing)을 필수로 작업한다.

컬러 체인지

기염모의 레벨 업 – Deep Cleansing

※ 반사 빛의 제거로 얼룩과 손상을 최소화 할 수 있음

· 일치성이 없는 반사빛의 제거(Cleansing) 후

탈색제 + 산화제 20V(6%) + 온수 + 샴푸
(40g : 40ml : 40ml : 40ml)

· 탈색이 잘 되지 않는 부분적인 탈색(Deep Cleansing)

딜색제 + 산화제
(1 : 2~3)

부드럽게 마사지 원하는 레벨이 나오면 가볍게 샴푸를 한다.

[그림 v-16] deep cleansing 기법의 시술 방법

MEMO

가. 작업방법

① 기염모: Cleansing 필수 작업 후 Deep cleansing 탈색제(1) + 산화제(2 ~ 3)혼합하여 도포한다.
② 기염모: 슬라이스는 얇게 도포 량은 충분히 빠르게 도포 희망색상의 블리치 레벨이 나올 때 까지 부드럽게 마사지를 한다.
③ 샴푸: 두피에 자극을 주지 않도록 주의하고 탈색제의 잔여물이 남지 않도록 깨끗하게 샴푸한다.
④ 희망색상 도포: 직연연장 기법으로 도포한다.

(2) 살롱 시술의 예

신생모의 명도가 3레벨에 길이가 8cm이며, 기염모의 블리치 레벨은 5레벨에서 6.5레벨로 얼룩이 전체적으로 있으며 고객이 희망하는 색상은 7.43(금 구리빛 황갈색)이다.

가. 작업방법

① 기염모: 클린징 후 딥 클린징 블리치 레벨 7(오렌지)
② 신생모: 애벌탈색 블리치 레벨 7(오렌지)
③ 신생모: 희망색상 7.43 + 산화제 20v(6%)— 원터치 도포
④ 기염모: 남은 염모제 + 온수(10 ~ 15cc)— 직연연장 도포

[그림 v-17] 딥 클린징 활용의 예

MEMO

나. 딥 클렌징 작업에서 클렌징을 반드시 하는 이유

딥 클렌징 작업 전 클렌징을 필수로 작업하는 이유는 인위적인 색소가 있는 기염모는 색상이 겹쳐 있는 정도, 손상 정도에 따라 인위적인 색소의 제거 정도가 각기 다르기 때문이다. 그러므로 균일한 결과를 만들기 위하여 필수로 작업한다. 또한 탈색제의 사용에 있어서도 약한 작용 후 강한 탈색제의 작업 시에 모발의 손상 정도를 덜하게 만들 수 있다.

2) 재염색의 레벨 다운 (Level down)

일반적으로 기염모가 밝은 상태에서 그보다 어두운 색상으로 컬러 체인지 작업 시 정확한 결과 색상을 얻을 수가 없게 된다. 이유는 모든 결과 색상은 블리치 레벨과 희망 색상이 합쳐져 결과를 얻게 되는데 이미 블리치 레벨을 제거하였기 때문이다.

재염색의 레벨다운 시 모발의 조건에 따라 다르게 작업할 수 있다.

① 컬러 매치(Color match): 모발의 손상이 없고 희망색이 기염모보다 2레벨 미만 어두워질 경우

② 프리 피그멘테이션(Pre -pigmentation, 선착법): 모발 손상이 있으며, 희망색이 기염모 보다 3레벨이상 어두워질 경우

(1) 필러 색상 (Filler)

필러 색상이란? 보충색이라 하며, 이미 제거된 멜라닌 색소를 보충하여 동일한 결과 색상을 얻기 위해 제거된 블리치 레벨을 보충하여 주는 색상을 말한다. 필러 색상은 일반적으로 블리치 레벨의 색상과 유사한 색상으로 구성되나 명도를 조절할 수 있게 할 목적으로 염모제에서 기본색을 주로 사용한다. 그러나 이는 제조사 마다 차이가 조금씩 있으므로 사용하는 제품의 사용 설명서나 시술법을 참조하여 선택하여야 한다.

Tip 필러 색상

재조사 마다 조금씩 다를 수 있으므로 필러 색상을 블리치 레벨을 넘버링으로 전환한 것을 필러 색상으로 사용을 하며 실무에서 필러 색상 사용 시 그와 유사한 것을 활용하면 된다.

예시)

로레알의 필러 색상 4 - 4.56, 5 - 5.64, 5.5, 6 - 6.45, 7 - 7.43, 8 - 8.3(블리치 레벨과 유사)

웰라의 필러 색상 - 5/00, 6/00, 7/00, 8/00, 9/00(명도조절 목적)

네이쳐 컨트롤의 색상(기본색)을 활용할 수 있다.

MEMO

아래의 그림 V-18에서 각 블리치 레벨별 제조사의 필러 색상을 알아보자.

	블리치 레벨	블리치 레벨 (넘버링)	필러 색상	
10	아주밝은 노랑	10.3		
9	밝은 노랑	9.3		
8	노랑	8.3		
7	노랑 오렌지	7.43		
6	오렌지	6.4		
5	붉은 오렌지	5.64		
4	빨강	4.6		
3	빨강			
2	빨강(적 보라)			
1	검정			

[그림 v-18] 제조사마다의 필러 색상을 조사표

(2) 컬러 매치(Color match)

기염모 손상이 거의 없고 희망색상이 기염모보다 2레벨 미만 어두워질 경우 사용하는 방법이다.

MEMO

컬러 매치(Color Match)

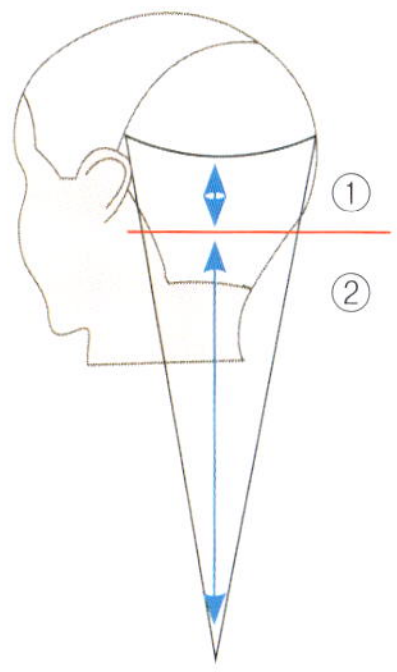

1) ① 원하는 색상 + 산화제
2) ② 남은 염모제 + 온수(10~15cc) + 필러 색상(3~5cm)
3) ② 직연연장 도포 후 35분

[그림 v-19] 컬러 매치 작업방법

가. 작업방법

① 신생모: 희망색상 + 산화제 — 신생모 도포
② 기염모: 남은 염모제 + 온수(10 ~ 15CC) + 필러 색상(3 ~ 5cm)— 직연연장 도포

먼저 희망하는 색상과 산화제를 혼합하여 신생모를 바른다. 단, 신생모가 2cm미만일 경우는 원터치로 신생모를 바르고 2cm이상일 경우는 자연모 도포 방법으로 도포를 한다. 그리고 남은 염모제에 온수를 (10 ~ 15cc)를 혼합하여 기염모 부분을 바로 연결 직연연장 한다.

(3) 프리 피그멘테이션(선착법, Pre-pigmentation)

기염모의 손상이 있으며 희망 색상과 비교 3레벨 이상 어두워질 경우에 사용하는 방법이다. 단, 레벨의 차이가 2레벨 미만으로 어두워져도 기염부의 손상이 있을 시 프리 피그멘테이션 기법을 사용한다.

MEMO

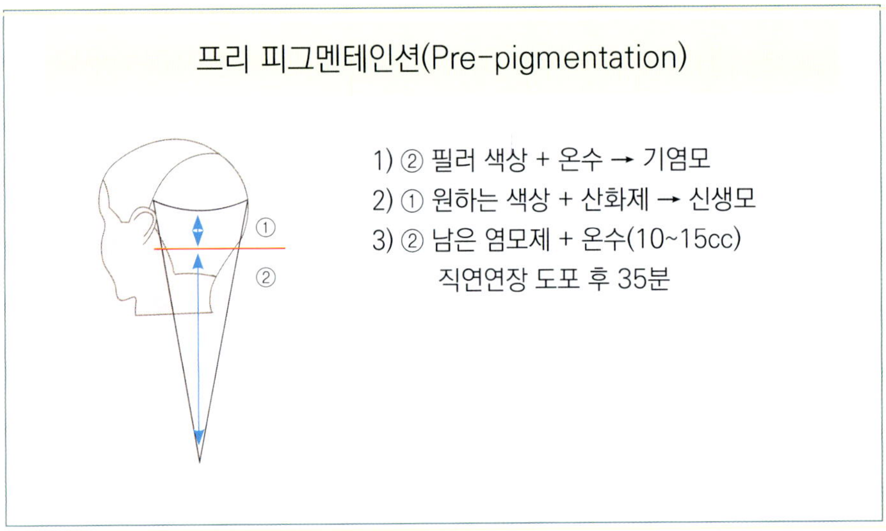

[그림 Ⅴ-20] 프리 피그멘테이션 작업방법

가. 작업방법

① 기염모: 필러 색상 + 온수— 기염모 도포

② 신생모: 희망색상 + 산화제— 신생모 도포

③ 기염모: 남은 염모제 + 온수(10 ~ 15cc)— 직연연장 도포

먼저 기염모에 필러 색상과 온수를 혼합 일부 제품은 산화제도 혼합하여 소량을 도포한다, 다음 희망 색상을 산화제와 혼합하여 신생모에 도포한다. 단, 신생모가 2cm미만일 경우는 원터치로 신생모를 바르고 2cm이상일 경우는 자연모 도포 방법으로 도포를 한다. 그리고 남은 염모제에 온수(10 ~ 15cc)를 혼합하여 기염모 부분을 직연연장 한다.

실습 과제 Ⅱ-5. 컬러 체인지

1. 실습 준비물

캡 가발 100% 인모(15cm) 각 1개, 염색 솔 1개, 염색 볼 1개, 염모제, 희망색상 8/34 1개 염모제 필러 색상(8/00) 1개, 산화제 20v(6%) 960ml 1개, 탈색제 500g 1개, 타월, 헤어드라이어, 롤 브러시, 염색용 장갑, 앞치마, 헤어클립

2. 실습 진행 요령(실습 소요시간: 180분)

① 먼저 로레알 4번 또는 웰라(6/0) 염모제로 염색된 가발을 4등분한다.
② 그림 V-21에서 보는 것과 같이 4등분 블로킹을 나눈다.

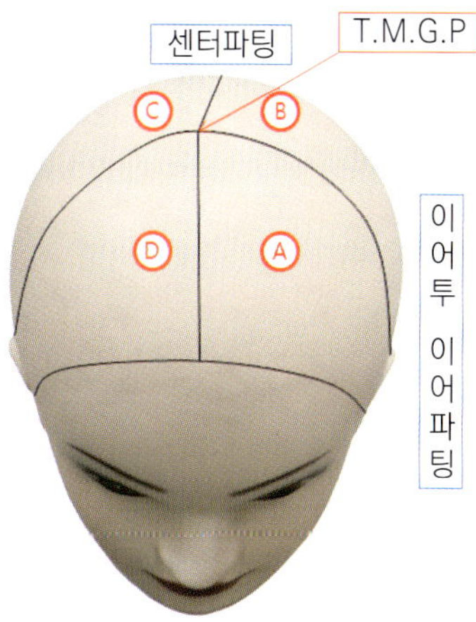

[그림 v-21] 4등분 블로킹

① ~ ③ 전체(A, B, C, D)를 Cleansing 하면 인위적인 색소가 제거되어 블리치 레벨 4(빨강)이 보인다.

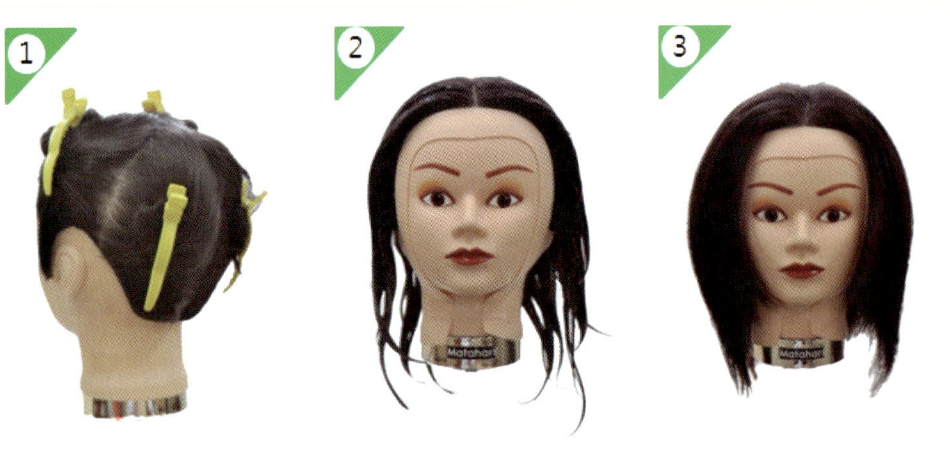

[그림 v-22] 클린징 작업

④ ~ ⑨ 다음(A, B)를 Deep cleansing하여 블리치 레벨(7번 노랑 오렌지)까지 만들고, (C)를 Deep cleansing하여 블리치 레벨(6번 오렌지)까지 만든다.

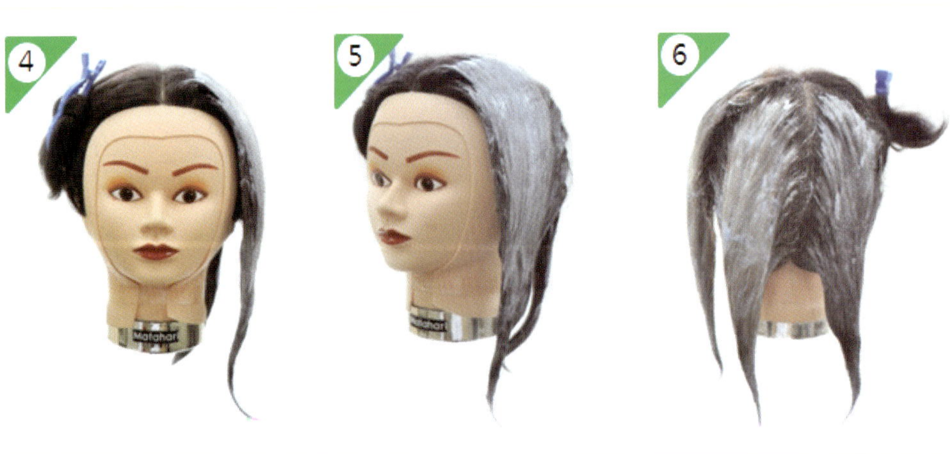

[그림 v-23] 딥 클린징 작업

[그림 v -24] 딥 클린징 작업 결과

① ~ ③ 다음(B) 부분에 필러 색상 8/00 + 온수 + 산화제(2 : 1 : 1)로 혼합하여 소량을 바르고 희망 색상 8/34 + 산화제(6%) + 온수(10 ~ 15CC) 혼합하여 (B, C, D, A) 직연연장 도포하여 결과를 만든다.

[그림 v -25] 필러와 희망색상 도포

3. 실습 결과

④ A의 결과는 블리치 레벨 7(노랑 오렌지)과 8/34(도포색상)의 합쳐져 나온 밝은 결과색상이다.
⑤ B의 결과는 블리치 레벨 7(노랑 오렌지)에 필러 색상 8/00 사용하여 블리치 레벨 6(오렌지)로 명도를 조절하고 8/34(도포색상)을 사용하여 나온 정확한 결과색상이다.
⑥ C의 결과는 블리치 레벨 6(오렌지)과 8/34(도포색상)의 합쳐져 나온 정확한 결과색상이다.
⑦ D의 결과는 블리치 레벨 4(빨강)와 8/34(도포색상)의 합쳐져 나온 어두운 결과색상이다.

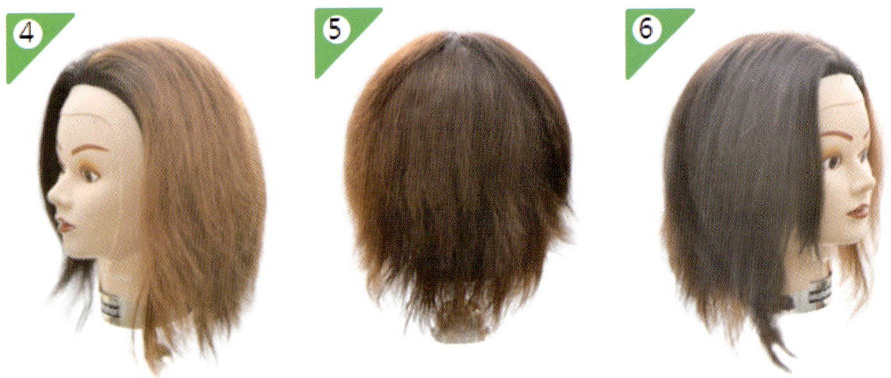

[그림 v-26] 가발에 실습 결과 사진

4. 실습 평가: 작업장 평가

평가 항목		
지식	상	레벨 업과 레벨다운 기법을 재염색 작업에 관하여 정확하게 이해하고 적용할 수 있는 경우
	중	레벨 업과 레벨다운 기법을 재염색 작업에 관하여 적용하나 이해정도가 정확하지 못하는 경우
	하	레벨 업과 레벨다운 기법을 재염색 작업에 관하여 적용과 이해를 하지 못하는 경우
기술	상	고객과 작업 준비정도, 블로킹, 도포의 숙련도와 도포 량 조절, 방치시간, 샴푸, 스타일 마무리 등 작업 과정을 정확하게 진행하는 경우
	중	고객과 작업 준비정도, 블로킹, 도포의 숙련도와 도포 량 조절, 방치시간, 샴푸, 스타일 마무리 등 작업 과정을 진행하나 숙련도가 미숙한 경우
	하	고객과 작업 준비정도, 블로킹, 도포의 숙련도와 도포 량 조절, 방치시간, 샴푸, 스타일 마무리 등 작업 작업이 모두 미숙한 경우
태도	상	실습준비, 진행과정, 마무리 정리 등 모두 완벽하게 수업에 임한 경우
	중	실습준비, 진행과정, 마무리 정리 중 한 가지라도 부족한 경우
	하	실습준비, 진행과정, 마무리 정리 모두 부족한 경우

자료출처: NCS이용학습모듈, 2016

Ⅱ-5. 학습 정리

1. 제스처 테스트는 자신의 표현을 잘하시는 고객과 평소의 손질을 어떻게 하는지를 파악할 때 유용하게 사용할 수 있는 방법이다.
2. 스타일 테스트는 내성적 고객과 다른 스타일의 변화를 희망하는 고객에게 사용하기 유용한 방법이다
3. 재염색이란? 염색 후 새로 자란 모발을 염색을 하거나, 기존 염색한 모발에 동일한 색상으로 또는 다른 색상으로 염색하는 것을 의미한다.
4. 일치성이란? 기염모의 레벨과 희망 색상의 레벨이 동일한 상황에서 기염모의 남아있는 반사 빛에 희망하는 반사 빛이 겹쳐졌을 때 희망 색상이 결과로 표현되는지의 유무를 판단하는 것이다.
5. 연연장이란? 신생모에 염모제를 도포한 후 남은 염모제에 온수10~ 15CC)를 섞어서 기염모에 바르는 것을 말한다.
6. 클린징 기법은 재염색시 희망색상이 기염부의 색상과 일치성이 없는 경우 기염모의 색상을 제거하는 방법을 말한다.
7. 딥 클린징 기법은 기염모에 인위적인 색소의 제거와 레벨 업을 위한 목적으로 사용하며, 항상 딥 클린징 시 클린징을 필수로 시술한다.
8. 필러 색상이란? 보충색이라 하며, 이미 제거된 멜라닌 색소를 보충하여 동일한 결과 색상을 얻기 위해 제거된 블리치 레벨을 보충하여 주는 색상을 말한다.
9. 컬러 매치는 기염모 손상이 거의 없고 희망색상이 기염모보다 2레벨 미만 어두워질 경우 작업하는 방법이다.
10. 기염모의 손상이 있으며 희망 색상과 비교 3레벨 이상 어두워질 경우에 작업하는 방법이다. 단 레벨의 차이가 2레벨 미만으로 어두워져도 기염부의 손상이 있을 시 프리 피그멘테이션 기법을 사용한다.

Ⅱ-iii

컬러 디자인

〈그림 자료제공: 밀본 코리아 제공〉

학습 개요

이 단원은 고객의 형태와 고객의 성향의 특성을 파악하여 이미지 연출을 한다. 이미지 연출은 조화로운 이미지와 개성 연출의 이미지로 나누어지며, 이러한 방법은 색상의 배색과 파팅의 방법에 의하여 만들어지게 된다. 그러므로 컬러 디자인의 개념을 파악하며, 컬러 디자인의 구성 요소와 컬러 디자인의 테크닉의 위빙과 슬라이스 기법을 중심으로 호일 워크와 컬러 디자인 실무를 학습하도록 한다.

주요 용어

디자인 구성 3요소, 형태의 7가지 구성, 질감(Texture), 위빙, 슬라이스, 칩(Chip), 피치(Pitch), 호일워크, 프런트 존, 톱 존, 사이드 존, 트라이앵글 존, 미들 존, 네이프 존, 하모니(Harmony), 콘트라스트(Contrast)

MEMO

01 컬러 디자인 실무

학습목표

1. 컬러 디자인의 목적과 구성요소에 관하여 파악하고 설명할 수 있다.
2. 컬러 디자인의 표현 방법과 형태의 7가지 요소에 관하여 이해하고 적용할 수 있다.
3. 컬러 디자인에서 명도의 차이에 따른 변화를 이해하고 작업에 적용할 수 있다.

1. 컬러 디자인의 목적

컬러 디자인의 목적은 고객 의 스타일에 따른 이미지의 연출이다. 그중 이미지 변화의 매우 큰 비중을 차지하는 것이 헤어 컬러이며, 사람의 첫인상에 약 70%를 차지한다고 할 정도이다. 따라서 이미지 연출에서 헤어 컬러는 컬러 디자인의 고려사항 이외에도 고객의 계절적 성향과 즐겨 입는 옷의 색상과 메이크업의 색상 등을 고려하여 고객과의 상담하여야 한다.

컬러 디자인은 고객 각각의 개성과 차별화된 이미지를 연출하는데 개인적 측면인 얼굴형, 피부색, 커트라인 등과 사회적 측면인 유행 색상, 직업, 연령 등을 고려하며, 더불어 복합적 차원으로 개인적, 사회적 차원을 모두 고려한 전체적인 조화로운 이미지와 개성 있는 스타일을 연출하여 차별화된 아름다운 표현을 하는 데 그 목적이 있다.

1) 컬러 디자인의 고려 사항

① 고객별 연령
② 고객의 직업
③ 선호 색상과 피부 톤과의 관계
④ 조화의 이미지 또는 개성의 이미지 연출
⑤ 고객의 스타일(커트의 형태와 볼륨의 위치)
⑥ 고객의 선호 색상(좋아하는 색상과 싫어하는 색상)

2) 컬러 디자인의 표현 방법

컬러 디자인의 표현은 위빙, 슬라이스, 패널, 포인트 등의 다양한 방법이 있다. 이때 입체적인 구성을 위한 방향성, 볼륨, 질감, 모양, 크기, 각도 등 테크닉의 다양한 조합을 통해 다양한 스타일을 표현한다.

MEMO

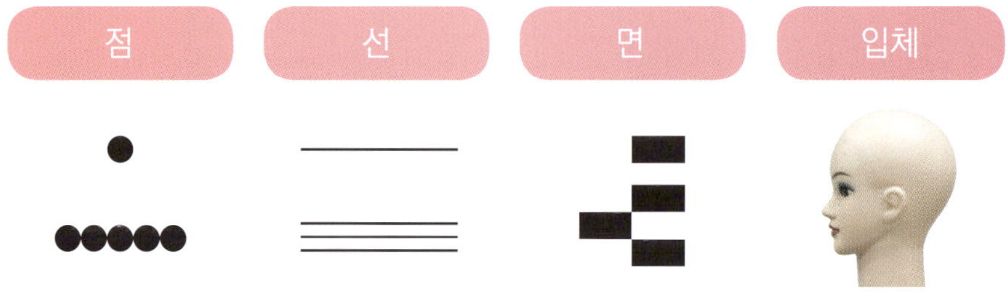

[그림 vi-1] 컬러 디자인 표현 방법

3) 컬러 디자인의 표현 방법의 활용 예시

그림 VI-2의 위빙 디자인 ①은 명도의 차이를 크게 두 지 않았으며, 위빙의 크기와 간격을 크게 만들지 않아 자연스러운 느낌으로 연출한 결과이며, 전체적인 형태가 삼각형으로 탑(Top) 부분을 중심으로 디자인을 하였다.

그림 VI-2의 슬라이스 디자인 ②는 위빙 디자인 ①과 비슷하게 자연스러운 느낌으로 연출하였으나, 다른 한 가지는 네이프로 오면서 형태의 변화가 레이어의 형태이므로 탑에서의 디자인이 아니라 사이드와 백의 옥시비탈 본의 양 사이드로 디자인 작업을 하여 질감의 포인트를 사이드와 네이프에 만들어 줌으로써 볼륨감을 더하여 주었다. 한 가지 더 주목하여야 할 것은 앞머리 쪽인 뱅에 슬라이스의 디자인을 더하므로 움직임과 질감을 더하여 준 점이다.

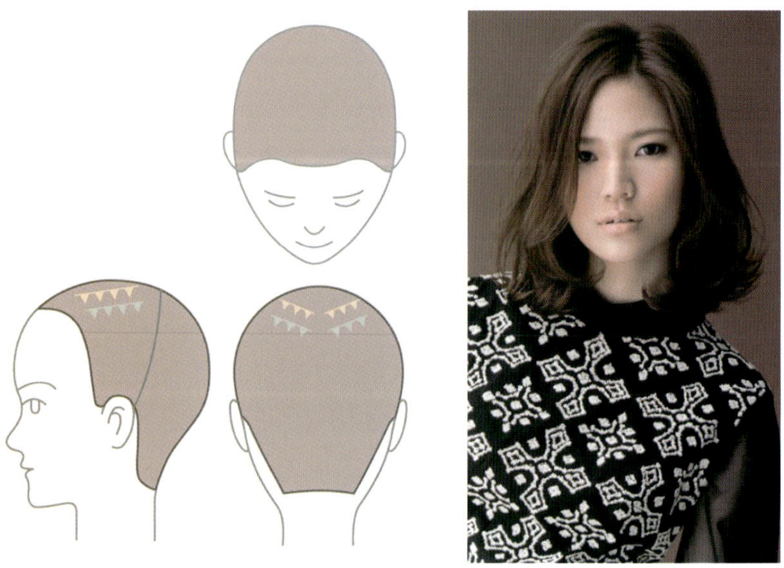

① 위빙 디자인의 예

MEMO

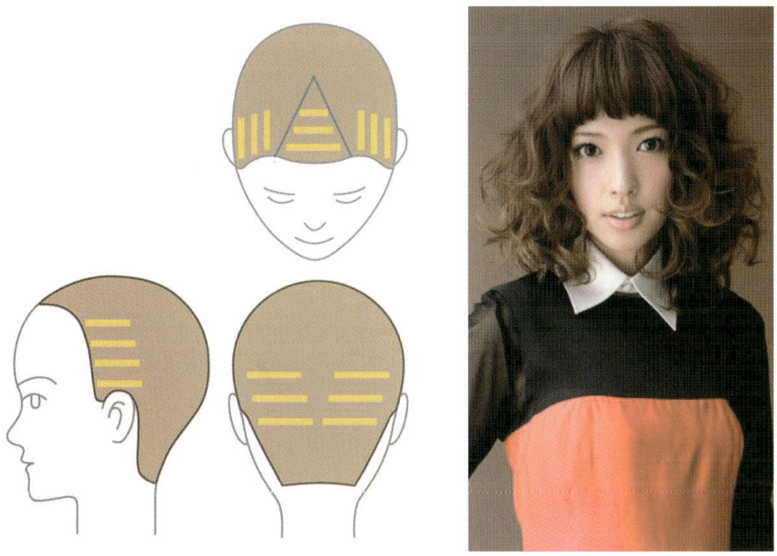

② 슬라이스 디자인의 예

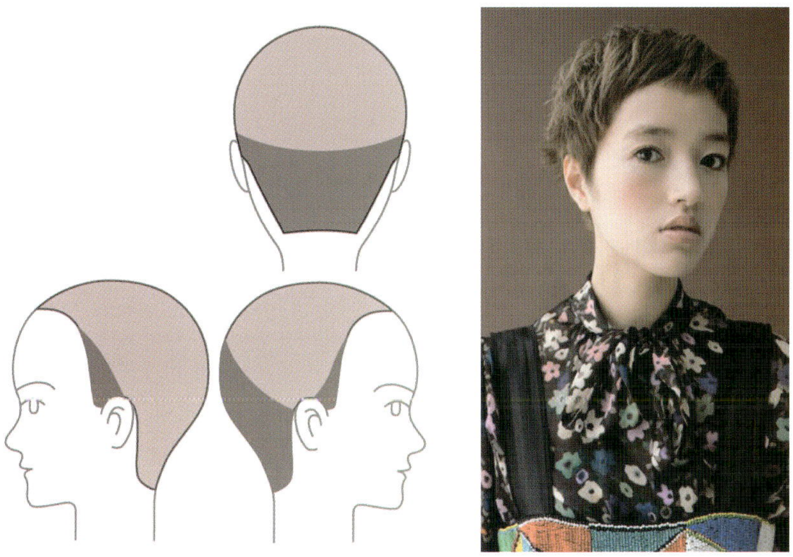

③ 패널(존) 디자인의 예

[그림 vi-2] 디자인 표현 방법의 예

그림 VI-2의 ③은 두상을 크게 두 개의 영역(Zone)으로 나누어 명도의 차이를 이용하여 톱은 명도를 높게 하여 볼륨감을 만들어 주었고 이어라인과 네이프 라인은 상대적으로 어둡게 만들어 작아 보이는 효과를 통해 조화로운 이미지를 연출하였다.

2. 디자인 구성 3요소

헤어 디자인 구성의 3요소는 형태, 질감, 컬러로 이루어지며, 3가지 요소가 서로 결합되고 개성의 스타일, 개성의 트렌드와 복합적으로 고려되면서 컬러 디자인이 완성된다.

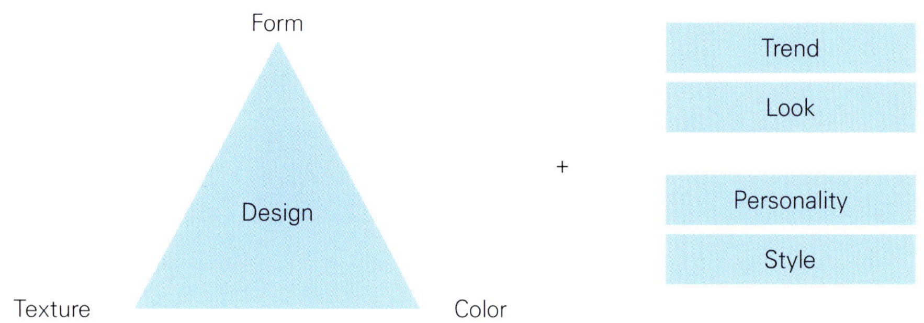

[그림 vi-3] 디자인의 구성 요소

3. 형태의 7가지 구성

형태는 일반적으로 헤어스타일이 가지고 있는 윤각선(외각선)을 의미하며, 각각의 헤어스타일이 어떠한 형태를 가지고 있는지 파악을 통해 각 스타일마다의 개성과 조화를 창출할 수 있다. 일반적으로 형태를 4 가지로 구분한다. 삼각형, 역삼각형, 마름모형, 직사각형으로 구분을 하지만, 컬러를 디자인하는데 있어서의 한계가 나타나므로 형태의 분석을 더 자세하게 7가지로 구분을 하여 작업한다.

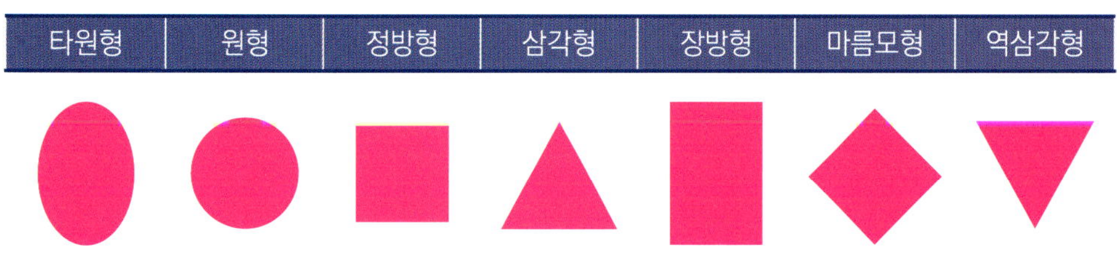

[그림 vi-4] 형태의 7가지 구성

MEMO

위 그림 VI-5와 그림 VI-6에서 알 수 있듯이 형태에 따른 올바른 디자인을 파악하고 실행하기 위해서 잡지에 나오는 모델의 헤어스타일의 형태를 파악하는 훈련이 필요할 것이다.

[그림 vi-5] 형태에 따른 볼륨 강조의 위치

[그림 vi-6] 형태에 따른 볼륨 조화의 위치

위 그림 VI-5와 그림 VI-6에서 알 수 있듯이 형태에 따른 올바른 디자인을 파악하고 실행하기 위해서 잡지에 나오는 모델의 헤어스타일의 형태를 파악하는 훈련이 필요할 것이다.

4. 질감에 따른 변화(Texture)

질감은 표면이 가지고 있는 모습이며 모발이 갖고 있는 성질을 이용하여 다양한 형태로 구성할 수 있는데 질감이 매끄러운 스트레이트와 강한 컬의 웨이브와 약한 컬의 웨이브로 구분된다.

1) 질감(Texture)의 변화에 따른 차이

동일한 고객에 스타일 즉 형태의 변화로 느낌의 다른 차이를 느낄 수 있다.

[그림 vi-7] 질감에 따른 변화

MEMO

[그림 vi-8] 질감에 따른 이미지의 변화

그림 VI-8 질감에 따른 이미지의 변화와 같이 동일한 고객이라도 질감의 변화와 웨이브의 강약에 따라 느낌의 차이를 보여 준다.

5. 디자인의 구성- 컬러(Color)

1) 전체 염색

한가지의 색상으로 전체를 균일하게 염색하는 테크닉을 말한다.

[그림 vi-9] 전체 염색의 예 (자료제공: 웰라 코리아 제공)

MEMO

2) 디자인 컬러 (Design color)

두 가지 혹은 그 이상의 색상으로 하이라이트와 로우라이트의 기법을 이용하여 입체적인 헤어 컬러를 작업하는 테크닉을 말한다.

[그림 vi-10] 디자인 컬러의 예 (자료제공: 웰라 코리아 제공)

3) 명암

개체의 밝고 어두움을 의미한다. 대비적인 요소를 포함한 볼륨, 톤의 시각적 조하를 만드는 요소이다.

① 색상이란? 명도와 반사빛의 혼합이다.

② 볼륨이란? 명도의 조절에 의해 나타나며, 밝은 색상과 어두운 색상으로 표현한다.

볼륨 : 페이스 라인, 탑(정수리), 포인트(머리 끝)
색상이란 : 명도와 반사빛의 혼합
볼륨이란 : 명도의 조절에 의해 나타나며 밝은 색상과 어두운 색상으로 표현된다.

예) 같은 무게의 돌이 있다면 밝은 색상과 어두운 색상을 칠했을 때 가벼워 보이는 쪽은?
→ 밝은 색상 쪽이다.

[그림 vi-11] 밝기의 차이에 따른 예시

MEMO

4) 색상 계열과 명도

색상 계열은 차가운 색상의 계열과 따뜻한 색상의 계열로 구분할 수 있다.

염모제의 색상으로 표현을 한다면 차가운 색상은 잿빛, 보라빛, 카키빛(매트한빛)으로 말할 수 있으며, 따뜻한 계열의 색상은 금빛, 구리빛, 자주빛, 적빛을 말할 수 있다.

[표 vi-1] 밝기의 차이에 따른 예시

차가운 계열	따뜻한 계열
차가움, 차분해 보임	따뜻하고 포근함, 경쾌함
남성미 강조	여성미 강조
딱딱한 이미지	부드러운 이미지
명도보다 1/2 레벨 정도 어두워 보이는 시각적 효과	명도보다 1/2 레벨 정도 밝아 보이는 시각적 효과

(1) 밝게 하는 이유

페이스 라인쪽은

좁은 이마를 넓어 보이도록 하기 위하여

진한 눈동자의 색상을 강조하기 위하여

두상의 탑 부분

키가 커보이게 하기 위하여

(2) 어둡게 하는 이유

페이스 라인쪽은

넓은 이마를 좁아 보이도록 하기 위하여

밝은 눈동자를 강조하기 위하여

두상의 탑 부분

키가 작아 보이게 하기 위하여

MEMO

(3) 탑을 밝게, 사이드를 어둡게 하여 얼굴이 길어 보이는 시각적 효과의 예

[그림 vi-12] 밝기의 차이에 따른 예시(자료제공: 웰라 코리아 제공)

5) 영역(Zone) 사이의 명도의 차이

(1) 영역의 의미와 개념

영역(Zone)이란? 두상에서의 넓은 면적을 의미하며, 컬러 디자인 작업 시 존과 존을 구획하여 서로 다른 컬러(색상이나 명도)를 통해 볼륨감을 형성하거나 제거하는 작업을 진행한다.

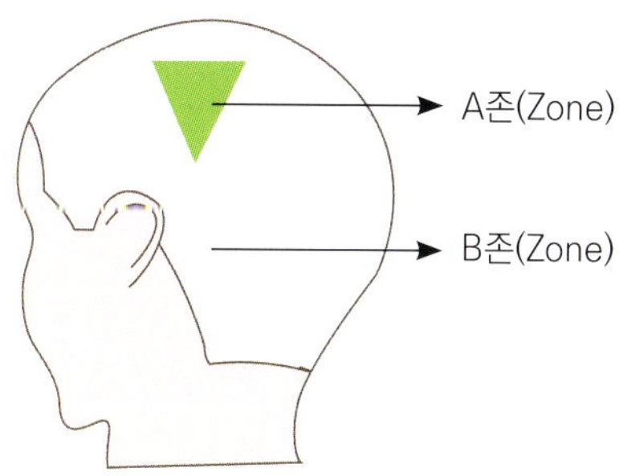

[그림 vi-13] 존과 존의 구분

(2) 영역 사이의 명도 차이 계산

존과 존 사이의 명도 차이를 두는 이유는 볼륨의 형성과 제거를 만들기 위해서이다. 즉 명도의 차이가 나지 않으면 볼륨감이 나타나지 않기 때문이다.

MEMO

[표 vi-2] 밝기의 차이에 따른 예시

밝은 색	↔	어두운 색	↔	숫자상의 최소 레벨차
따뜻한 색	↔	따뜻한 색	↔	2L(8.45/6.45)
차가운 색	↔	차가운 색	↔	2L(8.1/6.1)
따뜻한 색	↔	차가운 색	↔	1L(8.45/7.1)
차가운 색	↔	따뜻한 색	↔	3L(8.1/5.35)

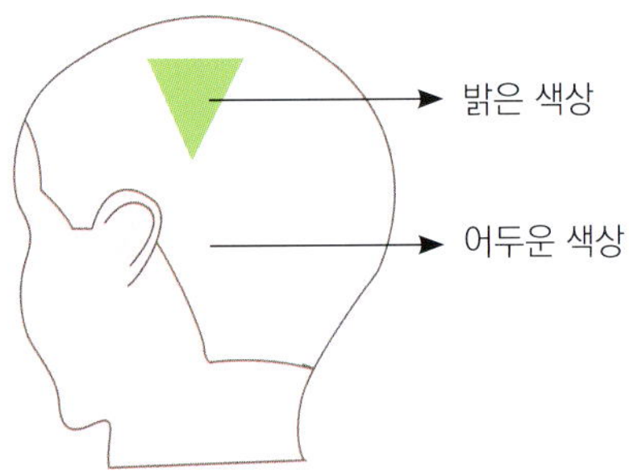

[그림 vi-14] 존과 존의 명도차이

[그림 vi-14]의 예에서 두 영역에서 역삼각형의 패널에 볼륨이 형성을 만들려면 존 선택부분과 주변 부분이 2 레벨의 차이가 있어야 한다.

(3) 영역의 명도 차이 예시

(a) 콘트라스트 효과가 큰 경우

(b) 콘트라스트 효과가 작은 경우

[그림 vi-15] 콘트라스트의 차이를 이용한 디자인의 예(자료 제공: 웰라 코리아)

실습 과제 Ⅱ-6. 질감과 형태 포트폴리오 만들기

1. 실습 준비물

잡지 책 3권, 풀 1개, 가위, 1개

2. 실습 진행 요령(실습 소요시간: 30분)

① 잡지를 활용하여 질감에 따른 이미지의 변화의 이미지를 찾아 각각 오려 스크랩을 한다.

(a) straight(스트레이트)

(b) 약한 컬의 웨이브

(c) 강한 컬의 웨이브

② 잡지를 활용하여 7가지 형태의 이미지를 찾아 각각 오려 스크랩을 한다.

타원형	원형	정방형	삼각형	장방형	마름모형	역삼각형

질감 변화에 따른 이미지 변화 포트폴리오

질감 변화에 따른 이미지 스크랩

형태의 7가지 이미지 포트폴리오

형태의 7가지 구성 스크랩

4. 실습 평가: 평가자 체크리스트

평가 항목		
지식	상	컬러 디자인 이론을 통한 컬러 디자인 요소인 형태(Form), 질감(Texture), 컬러(Color)의 적용이 완벽한 경우
	중	컬러 디자인 이론을 통한 컬러 디자인 요소인 형태(Form), 질감(Texture), 컬러(Color)의 적용은 하나 미숙한 경우
	하	컬러 디자인 이론을 통한 컬러 디자인 요소인 형태(Form), 질감(Texture), 컬러(Color)의 적용이 미숙한 경우
기술	상	스타일의 형태의 7가지 구성에 따른 스타일 포트폴리오의 구성한 결과가 완벽한 경우
	중	스타일의 형태의 7가지 구성에 따른 스타일 포트폴리오의 구성은 하나 결과가 미숙한 경우
	하	스타일의 형태의 7가지 구성에 따른 스타일 포트폴리오의 구성이 미숙한 경우
태도	상	실습준비, 진행과정, 마무리 정리 등 모두 완벽하게 수업에 임한 경우
	중	실습준비, 진행과정, 마무리 정리 중 한 가지라도 부족한 경우
	하	실습준비, 진행과정, 마무리 정리 모두 부족한 경우

자료출처: NCS이용학습모듈, 2016

MEMO

02 컬러 디자인의 테크닉

학습목표

1. 부분 컬러링의 다양한 기법을 이해하고 컬러 디자인 작업에 적용할 수 있다.
2. 컬러 지자인 작업 시 질감과 방향성을 고려하여 작업에 적용할 수 있다.

1. 부분 컬러링의 위빙 테크닉

위빙 테크닉은 부분 컬러링 기법 중 하나로 한 슬라이스 안에서 몇 부분을 잡아 코바늘을 뜨는 것처럼 하여 그 부분을 색상이나 명도의 차이를 이용하는 기법으로 칩의 폭과 길이의 변화를 통해 다양한 효과를 갖는 테크닉이다.

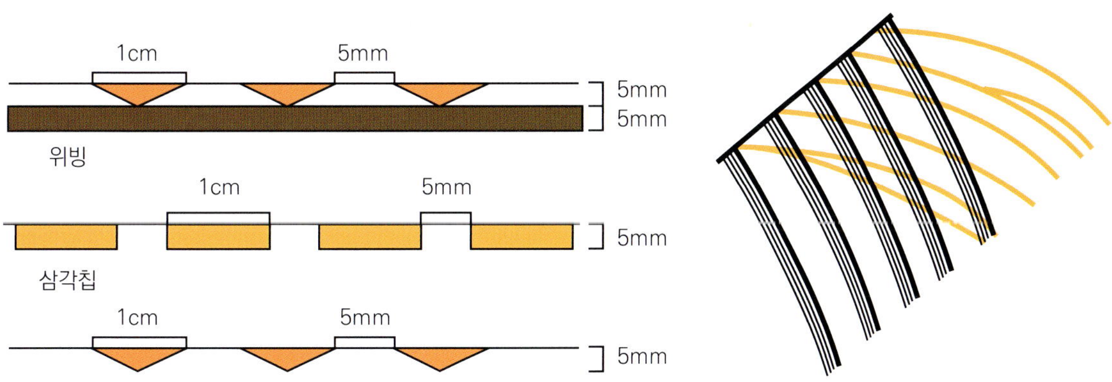

[그림 vi-16] 위빙의 기법

MEMO

2. 부분 컬러링의 슬라이스 테크닉

슬라이스 테크닉은 부분 컬러링 중 하나로 가는 선을 이용하여 부분적 모발의 색상 및 명도의 차이를 이용한 컬러 테크닉으로 다양한 효과를 갖는다.

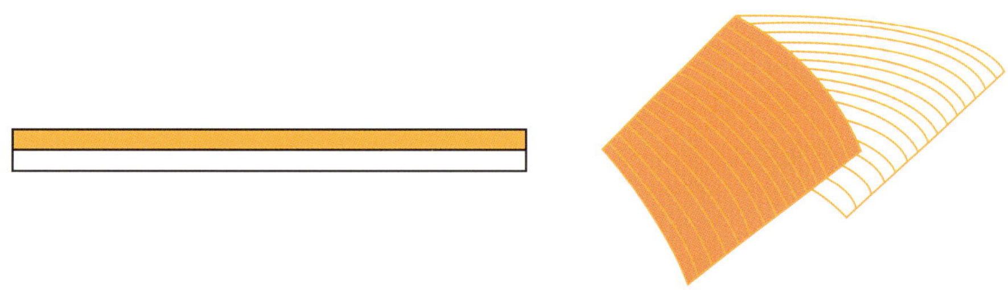

[그림 vi-17] 슬라이스 기법

1) 부분 컬러링의 활용의 예

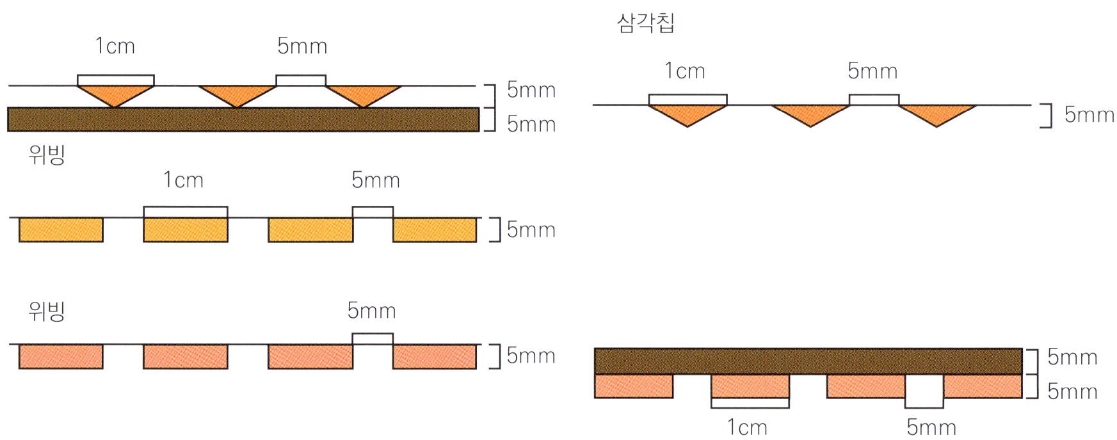

[그림 vi-18] 슬라이스 기법

MEMO

(1) 질감표현

가. 펄(Pearl): 명도 차를 두는 배색(동일색상×명도 차)

■ 색 이미지

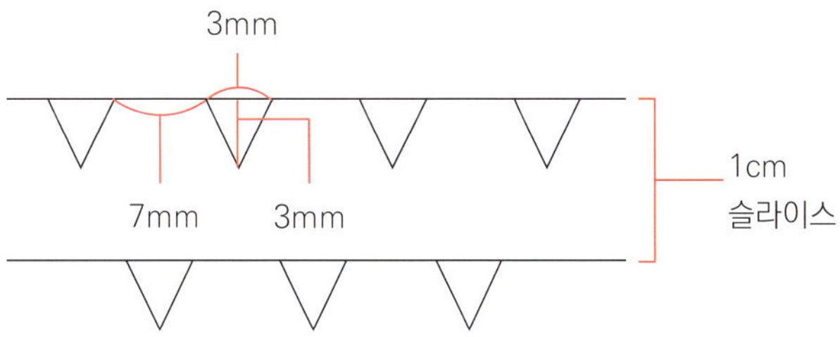

■ 톤 배치표

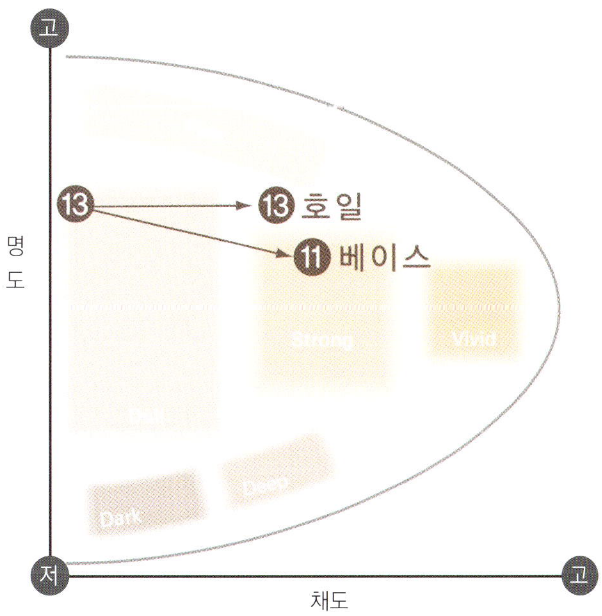

[그림 vi-19] 명도차이의 배색(자료제공: 밀본 코리아)

나. 글로스(Gloss): 색상 차를 두는 배색(동일색상×유사 톤)

MEMO

■ 색 이미지

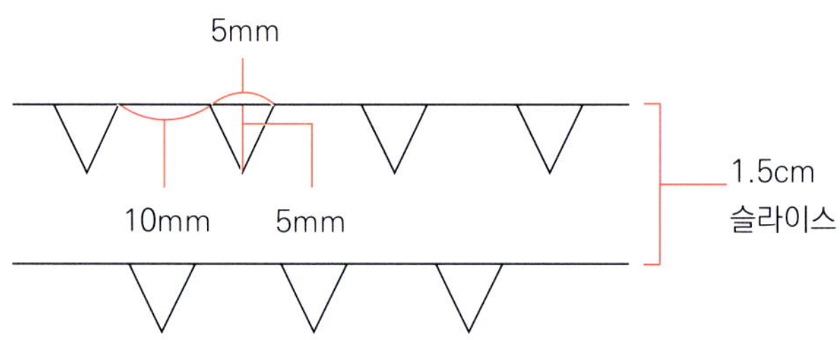

■ 톤 배치표

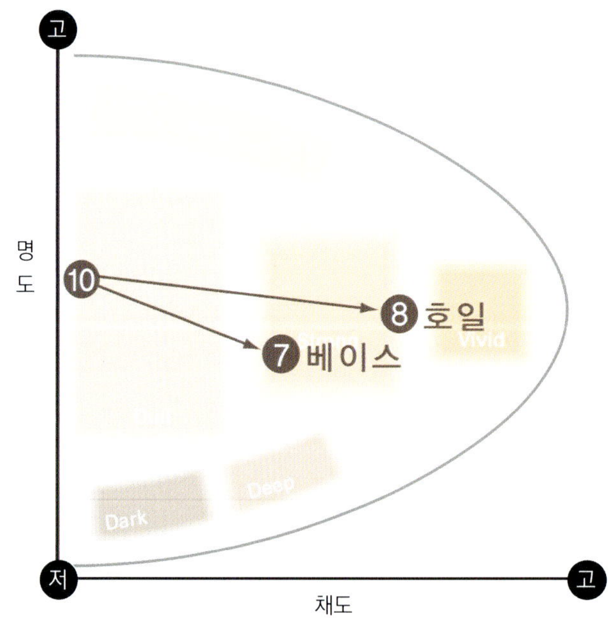

[그림 vi-20] 색상차이의 배색(자료제공: 밀본 코리아)

MEMO

다. 샤인(Shine): 색상 차와 톤 차를 두는 배색(유사색상×명도 차)

■ 색 이미지

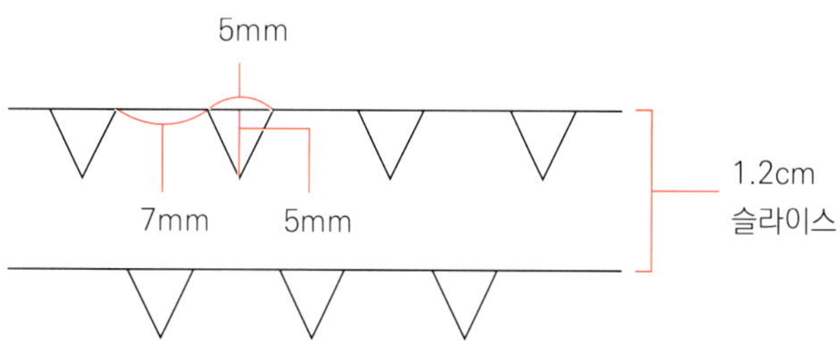

■ 톤 배치표

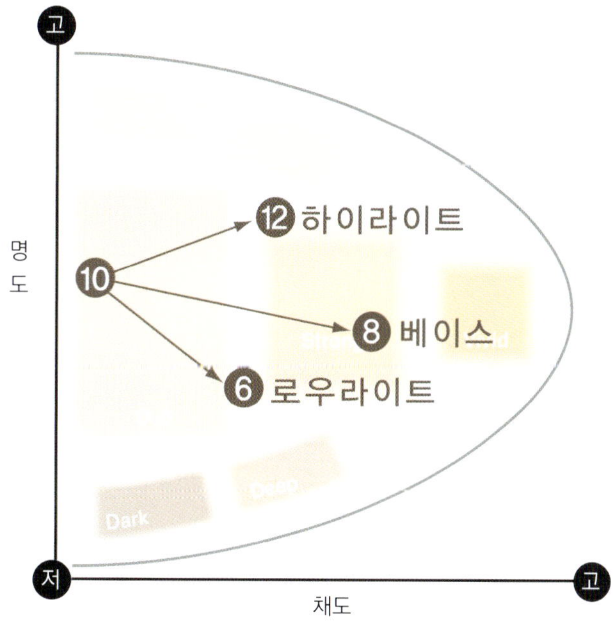

[그림 vi-21] 색상과 톤 차이의 배색(자료제공: 밀본 코리아)

MEMO

3. 위빙과 슬라이스에 따른 질감의 변화

1) 용어의 정리

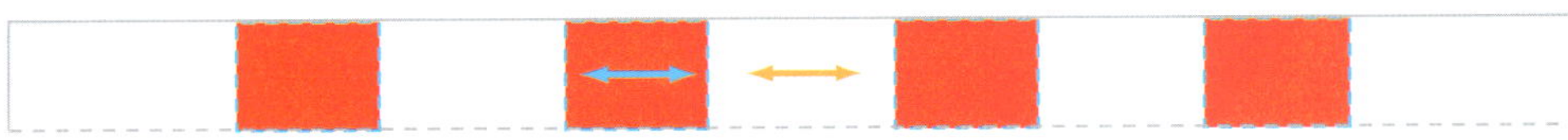

칩(Chip)	꺼낸 머리카락
피치(Pitch)	칩과 칩의 간격

[그림 vi-22] 칩과 피치의 예

2) 위빙의 디자인 효과

Light Up & Down	Movement	Accent
가벼움, 부드러움 등 무거움, 차분함 등	움직임, 입체감 등	강조, 변화 등

3) 크기와 각도에 따른 변화

① 슬라이스의 경우는 머리카락의 흐름에 따라서 슬라이스의 각도를 변화시킴으로써 모발 끝의 질감에 변화를 줄 수 있다.

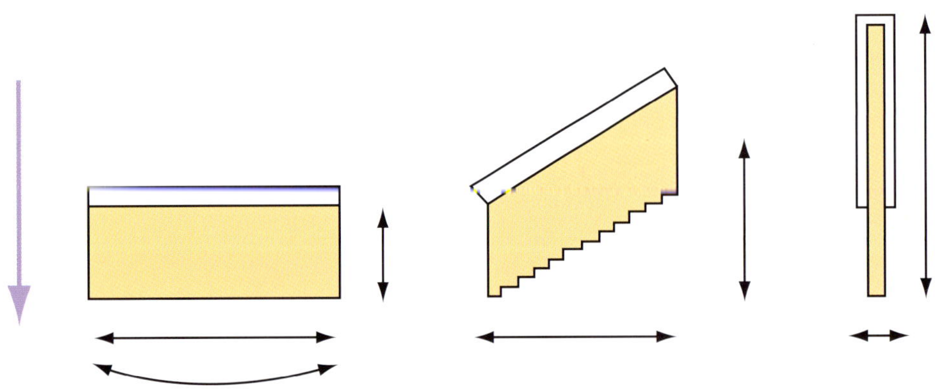

[그림 vi-23] 슬라이스 각도에 따른 질감의 변화

MEMO

② 위빙의 경우는 슬라이스의 각도에 따라 칩과 칩의 간격에 따라 질감의 변화를 줄 수 있다.

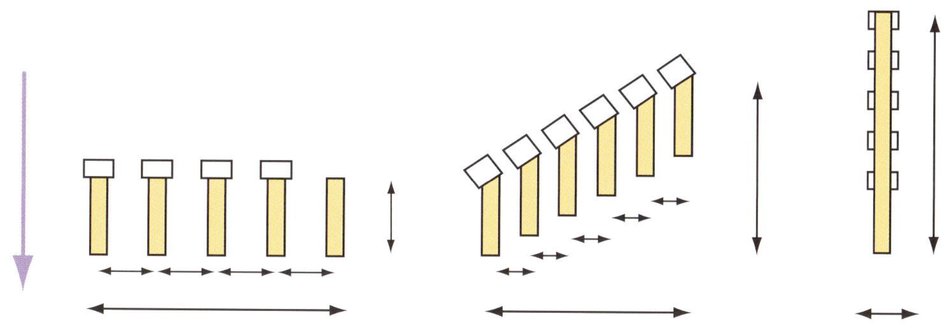

[그림 vi-24] 위빙의 각도에 따른 질감의 변화

4) 색상 배치의 조합에 따른 변화

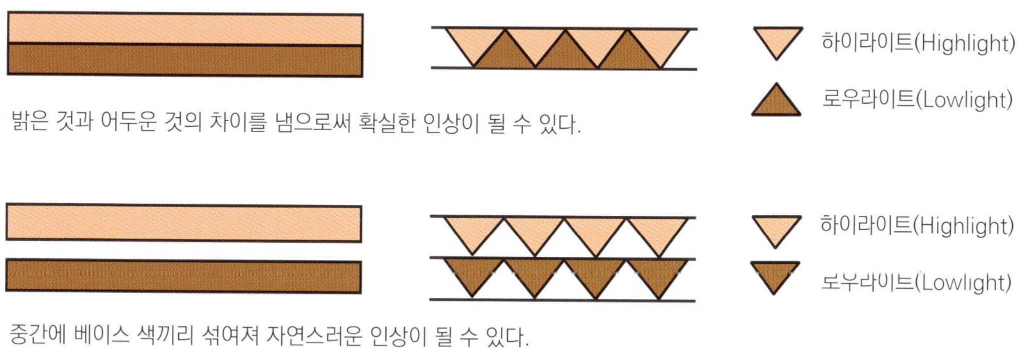

[그림 vi-25] 색상의 배치에 따른 질감의 변화

5) 형태에 따른 질감적 변화

정사각형 형태의 칩을 잡았다 하여도 커트의 형태와 질감이 어떠냐에 따라 표현되는 느낌은 다르게 보일 것이다. 그러나 동일한 형태와 질감에서 서로 다른 모양의 칩을 꺼내었을 때 표현되는 질감과 형태 움직인 볼륨감이 다르게 표현 될 것이다.

MEMO

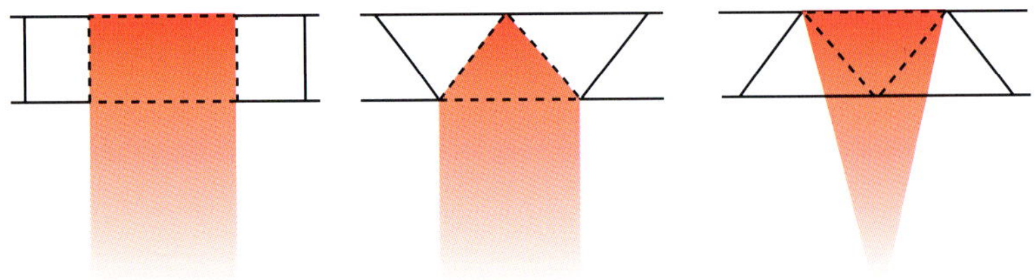

[그림 vi-26] 형태에 따른 질감의 변화

6) 슬라이스의 방향과 칩의 양과의 관계

① 슬라이스의 방향에 따른 결과

그림Ⅵ -27의 ①에서 헤어스타일이 유니폼 레이어로 커트한 것으로 가정을 한다면, 하모니에서 연출된 결과는 표면에서 보다는 길이 끝에서 질감과 움직임의 결과를 만들어 줌으로써 조화로운 이미지 연출에 효과적일 것이며, 반면 콘트라스트의 경우 표면에서부터 질감과 움직임, 볼륨감을 만들어 줌으로써 강조의 이미지 연출에 효과적이라 할 것이다.

② 칩의 양에 따른 결과

아래의 그림Ⅵ -27의 ②에서 하모니와 같이 메쉬를 가늘게 간격을 좁게 많이 넣었을 경우 시각적인 효과가 전체를 염색한 것 같은 결과를 만들어 줌으로써 자연스러운 결과를 연출할 수 있다.

콘트라스트에서 보는 것같이 메쉬를 만들었을 경우는 베이스 부분과 메쉬를 만든 부분의 차이가 커보이므로 시각적으로 대비 효과를 만들어 주어 강조의 이미지를 연출할 수 있다

MEMO

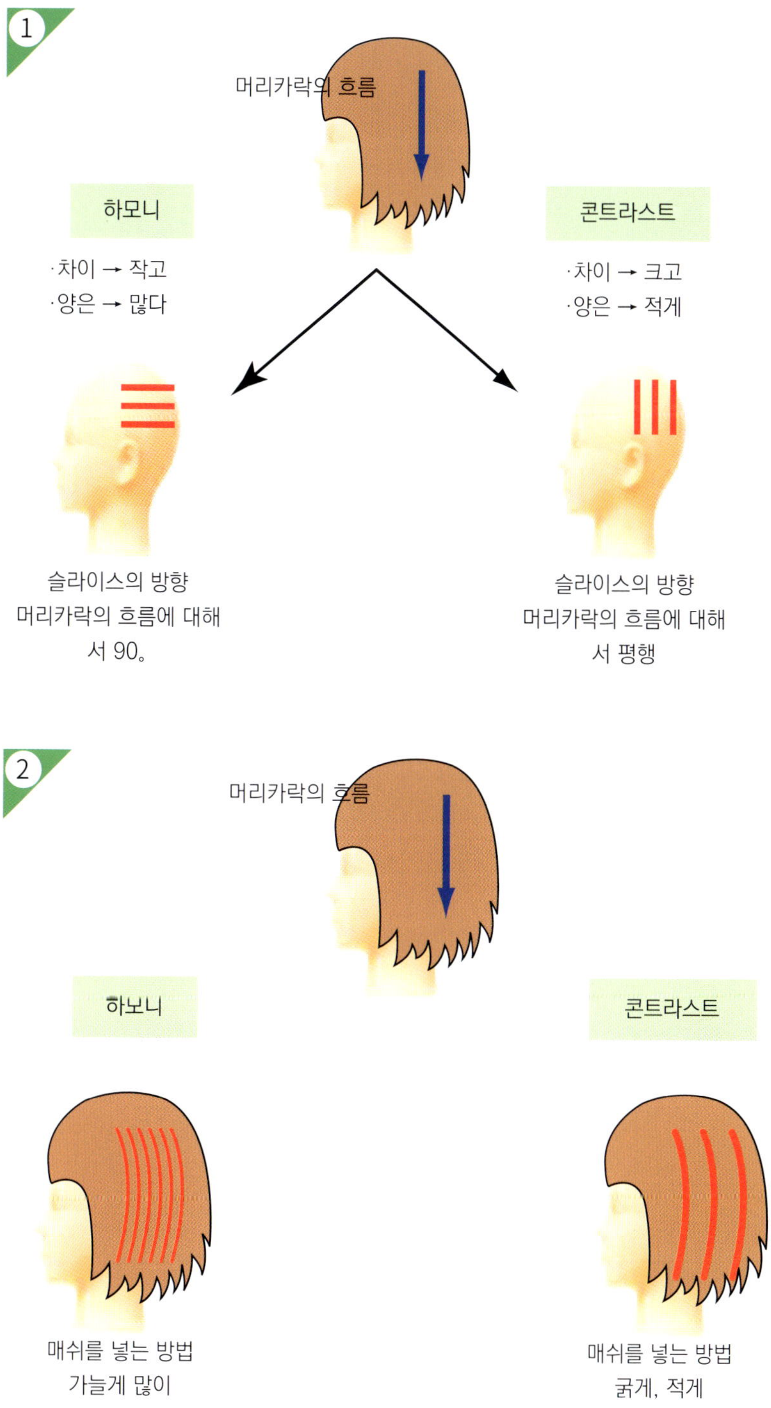

[그림 vi-27] 방향에 따른 질감의 변화와 칩의 양에 따른 질감의 변화

실습 과제 Ⅱ-7. 슬라이스의 위치와 방향에 따른 질감 효과

1. 실습 준비물

염모제, 산화제 20v(6%) 1개, 염색 볼과 브러시 각 1개, 염모제, 헤어클립, 4개, 캡 가발
인모 100% 1개, 민두와 홀더 각 1개, 타월, 헤어드라이어, 롤 브러시, 염색용 장갑

2. 실습 진행 요령(실습 소요시간: 70분)

① 커트의 형태는 유니폼 레이어, 인크리스 레이어, 그레쥬에이션 중 1가지를 선택하여 커트하여 준비한다.
② 그룹을 나눠 5 가지 스타일중 준비한 가발의 형태에 적합한 것 두 가지를 선택하여 작업을 진행한다.

3. 실습 평가: 포트폴리오

평가 항목		
지식	상	형태, 슬라이스와 각도에 따른 질감에 관하여 정확하게 파악하고 정확하게 적용한 경우
	중	형태, 슬라이스와 각도에 따른 질감에 관하여 파악하고 적용은 하나 정확성이 부족한 경우
	하	형태, 슬라이스와 각도에 따른 질감에 관하여 파악과 적용이 미숙한 경우
기술	상	블로킹, 슬라이스의 간격과 방향성의 일정함 등 작업을 정확하고 숙련도가 높은 경우
	중	블로킹, 슬라이스의 간격과 방향성의 일정함 등 작업을 정확하나 숙련도가 부족한 경우
	하	블로킹, 슬라이스의 간격과 방향성의 일정함 등 작업에 숙련도와 정확도가 미숙한 경우
태도	상	실습준비, 진행과정, 마무리 정리 등 모두 완벽하게 수업에 임한 경우
	중	실습준비, 진행과정, 마무리 정리 중 한 가지라도 부족한 경우
	하	실습준비, 진행과정, 마무리 정리 모두 부족한 경우

자료출처: NCS이용학습모듈, 2016

형태의 7가지 이미지 포트폴리오

[그림 vi-28] 슬라이스의 위치와 방향에 움직임과 질감적 효과(자료제공: 밀본 코리아)

MEMO

03 호일워크 테크닉

학습목표

1. 호일 워크 작업 준비와 구획(파팅)을 할 수 있다.
2. 호일 워크 위빙과 호일 작업을 할 수 있다.
3. 헤어스타일에 따른 호일 워크를 할 수 있다

1. 매쉬 텍크닉을 활용한 호일워크 실제

1) 호일워크 작업을 위한 준비

① 작업 전에 호일, 위빙콤, 호일워크 브러쉬, 염모제, 벨트, U핀, 싱글핀, 타월(위빙 콤 뒤끝에 묻어있는 염모제를 닦기 위해 사용)을 트레이 위에 준비해 놓는다.

② 프런트 존: 센터 라인을 중심으로 폭 6cm 길이 3cm를 나눈다.

③ 톱 존과 사이드 존: 센터 라인 위에서 프런트 박스로부터 7cm(호일 폭)의 부분을 기점으로 하여 모발이 자연스럽게 떨어지는 위치에서 E.P~ E.P로 나눈다. 페이스 라인은 관자놀이(프런트 박스에서 약 3cm아래)를, E.P~ E.P라인은 톱으로부터 약 7cm 밑을 각각 묶어서 상하 2등분으로 나눈다.

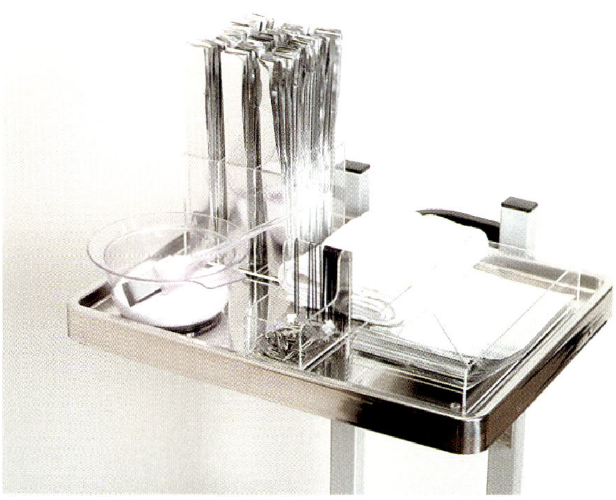

[그림 vi-29] 호일워크를 위한 기본 준비물(자료제공: 밀본 코리아)

MEMO

④ 트라이앵글 존: 센터파트, 톱의 기점에서 약 7cm 밑을 각각 2 존과 3 존, 4 존과 5 존의 파트라인의 연장선 위에서 연결한다.

⑤ 미들 존: 아래의 그림과 같이 9 존이 정사각형이 되도록 밑 선을 그어 각각의 양 꼭짓점과 3 존, 5 존의 귀 뒷부분의 교차점에 연결되어야 한다(8 존, 9 존, 10 존의 가로의 폭은 같게 만들어 주어야 한다).

⑥ 네이프 존: 남아있는 네이프 부분을 센터라인으로 2등분한다.

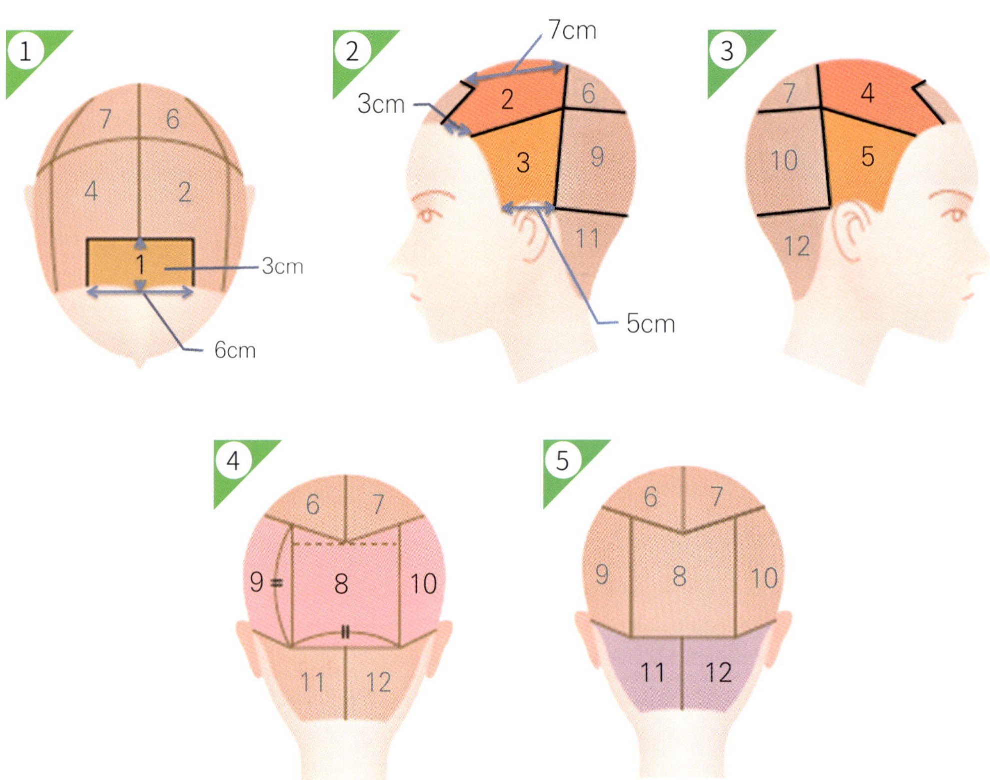

[그림 vi-30] 호일워크를 위하여 각 영역의 블로킹 방법(자료제공: 밀본 코리아)

2) 각 영역별 모발 고정 방법

① 셰이프

빗을 쥐고 있지 않은 손으로 모발의 모근부분을 잡고 빗으로 모다발을 모아서 정돈한다.

② 모발 비틀어 돌리기

모발을 잡고 있는 손으로 모발의 모근부분을 비틀어 그 비튼 손은 고정시킨다.

MEMO

③ **모다발 모아주기**

모다발을 모근부분 둘레로 돌려 감아간다.

④ **고정시키기**

U핀을 사진과 같이 위에서 아래로 꽂는다.(밑에서부터 두 번째 단의 위치)

⑤ **완성**

모근부분을 고정시킨다.

[그림 vi-31] 모발고정의 예(자료제공 밀본 코리아)

⑥ **좋지 않은 예**

각 블로킹의 밑으로 모발 끝부분이나 핀 끝부분이 삐져나오지 않도록 한다.

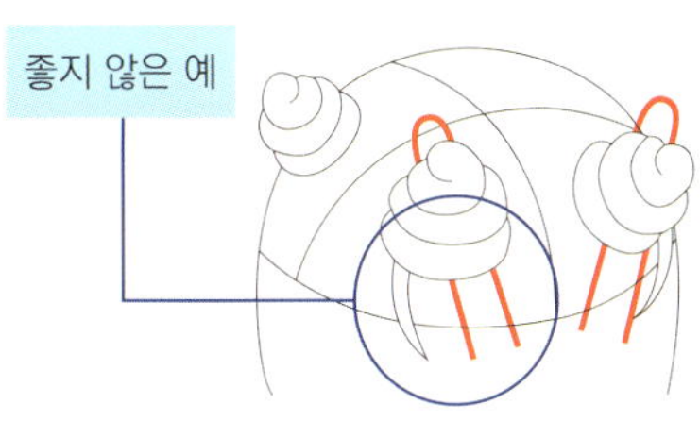

[그림 vi-32] 호일워크를 위하여 각 섹션의 모발 고정 방법(자료제공: 밀본 코리아)

MEMO

3) 블로킹 완성 결과

[그림 vi-33] 호일워크를 위하여 각 섹션의 블로킹 완성 작품(자료제공: 밀본 코리아)

MEMO

4) 호일워크 시 모발 잡는 방법과 칩뜨는 방법

① 슬라이스 한 모발을 검지와 중지 사이에 끼워서 살짝 당긴다.
② 팔꿈치를 손가락과 평행이 되도록 유지한다.
③ 칩을 뜨는 꼬리빗과 두피가 수직이 되도록 한다.
④ V자를 그리듯 칩을 꺼내어 뜬다.

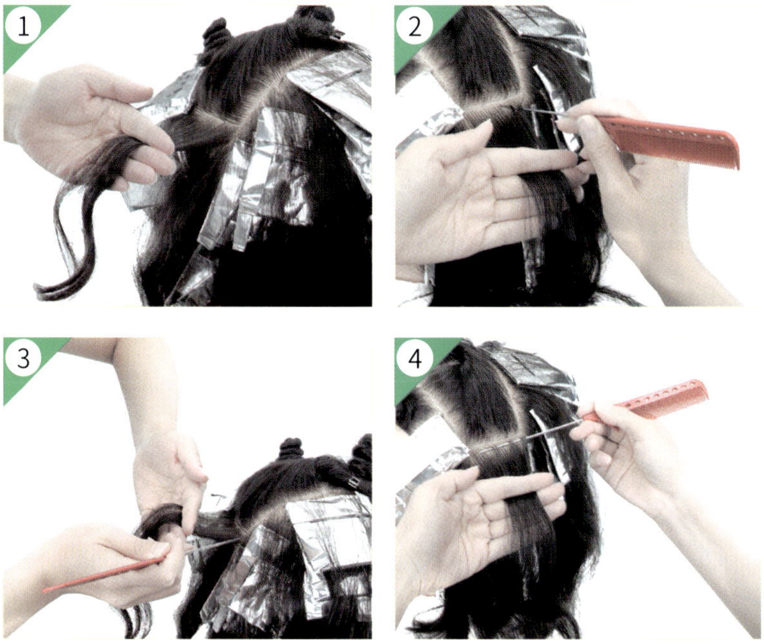

[그림 vi-34] 호일워크를 위한 모발 잡는 법과 칩을 뜨는 방법(자료제공: 밀본 코리아)

① 칩을 뜨는 방법의 좋은 예
② 칩을 뜨는 방법의 좋지 않은 예

[그림 vi-35] 칩뜨는 예시

MEMO

5) 호일 접는 방법

시간 단축과 깨끗한 작업을 위해서는, 호일의 접는 방법이 큰 포인트이며 빠른 작업의 결과를 만들기 위하여 호일과 빗으로만 연습을 한다.

① 손바닥을 펴서 손가락 끝에서 부터 팔꿈치까지 수평이 되도록 펴고 호일을 그 위에 올린다.

② 빗 꼬리를 호일의 중간부분에 대고 받치고 있는 손의 새끼손가락을 위로 올려 호일의 하단 부분을 위로 접는다.

③ 사진과 같이 새끼손가락으로 뒤에서부터 접어 올린다.

④ 꼬리를 넣어 중심을 결정한 채로 지탱하고 있는 손의 엄지손가락으로 호일의 끝과 끝이 빗맞지 않도록 맞춘다.

⑤ 접은 자국이 생기면 꼬리를 빼내어 한 번 더 호일의 아래 1/3의 위치에서 같은 방법으로 지탱하고 있는 새끼손가락을 위로 들어올린다.

⑥ 들어 올려 접은 호일 하단 부분을 엄지손가락으로 고정시키고 꼬리를 빼낸다.

⑦ 사이드를 고정하기 위해서 1cm정도 안쪽으로 빗을 대어 받치고 있는 손바닥에 눌러 가운데로 접어 넣는다.

⑧ 접어 넣을 때 빗살의 등 부분을 눕혀 가볍게 눌러준다(반대쪽도 같은 방법으로 진행한다).

⑨ 완성된 결과

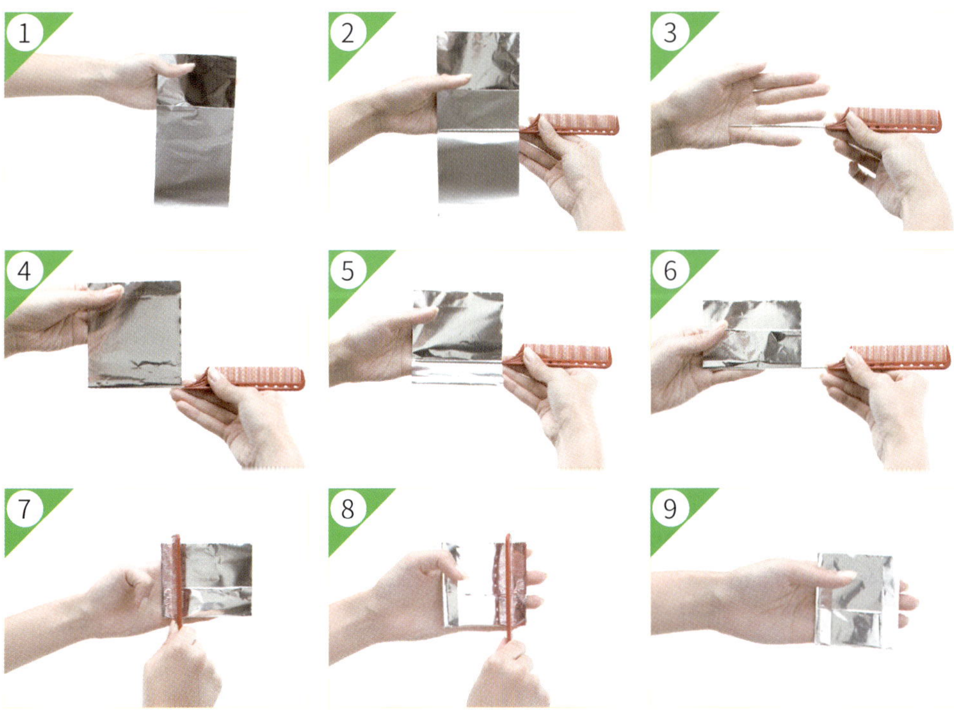

[그림 vi-36] 호일워크를 위한 호일 접는 방법(자료제공: 밀본 코리아)

MEMO

6) 벨트 감는 방법

① 두피에 접촉시켜 모발 뿌리부분위에 한쪽을 짧게 하여 벨트를 놓는다.
② 짧은 쪽 끝을 호일에 맞추어 접고 나머지 한쪽 끝도 호일에 맞춰 아래로 접는다.
③ 호일의 뒤쪽도 벨트가 확실히 두피에 붙도록 돌려 감아 남은 끝을 위로 접어 올리다.
※ 마지막으로 벨트의 양단을 꼭 눌러서 고정한다.
④ 벨트를 감은 완성된 결과
벨트는 반드시 한 바퀴 이상 감는다.

[그림 vi-37] 호일워크를 위한 벨트 감는 방법(자료제공: 밀본 코리아)

Tip 깨끗하게 감는 요령

두피에 접촉시켜 호일의 폭에 맞추어 확실히 접고, 접은 부분을 최종적으로 꽉 죄여준다.

MEMO

7) 영역 별 호일워크 진행 방법

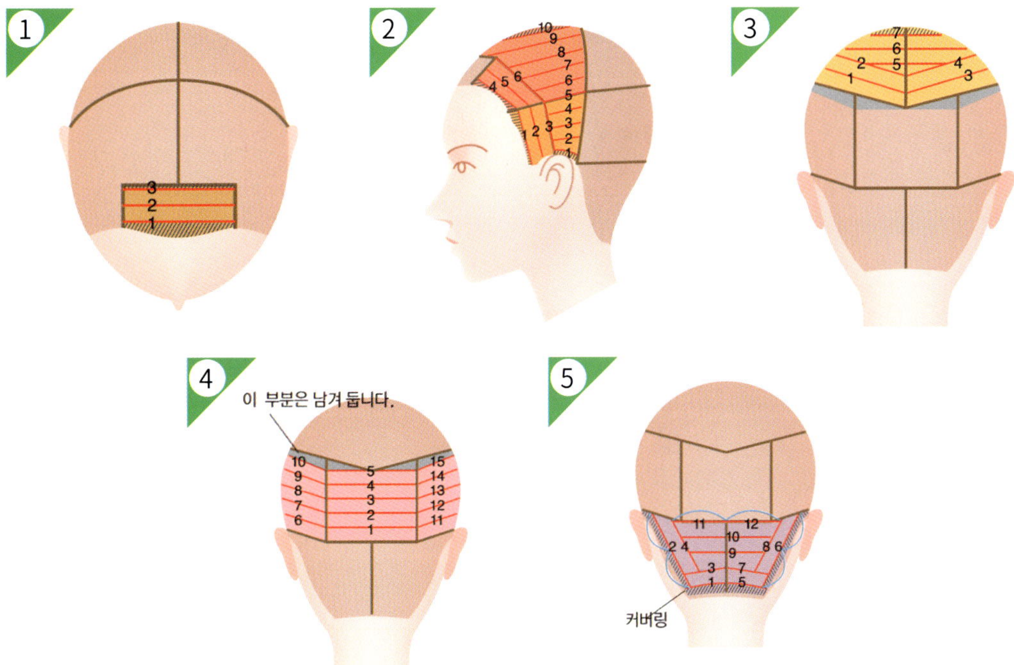

[그림 vi-38] 영역별 호일워크 진행 방법(자료제공: 밀본 코리아)

가. 프런트 존

① 페이스라인 쪽과 앞머리 표면의 튀어나온 부분에 커버링.

② 페이스 라인은 5mm 슬라이스로, 나머지는 1cm 슬라이스로 뜬다.

나. 톱 존과 사이드 존

① 페이스라인에 따라서 3장을 세로로 붙인다.

② 커버링이 있기 때문에 페이스라인의 첫 장은 페이스라인에 따라서 5mm 슬라이스로 나머지는 1cm의 슬라이스로 떠 나간다. 페이스라인에 따라서 3장을 세로로 붙인다.

다. 트라이앵글 존

① 미들 존 상단의 남은 부분을 첫 번째 슬라이스로 하여 1cm 간격으로 좌우 2장씩 떠서 사이의 남아있는 부분을 바닥과 수평이 되도록 같은 방법으로 뜬다.

② 마지막 파트 라인에는 2mm의 커버링을 남겨둔다.

MEMO

라. 미들 존

① 1cm슬라이스로 각 블럭에 5장씩 떠 나갑니다.
② 센터 블럭의 가장 윗부분의 라인이 M자로 되어있기 때문에 그 양쪽의 튀어져 나온 부분은 뜨지 않는다.

마. 네이프 존

① 네이프 라인의 첫 번째 장은 5mm 슬라이스로 떠서 2mm의 커버링이 남도록 한다.
② 두 번째 장 이후로는 1cm슬라이스로 진행해 간다.
③ 네이프 사이드를 호일링 할 때에는 확실히 팔꿈치를 들고 손의 각도에 주의한다.

8) 호일워크 작업 순서

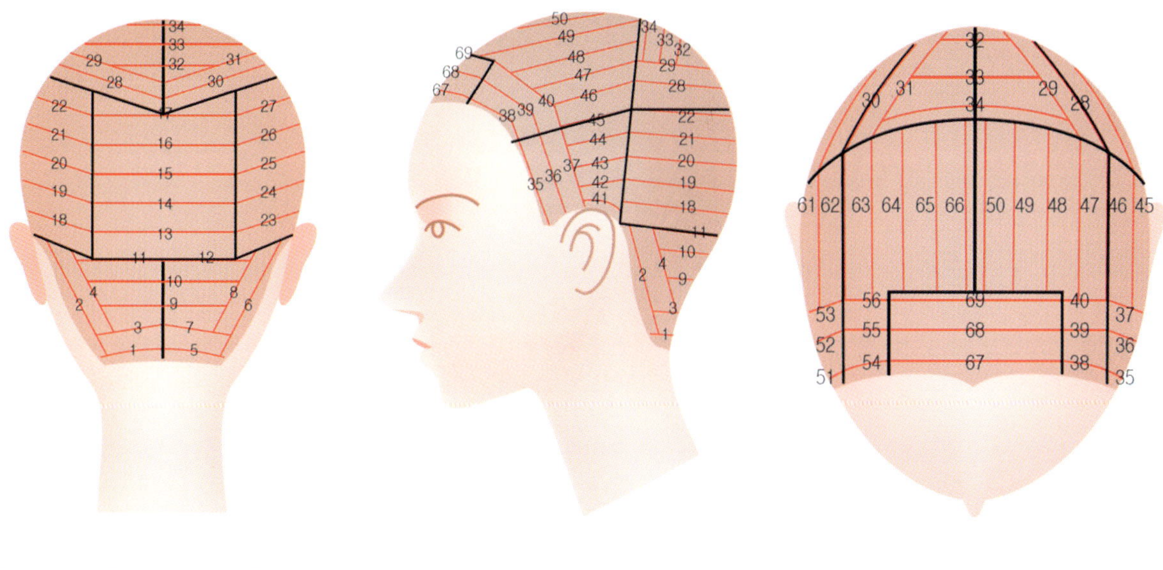

[그림 vi-39] 호일워크 작업 순시(지교제공: 밀본 코리아)

호일워크 작업 체크 포인트	
1	올바른 눈높이를 유지하며 시술하고 있는가?
2	팔꿈치는 슬라이스에 평행 한가?
3	슬라이스는 깨끗하고 정확한가?
4	칩은 정확한가?
5	받치고 있는 손과 빗을 쥐고 있는 손이 고정되어, 흔들림 없이 칩이 떠지는가?
6	도포 량은 적절한가?
7	염모제의 누출은 없는가?
8	모발 뿌리부분까지 호일 링이 되어져 있는가?
9	블럭 워크(벽돌 쌓기)는 정확한가?
10	커버링은 잘 되어 있는가?
11	벨트는 정확하게 감겨 있는가?
12	모발 끝 부분의 처리는 잘 되어있는가?
13	배열은 깨끗한가?

MEMO

MEMO

2. 호일워크의 응용

아래의 그림에서와 같이 고객의 스타일에 웨이브가 있을 경우 사이드 섹션과 네이프 섹션에 슬라이스를 세로로 하여 슬라이싱을 넣음으로 모발의 질감을 강조할 수 있다.

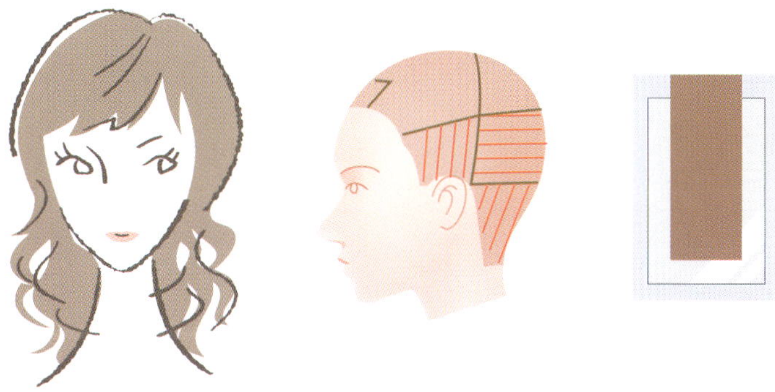

[그림 vi-40] 웨이브 스타일에서의 질감표현의 예시(자료제공: 밀본 코리아)

질감을 강조하기 위해서는 칩의 폭을 넓게 만들어 표현할 수 있고, 각 섹션마다 칩의 폭을 그라데이션하여 자연스럽게 표현된다.

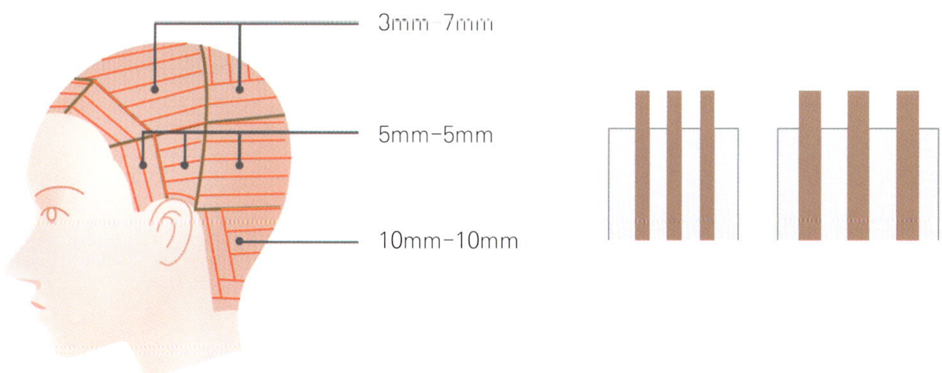

[그림 vi-41] 웨이브 스타일에서의 질감표현의 예시(자료제공: 밀본 코리아)

MEMO

1) 앞머리(뱅)에 대한 호일의 배치 방법

뱅(앞머리)에 헤비 사이드가 있는 경우

앞머리 부분의 섹셔닝을 비스듬히 삼각형으로 나누어

Harmony

모류에 대해서 수직으로 붙인다.

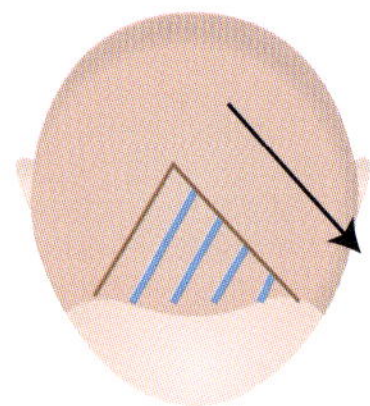

Contrast

평행으로 붙인다.

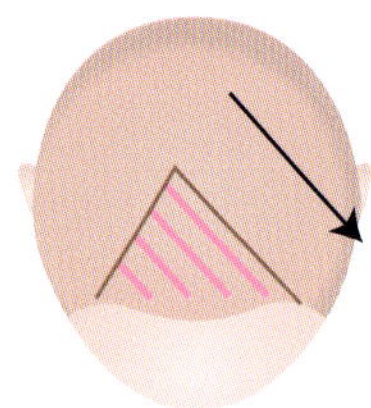

뱅(앞머리)에 가르마가 없는 경우

Harmony

페이스 라인측으로 모류에 대해서 수직으로 붙여 간다.

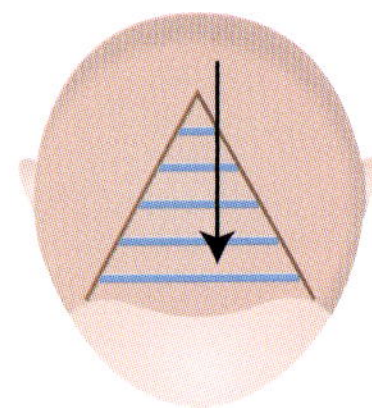

Contrast

센터에서 모류에 대해서 평행으로 붙여간다.

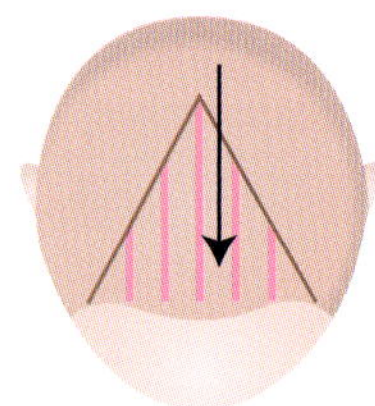

뱅(앞머리)가 앞가르마인 경우

Harmony

앞가르마에서 모류에 대해 수직으로 붙여간다. 톱 부분은 폭이 넓기 때문에 2장으로 나누어 붙인다.

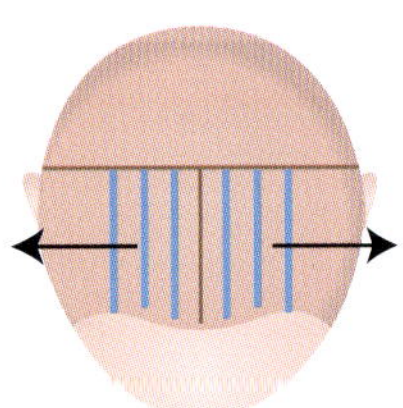

Contrast

앞가르마에 대해서 평행으로 붙여간다.

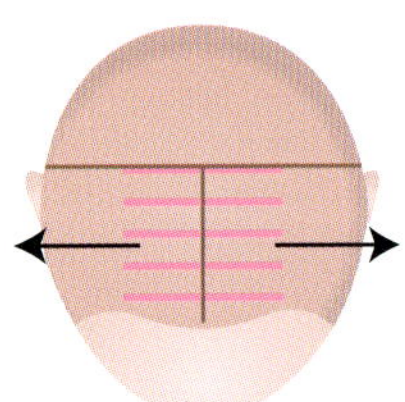

[그림 vi-42] 앞머리에 대한 호일의 위치(자료제공: 밀본 코리아)

MEMO

2) 스타일에 의한 호일의 배치 방법

(1) 보브 스타일의 호일 워크

보브 스타일

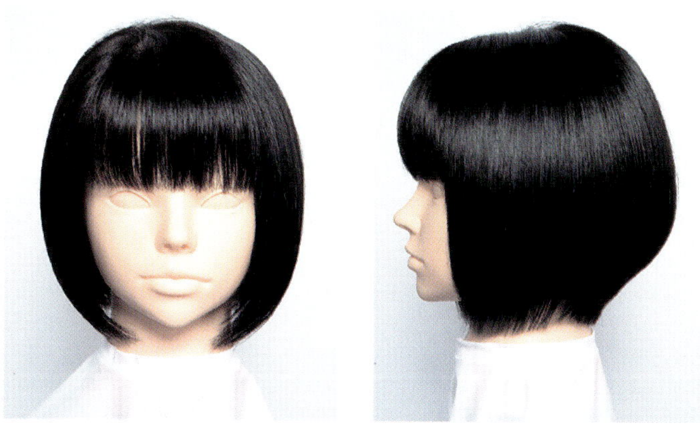

[그림 vi-43] 스타일에 의한 호일배치(자료제공: 밀본 코리아)

표면에 모발이 전체를 뒤덮고 있기 때문에 표면과 사이드만 시술한다.

미들-네이프섹션을 생략한다.

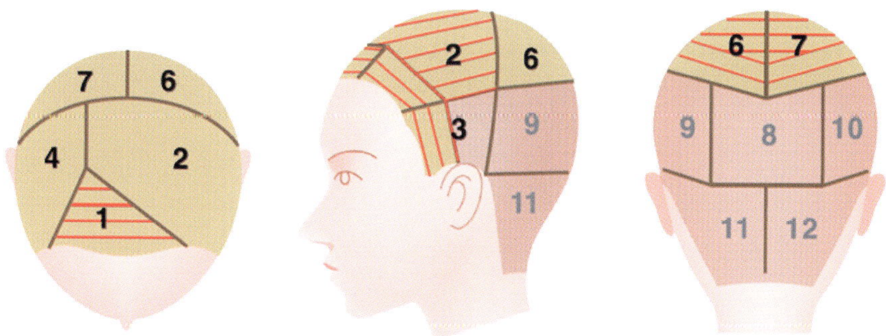

MEMO

(2) 레이어 스타일의 호일 워크

레이어 스타일

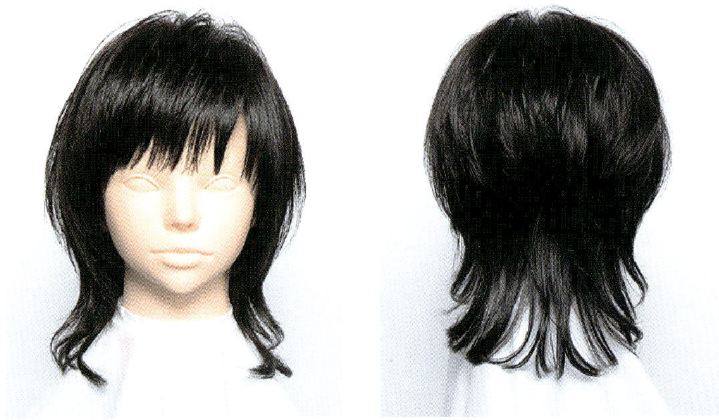

[그림 vi-44] 스타일에 의한 호일배치(자료제공: 밀본 코리아)

미들섹션이 거의 뒤덮는 양이 많은 스타일의 경우는 표면-사이드-네이프에 시술한다.

미들섹션을 생략한다.

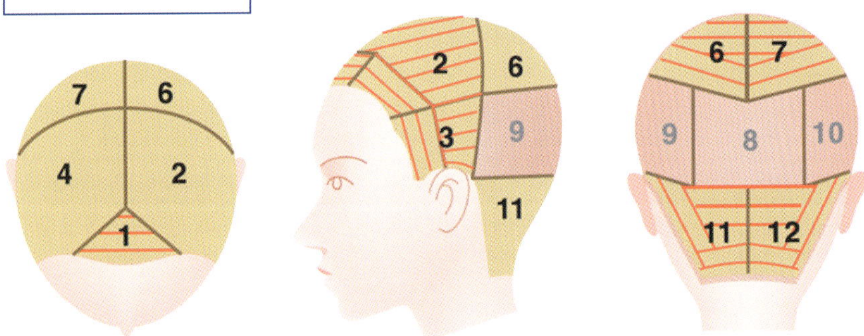

MEMO

(3) 무게감 있는 레이어 스타일의 호일 워크

무게감 있는 레이어 스타일

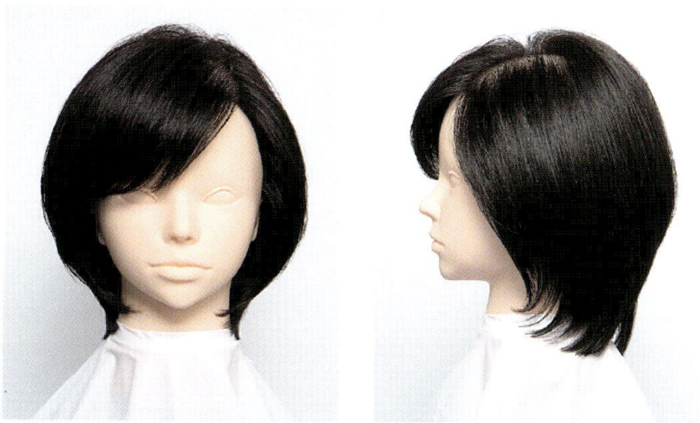

[그림 vi-45] 스타일에 의한 호일배치(자료제공: 밀본 코리아)

네이프 섹션이 두꺼운 경우는 네이프 섹션 이외에 시술합니다.

네이프 섹션을 생략한다.

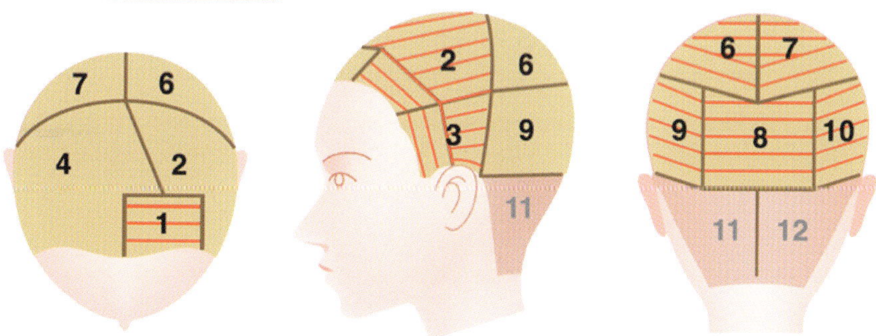

실습 과제 Ⅱ-8. 호일워크 테크닉 활용

1. 실습 준비물

염모제, 산화제 20v(6%) 1개, 염색 볼과 브러시 각 1개, 호일, 위빙콤, 호일워크 브러쉬, 염모제, 벨트, U핀, 클립, 4개, 캡 가발, 인모 100% 1개, 민두와 홀더 각 1개, 수건, 드라이기, 롤 브러시, 염색용 장갑

2. 실습 진행 요령(실습 소요시간: 90분)

(1) 블로킹 작업순서

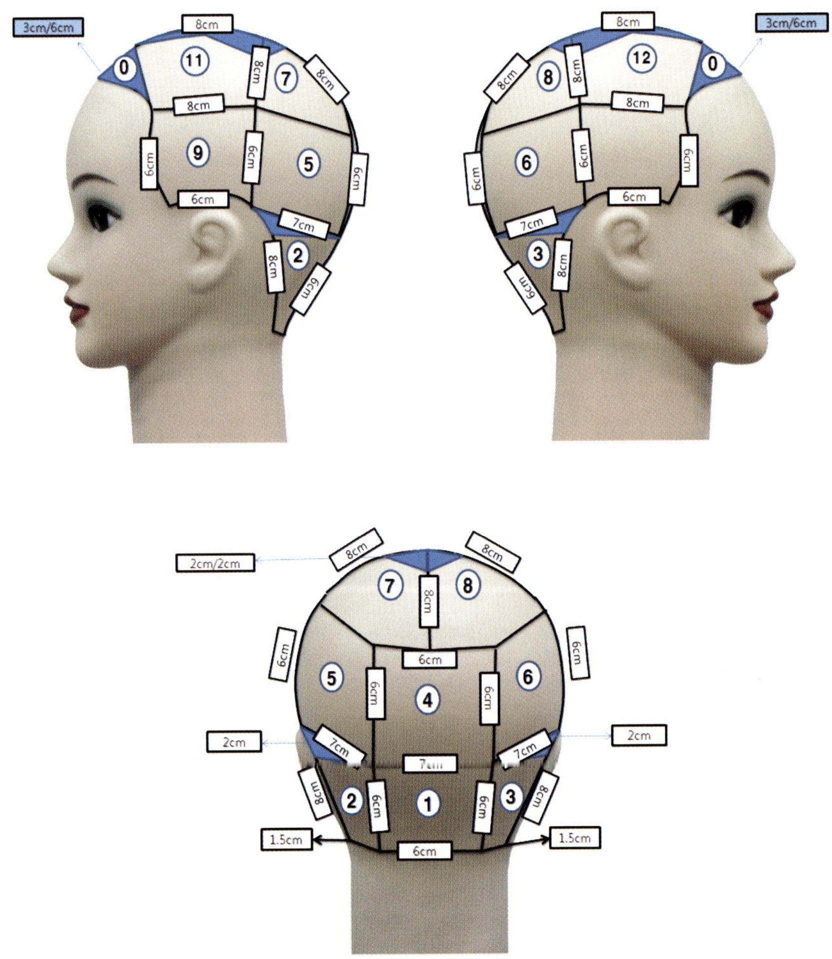

[그림 vi-46] 호일워크를 위한 블로킹

(2) 칩과 피치, 블링크의 간격

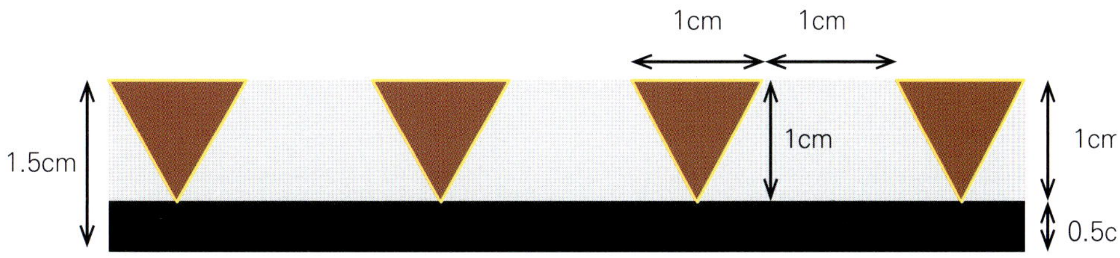

칩(Chip) - 1cm	꺼낸 머리카락
피치(Pitch) - 1cm	칩과 칩의 간격
블랭크(Blank) - 0.5cm	아무것도 처리하지 않았던 부분

[그림 vi-47] 칩과 피치, 블링크의 간격

(3) 네이프 존(Zone)

① 네이프 존의 첫 번째 장은 1.5cm 섹션을 떠 하단 5mm 남겨두고 1cm 슬라이스로 가로 1cm 칩을 3개 만들며, 피치는 1cm 간격을 유지한다.
② 동일한 방법으로 4장의 호일워크 작업을 진행한다.
③ 네이프 사이드는 첫 번째 단은 칩의 개수가 한 개, 두 번째 단과 세 번째 단은 각각 칩의 개수가 2개 네 번째 단은 칩을 3개 만든다.

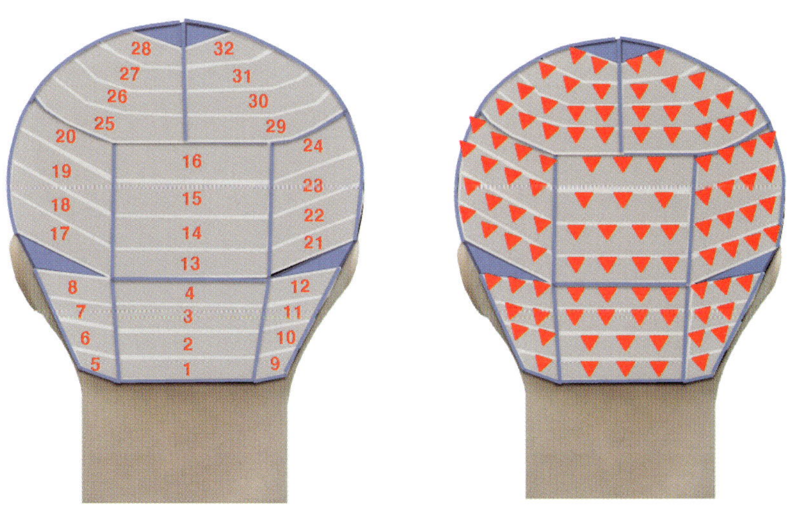

[그림 vi-48] 호일워크 작업의 순서와 칩의 개수

(4) 미들 존(Zone)

① 미들 존의 첫 번째와 두 번째 단은 1.5cm 섹션을 떠 하단 5mm 남겨두고 1cm 슬라이스로 가로 1cm 칩을 4개 만들며, 피치는 1cm 간격을 유지한다.
② 라인의 세 번째 장과 네 번째 단은 1.5cm 섹션을 떠 하단 5mm 남겨두고 1cm 슬라이스로 가로 1cm 칩을 3개 만든다.
③ 미들 존 사이드는 첫 번째 단은 1.5cm 섹션을 떠 하단 5mm 남겨두고 1cm 슬라이스로 가로 1cm 칩을 4개 만든다.
④ 동일한 방법으로 4장의 호일워크 작업을 진행한다.

(5) 트라이앵글 존(Zone)

① 트라이앵글 존의 첫 번째 단은 1.5cm 섹션을 떠 하단 5mm 남겨두고 1cm 슬라이스로 가로 1cm 칩을 5개 만들며, 피치는 1cm 간격을 유지한다.
② 두 번째 단은 1.5cm 섹션을 떠 하단 5mm 남겨두고 1cm 슬라이스로 가로 1cm 칩을 4개 만든다.
③ 세 번째 단은 1.5cm 섹션을 떠 하단 5mm 남겨두고 1cm 슬라이스로 가로 1cm 칩을 3개 만든다.
④ 네 번째 단은 1.5cm 섹션을 떠 하단 5mm 남겨두고 1cm 슬라이스로 가로 1cm 칩을 2개 만든다.

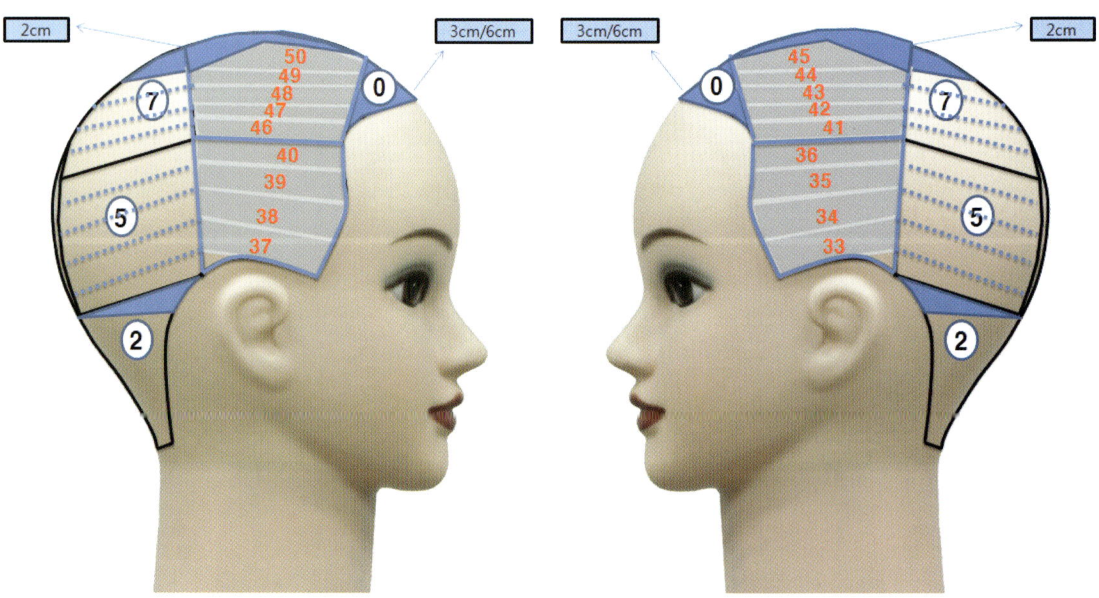

[그림 vi-49] 호일워크 작업의 순서

(6) 사이드 존(Zone)

① 사이드 존의 첫 번째 단은 1.5cm 섹션을 떠 하단 5mm 남겨두고 1cm 슬라이스로 가로 1cm 칩을 5개 만들며, 피치는 1cm 간격을 유지한다.
② 두 번째 단은 1.5cm 섹션을 떠 하단 5mm 남겨두고 1cm 슬라이스로 가로 1cm 칩을 4개 만든다.
③ 동일한 방법으로 3장의 호일워크 작업을 진행한다.

(7) 톱 존(Zone)

① 톱 존의 첫 번째 단은 1.5cm 섹션을 떠 하단 5mm 남겨두고 1cm 슬라이스로 가로 1cm 칩을 4개 만든다.
② 동일한 방법으로 5장의 호일워크 작업을 진행한다.

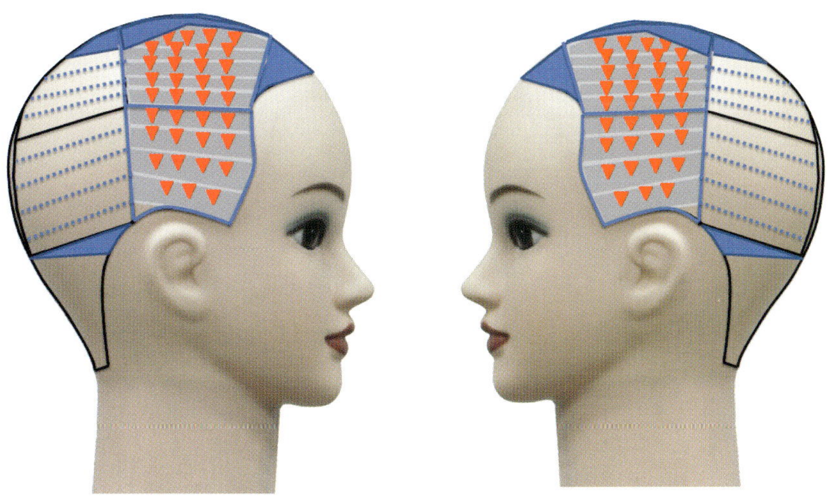

[그림 vi-50] 호일워크 작업의 순서와 칩의 개수

(8) 호일워크 작업시간 40분

블로킹 시간: 4분
호일워크 작업 전체 작업 시간: 33분 20초(슬라이스 당 40초)
마무리 작업 시간: 2분 40초

[표 vi-3] 호일워크의 호일과 칩의 개수, 호일워크 시간

두상의 영역	호일 수	칩의 개수	호일워크 시간
네이프 존(Zone)	12장	30개	8분
미들 존(Zone)	12장	46개	8분
트라이앵글 존(Zone)	8장	28개	5분 20초
사이드 존(Zone)	8장	30개	5분20초
톱 존(Zone)	10장	40개	6분 40초

자료출처: NCS미용학습모듈, 2016

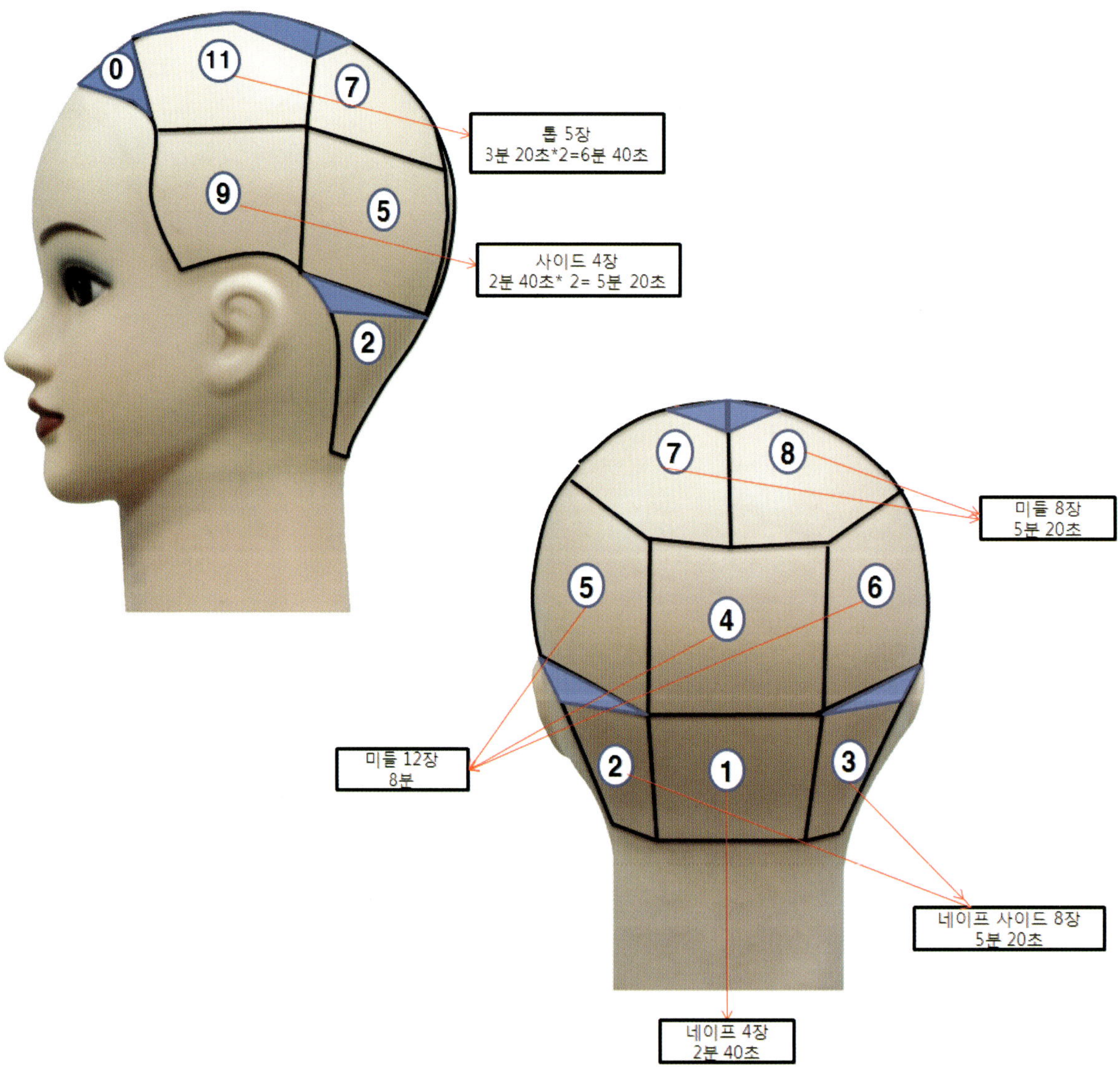

[그림 vi-51] 각 영역별 호일워크 작업시간과 호일개수

4. 실습평가: 작업장 평가

평가 항목		
지식	상	블로킹은 정확하게, 칩과 피치 그리고 블링크는 일정하고, 칩의 개수 등 정확하게 적용할 수 있는 경우
	중	블로킹은 정확하게, 칩과 피치 그리고 블링크는 일정하고, 칩의 개수 등 적용하나 정확하지 못하는 경우
	하	블로킹은 정확하게, 칩과 피치 그리고 블링크는 일정하고, 칩의 개수 등 적용하지 못하는 경우
기술	상	작업의 자세와 팔의 각도, 호일 접기, 염모제의 누수는 없고, 도포 량은 적절하게 숙련된 작업을 정확하게 진행하는 경우
	중	작업의 자세와 팔의 각도, 호일 접기, 염모제의 누수는 없고, 도포 량은 적절하게 작업은 진행하나 숙련도는 미숙한 경우
	하	작업의 자세와 팔의 각도, 호일 접기, 염모제의 누수는 없고, 도포 량 등 작업의 숙련도와 정확성 모두 미숙한 경우
태도	상	실습준비, 진행과정, 마무리 정리 등 모두 완벽하게 수업에 임한 경우
	중	실습준비, 진행과정, 마무리 정리 중 한 가지라도 부족한 경우
	하	실습준비, 진행과정, 마무리 정리 모두 부족한 경우

자료출처: NCS이용학습모듈, 2016

MEMO

04 컬러 디자인의 실제

학습목표

1. 하모니 컬러 디자인과 콘트라스트 컬러 디자인 대하여 이해하고 고객의 이미지에 따른 컬러 디자인 작업에 적용할 수 있다.

1. 컬러 디자인의 실무 예시

1) 내추럴 레이어링 컬러

고객의 내추럴한 면을 부각하여 고급스러움으로 향상시켜 줄 수 있는 컬러 스타일로 연속 컬러 테크닉이 색상을 강조해주며 다차원 컬러 효과를 만들어 준다.

자연의 여신을 테마로 영감을 받아 여성의 우아한 면을 강조한 룩으로 따뜻한 계열의 컬러와 악센트 컬러로 관능적인 매력을 선사한다. 커트와 스타일은 자연의 움직임에서 영감을 받아 웨이브를 넣거나 가볍게 레이어링 하는 스타일이다.

(1) 스텝 바이 스텝 연속 컬러 테크닉

① 탑에 U블럭을 부드러운 곡선 섹션으로 뜬다.
② 왼쪽 프론트 사이드를 따라, A색상으로 사선 슬라이스에 도포한다.
③ 호일을 길게 사용하고 한번만 접는다.
④ 두 번째 슬라이스는 호일에 직접 B색상을 도포한다.
⑤ 호일을 다시 접는다.
⑥ 섹션사이를 남기고, 다음 호일에는 동일한 방식으로 C와 D색상을 도포한다.
⑦ 동일한 방식으로 사이드가 완성될 때까지 반복한다.
⑧ 반대 사이드도 반복한다.
⑨ 마직 막으로 호일을 제외한 나머지 모발에 E색상을 도포한다.
⑩ 디자인 호일 작업 결과.

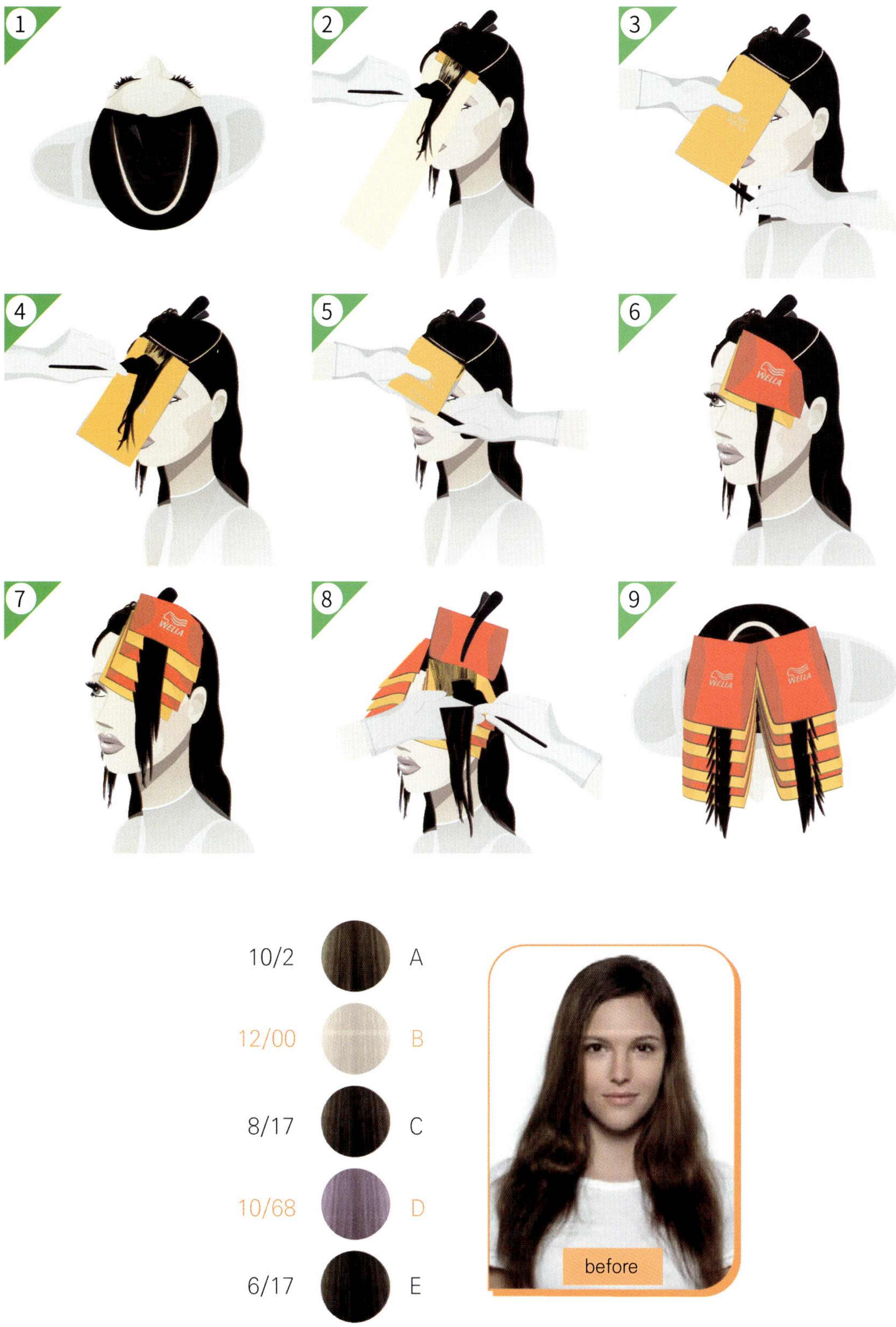

[그림 vi-52] 컬러 디자인 사용 색상

MEMO

[그림 vi-53] 디자인 컬러 결과(자료제공: 웰라 코리아)

MEMO

2) 다이나믹 컬러

트위스트 되는 레드 계열 색에 영감을 받아 구릿빛, 레드, 딥 바이올렛, 선명한 레드 계열색상이 고객들의 개성표현을 도와줍니다. 선명한 레드컬러는 물결 컬러 테크닉으로 생동감 있게 표현된다.

글로벌 문화에 영감을 받은 스타일로, 체계적인 커트를 바탕으로 다른 텍스처와 스타일이 하나의 룩으로 혼합되는 것을 보여주는 스타일리쉬한 룩이다. 통일된 계열의 컬러를 다양하게 활용하여 에너지 넘치는 헤어를 연출하는 것이 핵심이다.

(1) 스텝 바이 스텝 물결 컬러 테크닉

① 초승달 패널로 섹션을 뜬다.
② 초승달 패널안의 첫 번째 슬라이스는 A색상을 도포하고, 두 번째 슬라이스는 B색상으로 백투백 방식으로 도포한다.
③ A, B, C색상은 교대로 도포하여 초승달 패널을 커버할 때까지 작업한다.
④ 마지막으로 호일을 제외한 나머지 모발에 D색상을 도포한다.
⑤ 디자인 호일 작업 결과.

MEMO

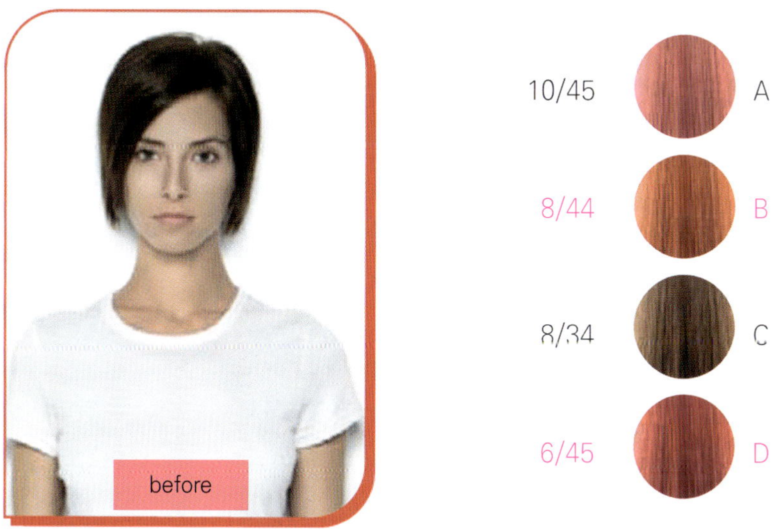

[그림 vi-54] 컬러 디자인 사용 색상

MEMO

[그림 vi-55] 디자인 컬러 결과(자료제공: 웰라 코리아)

MEMO

부분 컬러링의 다양한 활용

각각의 도해도 마다 어떠한 cut에 디자인이 되었을 때 가장 이상인지 생각해 보자.
또한 각 디자인마다 조화와 강조연출의 스타일을 만들어 보자.

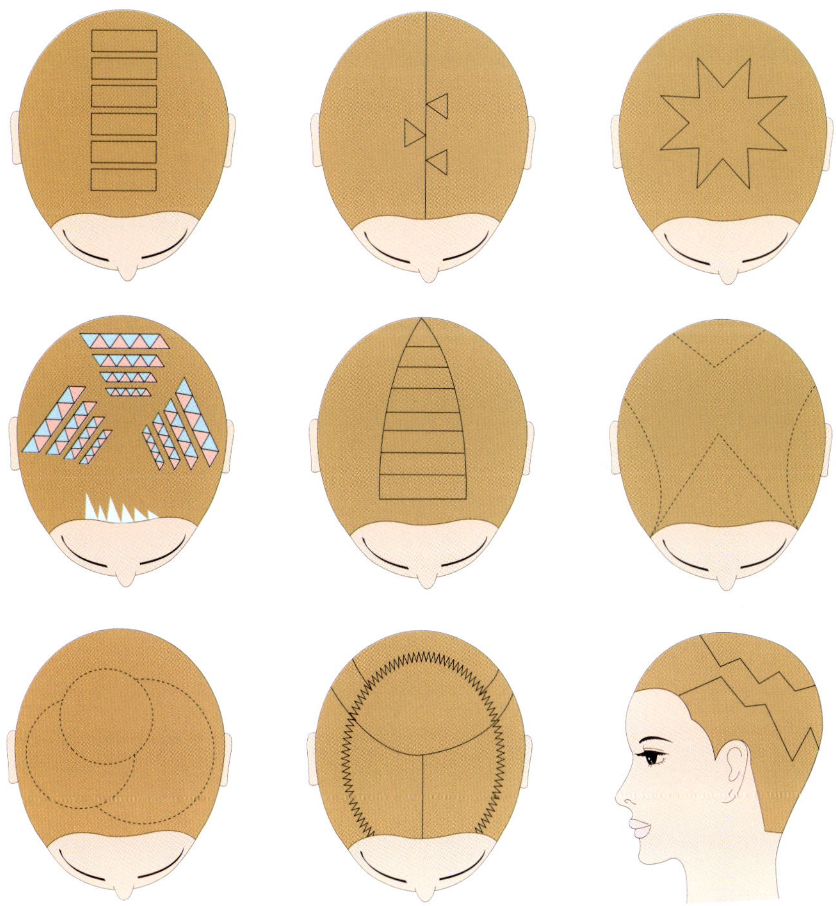

[그림 vi-56] 다양한 디자인 파팅의 예시

실습 과제 Ⅱ-9. 컬러 디자인 포트폴리오 만들기

1. 실습 준비물

염모제 희망색상 3가지, 탈색제 500g 1개, 산화제 20v(6%) 1개, 염색 볼과 브러시 각 3개, 호일 1롤, 클립, 4개, 캡 가발, 인모 100% 1개, 민두와 홀더 각 1개, 수건, 헤어드라이어, 롤 브러시, 염색용 장갑

2. 실습 진행 요령(실습 소요시간: 180분)

① 컬러 디자인 하고자하는 주제와 영감에 관하여 선정과 스토리를 만들자.
② 컬러 디자인 하고자 생각하는 커트 도해도와 컬러 도해도 그리고 이미지 맵을 작업한다.
③ 컷팅된 가발을 도해도에 입각하여 파팅한다.
④ 해당되는 영역 별로 작업순서에 입각하여 진행한다.
⑤ 모델의 전과 후의 사진을 촬영하여 포트폴리오를 만든다.

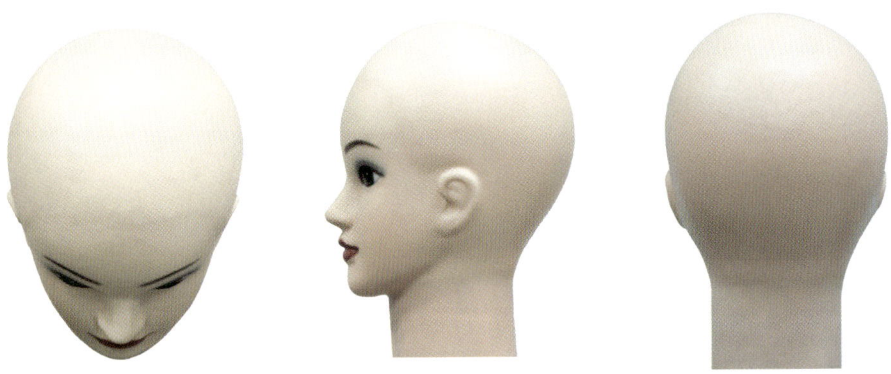

(a) 두상의 탑 (b) 두상의 좌측 (c) 두상의 뒷부분

[그림 vi-57] 도해도 그림 두상

컬러 디자인 포트폴리오

주 제

주제에 관한 스토리

주제에 관한 스토리

커트와 컬러 이미지 맵(Image mep)

Cut 이야기(도해도와 커트의 컨셉)

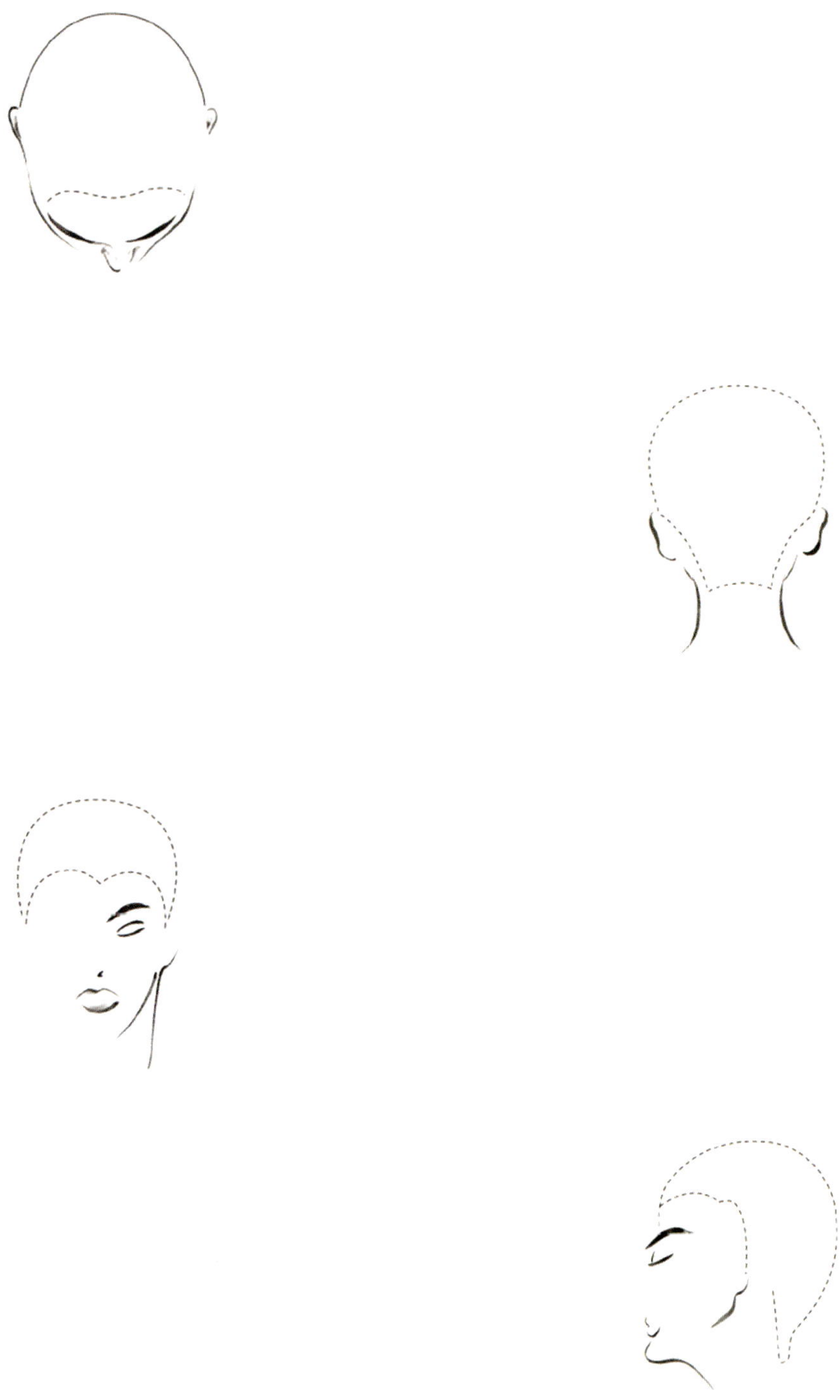

Color 이야기(도해도와 색상의 시술 설명)

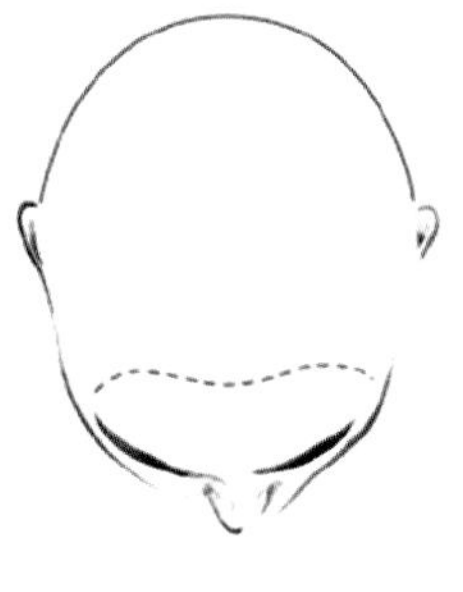

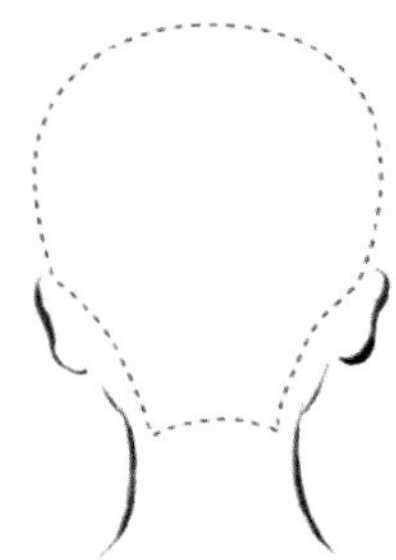

컬러 디자인 결과 사진(전면, 후면, 사이드)

4. 실습 결과 체크 포인트

① 고객의 이미지와 커트 형태의 선정은 적절한가?
② 고객의 이미지와 컬러의 선택은 적절한가?
③ 커트의 형태와 부합되는 컬러 배치를 하였는가?
④ 고객 이미지, 커트 형태, 컬러 디자인의 결과가 잘 조합되었는가?

5. 실습 평가: 작업장 평가

평가 항목		
지식	상	컬러 디자인의 형태, 질감, 컬러의 선정과 배색과 조화가 정확하게 적용할 수 있는 경우
	중	컬러 디자인의 형태, 질감, 컬러의 선정과 배색과 조화를 적용은 하나 부족한 경우
	하	컬러 디자인의 형태, 질감, 컬러의 선정과 배색과 조화를 적용하지 못하는 경우
기술	상	작업의 자세와 작업 진행 순서, 제품의 사용, 블로킹, 도포 량은 적절하게 숙련된 작업을 정확하게 진행하는 경우
	중	작업의 자세와 작업 진행 순서, 제품의 사용, 블로킹, 도포 량은 적절하게 작업은 진행하나 숙련도는 미숙한 경우
	하	작업의 자세와 작업 진행 순서, 제품의 사용, 블로킹, 도포 량은 등 작업의 숙련도와 정확성 모두 미숙한 경우
태도	상	실습준비, 진행과정, 마무리 정리 등 모두 완벽하게 수업에 임한 경우
	중	실습준비, 진행과정, 마무리 정리 중 한 가지라도 부족한 경우
	하	실습준비, 진행과정, 마무리 정리 모두 부족한 경우

자료출처: NCS이용학습모듈, 2016

학습 정리

1. 컬러 디자인의 목적은 고객 의 스타일에 따른 이미지의 연출이다.
2. 컬러 디자인의 시, 고객별 연령, 고객의 직업, 고객의 선호 색상(좋아하는 색상과 싫어하는 색상), 선호 색상과 피부 톤과의 관계, 고객의 스타일(커트의 형태와 볼륨의 위치), 조화의 이미지 또는 개성의 이미지 연출 등을 고려하여야 한다.
3. 컬러 디자인의 표현은 위빙, 슬라이스, 패널, 포인트 등의 다양한 방법이 있다. 이 때 입체적인 구성을 위한 방향성, 볼륨, 질감, 모양, 크기, 각도 등 테크닉의 다양한 조합을 통해 다양한 스타일을 표현한다.
4. 헤어 디자인 구성의 3요소는 형태, 질감, 컬러로 이루어지며, 3요소가 서로 결합 되고 개성 스타일, 개성 트렌드가 복합적으로 고려되면서 디자인이 완성된다.
5. 일반적으로 형태를 4 가지로 구분한다. 삼각형, 역삼각형, 마름모형, 직사각형으로 구분을 하지만, 컬러를 디자인하는 데 있어서의 한계가 나타나므로 형태를 더 자세하게 7 가지로 구분을 하기도 한다.
6. 질감은 표면이 가지고 있는 모습이며 모발이 갖고 있는 성질을 이용하여 다양한 형태로 구성할 수 있는데 질감이 매끄러운 스트레이트와 강한 컬의 웨이브와 약한 컬의 웨이브로 구분된다.
7. 색상 계열은 차가운 색상의 계열과 따뜻한 색상의 계열로 구분할 수 있다.
8. 영역(zone)이란: 존(zone)을 이용한 컬러 디자인은 작은 영역을 이용하여 서로 다른 컬러(색상이나 명도)를 통해 볼륨감을 형성하거나 제거하는 것을 말한다.
9. 존과 존 사이의 명도 차이를 두는 이유는 볼륨의 형성과 제거를 만들기 위해서이다. 즉 명도의 차이가 나지 않으면 볼륨감이 나타나지 않기 때문이다.
10. 컬러 디자인의 이미지 연출에는 개성 이미지 연출과 조화로운 이미지 연출로 구분할 수 있다.

Ⅰ-1. 모발 생리학 학습 문제

객관식

1. (   ) 안에 들어갈 알맞은 내용을 고르시오.

모발은 (   )와 (   )로 구분되며, (   )에는 모세혈관, 기모근, 모유두, 땀샘, 기저세포, 모낭 등 여러 가지 기관들로 구성되어 있다.

① 모간부- 모근부- 모근부
② 모표피- 모피질- 모수질
③ 모간부- 모근부- 모간부
④ 모표피- 모피질- 모피질
⑤ 모표피- 모수질- 모피질

※ 각 보기에 해당하는 명칭을 고르시오. (2~6)

가) 수많은 혈관의 조직과 세포로 구성되어 있으며 모세혈관을 통하여 들어온 영양소를 공급시켜 주는 역할을 한다. 나) 모유두를 통하여 영양을 공급 받아 모발의 성장을 이루어지게 만드는 곳으로 모세포가 세포 분열을 통하여 자세포를 만들어내고 이는 다른 세포의 형성에 의하여 자연스럽게 위로 밀려 올라간다. 다) 수많은 세포와 중심핵으로 이루어진 주머니로 피지를 분비한다. 라) 인체의 근육과 같은 부분으로 신경계의 지시에 따라 수축한다. 이것이 수축되면 모낭이 잡아당겨서 머리카락이 서게 된다. 이러한 현상은 심리적인 원인이 되기도 한다. 마) 가스와 영양부의 교환 작용이 이루어지며 영양소를 공급한다.

2. 가에 해당하는 명칭을 고르시오.

① 모유두 ② 모세혈관 ③ 피지선 ④ 기저세포 ⑤ 기모근

3. 나에 해당하는 명칭을 고르시오.

① 모세혈관 ② 모유두 ③ 기모근 ④ 기저세포 ⑤ 피지선

4. 다에 해당하는 명칭을 고르시오.

① 모유두 ② 기저세포 ③ 피지선 ④ 모세혈관 ⑤ 기모근

5. 라에 해당하는 명칭을 고르시오.

① 기저세포 ② 피지선 ③ 모세혈관 ④ 모유두 ⑤ 기모근

6. 마에 해당하는 명칭을 고르시오.

① 모유두 ② 모세혈관 ③ 피지선 ④ 기저세포 ⑤ 기모근

7. 모세혈관에 관한 설명으로 알맞은 것을 고르시오.

① 근육과 같은 부분으로 신경계의 지시에 따라 수축한다.
② 땀을 분비하여 체온 조절을 한다.
③ 가스와 영양부의 교환 작용이 이루어져 영양소를 공급한다.
④ 모발을 둘러싸고 있는 주머니라고 한다.
⑤ 피지분비로 외부로부터 공격을 보호한다.

8. 기모근에 관한 설명으로 알맞은 것을 고르시오.

① 수축되면 모낭이 잡아당겨 머리카락이 서게 된다.
② 수많은 세포와 중심핵으로 이루어진 주머니로 피지를 분비한다.
③ 수많은 혈관의 조직과 세포로 구성되어 있고, 모세혈관 통해 들어온 영양소를 공급시켜주는 역할을 한다.
④ 모유두를 통하여 영양 공급을 받아 모발의 성장을 이루어지게 만드는 곳이다.
⑤ 가스와 영양부의 교환 작용이 이루어지며 영양소를 공급한다.

9. 모유두에 관한 설명으로 알맞은 것을 고르시오.

① 모발을 둘러싸고 있는 주머니라고 한다.
② 땀을 분비하여 체온조절을 한다.
③ 가스와 영양부의 교환 작용이 이루어지며 영양소를 공급한다.
④ 수많은 혈관의 조직과 세포로 구성되어 있고, 모세혈관 통해 들어온 영양소를 공급시켜주는 역할을 한다.
⑤ 피지의 정상적인 흐름을 통해 두피와 두발에 유연성과 건강함을 유지시킨다.

10. 기저세포의 관한 설명으로 알맞은 것을 고르시오.

① 모발을 둘러싸고 있는 주머니라고 한다.
② 모유두를 통해 영양 공급을 받아 모발의 성장을 이루어지게 만드는 곳이다.
③ 수많은 세포와 중심핵으로 이루어진 주머니로 피지를 분비한다.
④ 기저세포가 수축되면 모낭이 잡아당겨 머리카락이 서게 된다.
⑤ 가스와 영양부의 교환 작용이 이루어지며 영양소를 공급한다.

11. 모발의 색상을 결정하는 색소를 생성하는 세포로서 주로 모모 세포 사이에 존재하고 기능이 저하되거나 세포가 파괴될 때 백모가 나타난다. 이 기관의 명칭으로 알맞은 것을 고르시오.

① 모낭 ② 모구
③ 모유두 ④ 기모근
⑤ 멜라닌 색소 생성 세포

12. 모모세포에서 분열된 모세포는 새로운 모세포의 등장으로 피부 쪽으로 밀리게 되고 더 이상의 산소와 영양분을 공급받지 못해 핵이 파괴되어 생명력을 잃게 된다. 이때 수분도 증발되어 딱딱하게 변화됨으로써 우리가 볼 수 있는 모발의 형태로 나타난다. 이러한 현상으로 알맞은 것을 고르시오.

① 팽윤 ② 연화 ③ 각화 ④ 수축 ⑤ 퇴색

13. 모표피의 특징으로 알맞은 것을 고르시오.

① 두발의 중간층이다.
② 동물의 털에 많이 보게 되고 , 보온 절연기능을 한다.
③ 황성분이 가장 많은 부분이다.
④ 멜라닌 색소를 함유하고 있다.
⑤ 화학적 시술이 작용되는 특징이 있다.

14. 모표피의 특징이 아닌 것을 고르시오.

① 인종에 따라 평균 3 ~10겹이다.
② 반투명 비늘 모양이다.
③ 가장 넓은 층이다.
④ 두발의 가장 겉 층이다.
⑤ 생선비늘과 같은 형태로 여러 겹으로 겹쳐져 있다.

15. (　) 안에 들어갈 알맞은 내용을 채우시오.

모표피는 두발의 가장 겉 표면으로 외부와 직접 접촉하는 부분으로 딱딱하고 납작한 세포, 즉 생선비늘과 같은 형태로 여러 겹으로 겹쳐져 있다. 모표피는 3개의 층으로 구분하는데 (　　), (　　), (　　) 로 나누며 프로테인 구조라 한다.

① 에피 큐티클 - 엑소 큐티클 - 엔도 큐티클
② 모표피 - 모피질 - 모수질
③ 표피 - 진피 - 피하조직
④ 성장기 - 퇴화기 - 휴지기
⑤ 모세혈관 - 기모근 - 피지선

16. 모피질의 특징으로 알맞은 것을 모두 고르시오.

① 두발의 가장 겉 층이다.
② 전체 두발의 75% ~ 85%를 차지한다.
③ 죽은 세포로 구성되어 있다.
④ 단백질 결합 구조이다.
⑤ 보온과 절연 기능을 한다.

17. 모피질의 특징으로 알맞지 않는 것을 고르시오.

① 두발의 중간 부분이다.
② 멜라닌 색소를 함유하고 있다
③ 단백질 결합 구조이다.
④ 보온 절연 기능을 한다.
⑤ 산화 영구 염색과 펌 등의 화학적 시술이 작용된다.

18. 모수질의 특징으로 알맞은 것을 고르시오.

① 공기를 함유하고 있다.
② 세포층 사이에 간충물질로 채워져 있다.
③ 생선비늘과 같은 형태로 여러 겹으로 겹쳐져 있다.
④ 산화 영구 염색과 펌 등의 화학적 시술이 작용된다.
⑤ 황성분이 가장 많은 부분이다.

19. 모수질의 특징으로 알맞지 않는 것을 모두 고르시오.

① 중간층으로 케라틴 단백질로 구성되어 있다.
② 흡습성, 유연성, 투과성의 특징을 가지고 있다.
③ 단절된 형태로 존재하며 아예 존재하지 않는 경우도 있다.
④ 두발의 가장 안쪽부분으로 공기를 함유하고 있다.
⑤ 죽은 세포로 구성되어 있으며, 죽은 세포의 내부 물질은 기포에 의해 분리된다.

20. (　) 안에 들어갈 말로 알맞은 것을 고르시오.

멜라노사이트는 영양소를 공급받아 (　　)에서 (　　)라는 효소의 작용으로 일련의 화학반응이 일어난다. 이 (　　)는 멜라닌 색소의 전단계인 5-6 디하이드록시인돌이 만들어진다. 멜라노사이트는 불가사리 모양의 형태와 비슷하며 덴드라이트는 케라티노사이트로 멜라닌 입자들을 투입시키는 역할을 한다.

① 티로시나아제 - 티로시나아제 - 티로신
② 티로신 - 티로시나아제 - 티로시나아제
③ 티로시나아제 - 티로신 - 티로시나아제
④ 티로신 - 티로시나아제 - 티로신
⑤ 티로신 - 티로신 - 티로시나아제

21. 모발의 적절한 힘을 가하면 모발이 늘어나고 힘을 빼면 줄어들게 되는데 이러한 특성은 모발의 섬유다발 중 어느 부분의 나선형 형태의 특성인지 알맞은 것을 고르시오.

① 거대섬유　② 원섬유　③ 미세섬유
④ 폴리펩티드 체인　⑤ 간충물질

22. 모발에 브러싱을 하면 그 마찰에 의해 정전기가 발생하여 모발은 +로, 브러시는 -로 +전기를 가진 모발끼리는 서로 반발하고 +전기를 가진 모발과 -전기를 가진 브러시는 끌어당기는 현상이 나타나게 된다. 모발의 이러한 특성에 알맞은 것을 고르시오.

① 고착력 ② 탄성 ③ 흡습성 ④ 팽윤성 ⑤ 대전성

23. (　　) 안에 들어갈 말로 알맞은 것을 고르시오.

(　　　)는 영양소를 공급받아 티로신에서 티로시나아제라는 효소의 작용으로 일련의 화학반응이 일어난다. 이 티로시나아제는 멜라닌 색소의 전단계인 5-6 디하이드록시인돌이 만들어진다.

① 입자형 멜라닌
② 멜라노사이트
③ 분사형 멜라닌
④ 케라티노사이트
⑤ 모간부

24. 멜라닌 색소의 종류로 알맞은 것을 모두 고르시오.

① 입자형 멜라닌 색소
② 분자형 멜라닌 색소
③ 입사형 멜라닌 색소
④ 분사형 멜라닌 색소
⑤ 멜라노사이트

25. 모발의 결합 구조로 알맞지 않는 것을 고르시오.

① 염 결합
② 수소 결합
③ 탄소 결합
④ 폴리펩타이드 결합
⑤ 시스틴 결합

26. 보기에 관한 내용으로 알맞은 것을 고르시오.

이황화 결합이라고도 말하며 아미노산 중 황(S)을 함유한 시스테인 두 개가 결합한 것으로 가로 결합 중 가장 강한 결합으로 물이나 수분 등에 의하여 끊어지진 않으나 화학적인 시술 즉 펌제의 수소에 의하여 환원되며 산소에 의하여 산화되어 일정한 형태를 만들어 준다.

① 수소결합
② 염 결합
③ 시스틴 결합
④ 폴리펩타이드 결합
⑤ 이온 결합

27. 보기에 관한 내용으로 알맞은 것을 고르시오.

이온 결합 이라고도 말하며 양이온(카르복실기)과 음이온(아미노기)으로 결합한다. 그러나 모발의 pH(등전점)가 산 혹은 알칼리로 바뀌게 되면 결합이 약하여 끊어지게 된다.

① 시스틴 결합
② 염 결합
③ 수소 결합
④ 이황화 결합
⑤ 폴리펩타이드 결합

28. 보기에 관한 내용으로 알맞은 것을 고르시오.

결합 구조 중 가장 약한 결합으로 수분에 의하여 끊어지고 건조한 상태에서 다시 결합하게 된다. 일반적으로 결합의 재구성으로 시술을 하는 것이 드라이라고 할 수 있다.

① 이황화 결합　② 시스틴 결합　③ 염 결합
④ 이온 결합　⑤ 수소 결합

29. 모발의 생명주기로 알맞은 것을 고르시오.

① 성장기 - 휴지기 - 퇴화기
② 휴지기 - 성장기 - 퇴화기
③ 성장기 - 퇴화기 - 휴지기
④ 퇴화기 - 성장기 - 휴지기
⑤ 퇴화기 - 휴지기 - 성장기

30. 모발을 구성하고 있는 원소로 알맞지 않는 것을 고르시오.

① 탄소　② 수소　③ 염소　④ 황　⑤ 질소

주관식

1. 다음 괄호 안에 알맞은 명칭을 쓰시오.

1) 수많은 혈관의 조직과 세포로 구성되어 있으며 모세혈관을 통하여 들어온 영양소를 공급시켜주는 역할을 한다. (　　　)
2) 모유두를 통하여 영양을 공급 받아 모발의 성장을 이루어지게 만드는 곳으로 모세포가 세포 분열을 통하여 자세포를 만들어내고 이는 다른 세포의 형성에 의하여 자연스럽게 위로 밀려 올라간다.(　　　)
3) 수많은 세포와중심핵으로 이루어진 주머니로 피지를 분비한다. (　　　)
4) 인체의 근육과 같은 부분으로 신경계의 지시에 따라 수축한다. 이것이 수축되면 모낭이 잡아당겨서 머리카락이 서게 된다. 이러한 현상은 심리적인 원인이 되기도 한다. (　　　)
5) 가스와 영양부의 교환 작용이 이루어지며 영양소를 공급한다. (　　　)

2. 다음 명칭을 보고 알맞은 보기를 고르시오.

1) 두발의 가장 겉 층	6) 두발의 중간 부분
2) 멜라닌 색소 함유	7) 단백질 결합구조
3) 단절된 형태로 보온 절연기능	8) 황성분이 가장 많은 부분
4) 가장 넓은 층	9) 반투명 비늘 모양
5) 인종에 따라 평균 3~10겹	10) 두발의 가장 안쪽 부분

모표피 -　　　　　　모피질 -　　　　　　모수질 -

3. 모발의 생명주기를 쓰시오.

4. 모발을 구성하고 있는 5가지 원소를 쓰시오.

5. 다음 괄호 안에 알맞은 명칭을 쓰시오.

측쇄결합은 주로 3가지의 결합 구조로 (　　　), (　　　), (　　　)구성 되어 있다.

6. 다음 보기를 보고 알맞은 답을 쓰시오.

이황화 결합이라고도 말하며 아미노산 중 황(S)을 함유한 시스테인 두 개 가 결합한 것으로 가로결합 중 가장 강한 결합으로 물이나 수분 등에 의하여 끊어지진 않으나 화학적인 시술 즉 펌제의 수소에 의하여 환원되며 산소에 의하여 산화되어 일정한 형태를 만들어 준다.

7. 다음 보기를 보고 알맞은 답을 쓰시오.

이온 결합이라고도 말하며 양이온(카르복실기)과 음이온(아미노기)으로 결합한다. 그러나 모발의 pH(등전점)가 산 혹은 알칼리로 바뀌게 되면 결합이 약하여 끊어지게 된다.

8. 다음 보기를 보고 알맞은 답을 쓰시오.

결합 구조 중 가장 약한 결합으로 수분에 의하여 끊어지고 건조한 상태에서 다시 결합하게 된다. 일반적으로 결합의 재구성으로 시술을 하는 것이 드라이라고 할 수 있다.

9. 멜라닌 색소의 두 종류와 구성색상을 모두 쓰시오.

10. 다음 괄호 안에 알맞은 명칭을 쓰시오.

모발이 산소에 의해 산화가 되면 먼저 (   )색소가 제거가 되며 다음으로 (   )색소가 제거가 된다.

서술형

1. 모표피의 특징을 모두 쓰시오.

2. 모피질의 특징을 모두 쓰시오.

3. 유(입자형) 멜라닌과 페오(분사형) 멜라닌 구성색상과 특징을 쓰시오.

4. 모발의 성장주기에 관하여 설명하시오

모발 생리학 학습 문제 해답 편

객관식

1	①	2	①	3	④	4	③	5	⑤
6	②	7	③	8	①	9	④	10	②
11	⑤	12	③	13	③	14	③	15	①
16	②, ④	17	④	18	①	19	①, ②	20	②
21	②	22	⑤	23	②	24	①, ④	25	③
26	③	27	②	28	⑤	29	③	30	③

주관식

1	모유두 - 기저세포 - 피지선 - 기모근 - 모세혈관
2	모표피 - 1, 5, 8, 9, 모피질 - 2, 4, 6, 7, 모수질 - 3,10
3	성장기- 퇴화기- 휴지기
4	탄소(C), 수소(H), 산소(O), 질소(N), 황(S)
5	시스틴결합, 수소결합, 염결합
6	시스틴결합
7	염결합
8	수소결합
9	유 멜라닌- 파랑,빨강,노랑 페오 멜라닌- 노랑, 빨강
10	유(입자형) 멜라닌 - 페오(분사형) 멜라닌

서술형

1	◆ 모발 내부 구조 보호 ◆ 모발의 광택 부여 ◆ 모표피는 산성성분에 의해 수축 ◆ 반투명의 비늘 ◆ 황 성분이 가장 많은 부분	◆ 친유성 ◆ 알칼리 성분에 의해 모표피가 팽윤 ◆ 두발의 가장 겉 층 ◆ 인중에 따라 평균 3~ 10 겹 ◆ 유연성. 흡수성, 투과성
2	◆ 여러 단계의 섬유다발들의 결정영역과 이를 둘러싸고 있는 세포 간 결합물질인 비결정영역인 간충물질로 구성되어 있다. ◆ 두발의 중간 부분 ◆ 단백질 결합 구조 ◆ 단단함, 유연성	 ◆ 두발의 가장 넓은 층 ◆ 멜라닌 색소

3	◆ 유 멜라닌(Eu-melanin)은 모발의 황갈색에서 검정색을 나타내는 색소이다. ◆ 분자 크기가 커서 입자형태로 보이기 때문에 입자형 멜라닌이라고도 한다. ◆ 페오 멜리닌은 노란색 또는 빨간색을 니디네는 색소이디. ◆ 유 멜라닌 색소가 먼저 탈색되고 빨강, 노란 색의 페오 멜라닌 색소가 나중에 탈색되는 것은 입자크기가 큰 유 멜라닌 색소가 탈색성분과 더 빨리 화합되기 때문이다. ◆ 금발의 경우 약간의 페오 멜라닌만 있으며, 검정모발의 경우, 금발에 비해 유 멜라닌, 페오 멜라닌양이 많이 함유되어 있다.
4	◆ 성장기: 모발의 성장이 왕성한 시기로서 대략 3~5년간 지속된다. 성장기 3~5년 모발성장 왕성해지는 시기, 전체 모발의 80~90%가 성장기에 해당하며, 이 시기의 모발은 한 달에 1~1.5cm 정도 자란다. ◆ 퇴화기: 모발의 성장이 멈추는 시기로 대략 2~4주 정도 된다. 퇴화기의 모구는 모유두와 분리되어 산소와 영양소 공급이 차단된다. ◆ 휴지기: 퇴화기를 통해 쪼그라든 모근부는 모낭 벽에 붙어 있게 된다. 새로 시작되는 성장기 모발이 성장함에 따라 휴지기 모발은 약 3～4개월 동안 유지하다 자연스럽게 밀려 올라가면서 빠지게 된다.

I -2. 기초 색채이론 학습 문제

객관식

1. 다음 보기를 보고 색채를 인식하는 시세포로 알맞은 것을 고르시오.

① 추상체 ② 간상체 ③ 신경세포
④ 막대세포 ⑤ 정답 없음

2. 사람의 눈으로 느낄 수 있는 가시광선의 파장으로 알맞은 것을 고르시오.

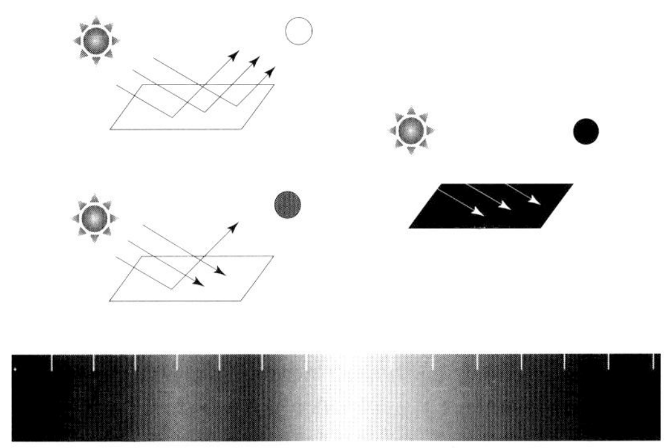

① 180nm ~ 580nm ② 280nm ~ 680nm
③ 380nm ~ 780nm ④ 480nm ~ 880nm
⑤ 580nm ~ 980nm

3. 색의 3속성으로 알맞지 않는 것을 모두 고르시오.

① 색상 ② 명도 ③ 배색 ④ 채도 ⑤ 보색

4. 보기에 관한 내용으로 알맞은 것을 고르시오.

사물의 밝고 어두운 정도를 말한다. 흰색 10부터 검정 0사이의 회색 단계를 11단계로 나누었다.

① 색상
② 명도
③ 채도
④ 보색
⑤ 배색

5. 보기에 관한 내용으로 알맞은 것을 고르시오.

색의 선명한 정도를 말한다. (　)가 가장 높은 색을 순색이라고 하며, 순색은 선명하고 강한색이다. 무채색을 혼합하면 (　)가 낮아지고 최종적으로 흰색, 회색이 된다.

① 명도　② 색상　③ 보색　④ 배색　⑤ 채도

6. 염색에서의 삼원색으로 알맞은 것을 고르시오.

① 파랑, 빨강, 노랑　② 빨강, 초록, 파랑　③ 빨강, 검정, 노랑
④ 노랑, 검정, 파랑　⑤ 노랑, 초록, 파랑

7. 1차 색상을 보고 만들어 질 수 있는 2차 색상을 고르시오.

① 보라
② 오렌지
③ 초록
④ 검정
⑤ 갈색

8. 1차 색상을 보고 만들어 질 수 있는 2차 색상을 고르시오.

① 검정
② 보라
③ 오렌지
④ 초록
⑤ 갈색

9. 1차 색상을 보고 만들어 질 수 있는 2차 색상을 고르시오.

① 오렌지
② 갈색
③ 초록
④ 보라
⑤ 검정

10. 색의 보색에 대한 설명으로 알맞지 않는 것을 고르시오.

① 색상환에서 서로 마주 보고 있는 색이다.
② 색을 혼합하게 되면 갈색계열로 된다.
③ 파랑의 보색은 오렌지색이다.
④ 보색을 나란히 배색하면 서로의 색이 조화로움을 이룬다.
⑤ 빨강색의 보색은 초록색이다.

11. 색상의 중화에 대한 설명으로 알맞지 않는 것을 고르시오.

① 보색계열의 반사 빛을 사용한다.
② 특정 반사 빛을 없애고 갈색계열로 변화시키는 것이다.
③ 보색을 첨가하면 명도와 채도가 낮아질 수 있다.
④ 차가운 색상에서 따뜻한 색상으로만 전환시키는 것이다.
⑤ 반사 빛의 강도를 일치시킨다.

12. 컬러믹스에 관한 설명으로 알맞은 것을 고르시오.

① 노랑 + 빨강= 초록
② 파랑 + 빨강= 보라
③ 파랑 + 노랑= 오렌지
④ 빨강 + 초록= 연두
⑤ 보라 + 노랑= 파랑

13. 컬러믹스에 관한 설명으로 알맞지 않는 것을 고르시오.

① 노랑 + 보라= 갈색
② 파랑 + 노랑= 보라
③ 파랑 + 오렌지= 갈색
④ 노랑 + 빨강= 오렌지
⑤ 빨강 + 파랑= 보라

주관식

1. 괄호 안에 알맞은 명칭을 쓰시오.

사람의 눈이 볼 수 있는 빛이라 하여 (　　　)이라고 한다.

2. 색의 3속성을 쓰시오.

3. 염색의 삼원색을 쓰시오.

4. 파랑색의 중화색상을 쓰시오.

5. 빨강색의 중화색상을 쓰시오.

6. 노란 색의 중화색상을 쓰시오.

7. 특정 반사 빛을 없애고 갈색계열로 변환시키는 것을 무엇이라 하는가.

8. 다음 보기를 보고 알맞은 답을 쓰시오.

색상환에서 서로 마주 보고 있는 정반대편에 놓인 색상. 나란히 배색을 시키면 서로 강조를 시키게 된다. 색을 혼합하면 갈색이 된다.

9. 염색의 삼원색으로 만들어 질 수 있는 2차색을 모두 쓰시오.

서술형

1. 보색에 대하여 설명하시오.

2. 색상중화에 대해 설명하시오.

3. 색상중화에 관하여 예시를 들어 설명하시오.

모발 생리학 학습 문제 해답 편

객관식

1	①	2	③	3	③⑤	4	②	5	⑤
6	①	7	①	8	④	9	①	10	④
11	④	12	②	13	②				

주관식

1	가시광선
2	색상, 명도, 채도
3	파랑-빨강-노랑
4	오렌지
5	초록
6	보라
7	색상의 중화
8	보색
9	오렌지, 초록, 보라

서술형

1	◆ 색상환에서 서로 마주 보고 있는 정반대 편에 놓인 색상을 보색관계라고 한다. ◆ 색상환에서 서로 마주 보고 있는 색상이다. ◆ 색을 혼합하게 되면 갈색계열로 된다. ◆ 나란히 배색하면 서루의 색이 강조된다.
2	◆ 특정 반사 빛을 없애고 갈색계열로 변화 시키는 것이다 ◆ 보색계열의 반사 빛을 사용한다. ◆ 반사 빛의 강도를 일치시킨다. ◆ 보색을 첨가하면 명도와 채도가 낮아짐에 유의한다.
3	◆ 고객의 희망색상은 컬러차트의 6번이다. 현재 고객의 모발은 오렌지를 가지고 있다, 즉 모발의 조건은 6.4이다 이것을 기본색으로 중화하기 위해서는 6.1(잿빛 어두운 황갈색)을 사용하여 오렌지를 중화하여 기본색인 6(어두운 황갈색)으로 만들어줄 수 있다

Ⅰ-3. 염색 기초이론과 실무 학습 문제

객관식

1. 다음 보기를 보고 알맞은 것을 고르시오.

> 컬러 스프레이 혹은 컬러 젤 무스타입의 제품 등으로 모표피의 비늘층 모양 구조 표면에 색소가 갇혀 있게 되며 1회의 샴푸로 색소는 지워지게 된다.

① 일시적 염모제　② 반영구 염모제　③ 산성 염모제
④ 산화 염모제　⑤ 탈색제

2. 다음 보기를 보고 알맞은 것을 고르시오.

> 흔히 산성컬러, 헤어 매니큐어라고 하며 1제만으로 구성되어 있으며, 다른 화합물과 혼합하여 사용하지 않기 때문에 직접 염모제라고도 한다. 보통 약산성을 띠는 염모제이며, 제품에 따라 또는 모발의 손상정도에 따라 유지력의 차이를 보인다.

① 탈색제　② 산화 염모제　③ 반영구 염모제
④ 일시적 염모제　⑤ 영구적 염색제

3. 다음 보기를 보고 알맞은 것을 고르시오.

> 모발에 영구적인 색상의 변화를 가져와 모발을 잘라내기 전까지 지속성을 가진다는 특성이다.
> 염모제와 산화제로 구성이 되며, 알칼리제에 의하여 표피의 팽창이 일어나며 모피질에서 탈색의 반응으로 블리치 레벨을 만들며 발색의 반응으로 도포한 색상이 만들어 진다.

① 반영구 염모제　② 산화 염모제　③ 일시적 염모제
④ 산성 염모제　⑤ 탈색제

4. 반영구적 염모제의 특징으로 알맞지 않는 것을 고르시오.

① 마찰에 의해 색소가 떨어질 수 있으며, 땀 또는 수분에 의해 지워질 수 있다.
② 시술한 뒤 약 2 ~ 4주가 지나면 모발 본래의 색으로 돌아간다.
③ 윤기를 주면서 다공성 모발의 손상된 부분을 일정 기간 메울 수 있다.
④ 색상의 차이에 의한 명도 이외에 모발의 명도를 높이지 못한다.
⑤ 반영구적 염모제는 산성컬러, 매니큐어라고도 불린다.

5. 염색의 결과 색상으로 알맞은 것을 고르시오.

① 염모제(1제) + 산화제(2제)　② 고객의 희망색상 + 도포한 색상
③ 블리치 레벨 + 도포한 색상　④ 도포한 색상 + 시술방법
⑤ 신생모 + 기염모

6. 산화 염모제의 특징으로 알맞지 않는 것을 고르시오.

① 색조의 변화를 가져올 수 있다.
② 산화 과정 및 알칼리 성분으로 인한 모발 손상이 있다.
③ 색상의 지속력이 길다.
④ 시술 시 두피 온도 차의 영향을 받지 않는다.
⑤ 알레르기 반응을 일으킬 수 있다.

7. 다음은 자연모 레벨의 표이다. 빈칸에 알맞은 것을 고르시오.

① 2 - 밝은 흑색, 4 - 갈색, 6 - 어두운 황갈색
② 2 - 아주 어두운 갈색, 4 -갈색, 6 - 아주 밝은 갈색
③ 2 - 밝은 흑색, 4 - 갈색, 6 - 아주 밝은 갈색
④ 2 - 어두운 흑갈색, 4 - 갈색, 6 - 어두운 황갈색
⑤ 2 - 아주 어두운 갈색, 4 - 갈색, 6 - 어두운 황갈색

8. 산화제의 사용범위에 알맞지 않는 것을 고르시오.

① 반영구 염모제 ② 애벌탈색 ③ Cleansing
④ Deep Cleansing ⑤ 산화 영구 염모제

9. 모발을 탈색시키는 요소는 자연적 요소와 인위적 요소이다. 자연적인 요소와 인위적인 요소에 모두 해당하는 요소로 알맞은 것을 고르시오.

① 태양의 열 ② 수분 ③ 바닷물 ④ 산소 ⑤ 바람

10. 염모제와 산화제의 혼합비율에 대한 내용으로 알맞은 것을 고르시오.

① 염모제와 산화제의 혼합비율은 때에 따라 조절이 가능하다.
② 산화제의 양이 많으면 탈색력이 더 강해진다.
③ 염모제와 산화제의 혼합비율은 제조사의 혼합비율에 따라 정확한 비율로 사용한다.
④ 산화제의 양이 적어지면 발색력이 더 강해진다.
⑤ 염모제와 산화제의 혼합비율은 결과색상에 영향을 주지 않는다.

11. 가장 이상적인 염색으로 알맞지 않는 것을 고르시오.

① 염색 48시간 전 패치테스트를 한다.
② 선명한 결과색의 표현을 위해 오랜 시간 방치한다.
③ 정확한 색상의 표현이 되어야 한다.
④ 최소한의 손상으로 작업하도록 한다.
⑤ 결과색의 유지력이 길어야 한다.

12. 염색의 방치시간에 관한 설명으로 알맞은 것을 고르시오.

① 제조사에서 제시하는 방치시간을 기본으로 한다.
② 모발의 균일한 컬러를 위하여 오버타임을 한다.
③ 빠른 시술과 편리성을 위해 열처리를 사용해 방치시간을 단축시킨다.
④ 염색의 방치시간을 오버타임 할 경우 유지력은 더 길다.
⑤ 염색의 방치시간이 부족할 경우 유지력이 짧아지는 것일 뿐 결과색상과는 상관없다.

13. 다음 보기를 보고 알맞은 것을 고르시오.

염색 작업이 끝나기 약3~5분전 모발과 두피에 부드럽게 마사지 하는 것을 말한다. 이는 두피와 모발에 남아 있는 염모제의 잔여물을 제거하지 위한 목적으로 시술한다.

① 액상화 ② Cleansing ③ 패치테스트
④ 컬러테스트 ⑤ 연연장

14. 액상화 작업의 효과로 알맞지 않는 것을 고르시오.

① 두피와 모발의 염모제의 잔여물을 제거한다.
② 부드러움과 윤기를 더해 준다.
③ 색소의 정착을 도와준다.
④ 염색의 유지력을 증가시킨다.
⑤ 모발의 재생능력을 증대시켜준다.

15. 액상화 작업방법을 순서대로 나열한 것을 고르시오.

가. 작업 의자에서 길이 부분을 크게 뜨고 길이에서 끝 방향으로 마사지 한다. 나. 전체적으로 돌아가며 반복적으로 진행한다. 다. 조금씩 물을 두르며 두피와 모발의 염모제를 제거한다. 라. 샴푸 실에서 두피에 물을 두르지 않고 먼저 두피 마사지를 한다.

① 가-다-라-나 ② 라-다-나-가 ③ 가-라-다-나
④ 라-다-가-나 ⑤ 가-나-라-다

16. 염색의 결과색상으로 알맞은 것을 고르시오.

자연모 레벨: 3 어두운 갈색 산화제: 20vol 도포한 색상: 5.3

① 5.64 ② 5.74 ③ 5.34 ④ 5.3 ⑤ 5.6

17. 염색의 결과색상으로 알맞은 것을 고르시오.

자연모 레벨: 2 아주 어두운 갈색
산화제: 30vol
도포한 색상: 8.3

① 7.3 ② 6.64 ③ 8.3 ④ 5.64 ⑤ 6.74

18. 염색의 결과색상으로 알맞은 것을 고르시오.

자연모 레벨: 3 어두운 갈색
산화제: 30vol
도포한 색상: 6.66

① 6.66 ② 7.06 ③ 6.46 ④ 9.66 ⑤ 6.4

19. 염색의 결과색상으로 알맞은 것을 고르시오.

자연모 레벨: 4 갈색
산화제: 20vol
도포한 색상: 6.35

① 6.45 ② 6.75 ③ 6.35 ④ 6.4 ⑤ 6.56

20. 브러시 각도에 대한 설명으로 알맞은 것을 고르시오.

① 브러시 각도를 90도로 하면 도포 량이 많아진다.
② 브러시 각도를 15도로 하면 도포 량이 적어진다.
③ 염색 시 모근 쪽으로 갈수록 브러시 각도는 15도로 도포 량을 많게 한다.
④ 브러시의 각도를 45도로 하면 15도보다 도포 량은 많아진다.
⑤ 염색 시 모근 쪽으로 갈수록 브러시 각도는 90도로 도포 량을 적게 한다.

21. 암모니아의 특징으로 알맞지 않는 것을 고르시오.

① 탈색의 촉매작용을 한다.
② 암모니아는 탈색제에 함유가 되어 있고, 염모제에는 함유가 되어 있지 않다.
③ 휘발성이 그며 강한 냄새가 있다.
④ 과산화수소수의 촉매제 작용을 한다.
⑤ 약한 알칼리 성분으로 모발을 부풀게 한다.

22. 탈색의 설명으로 알맞지 않는 것을 고르시오.

① 탈색제는 공기 중의 수분 또는 물과 접촉할 경우 산소를 방출한다.
② 탈색제는 산화제와 함께 혼합하여 사용한다.
③ 탈색제는 pH가 9.5 ~10인 알칼리성으로 되어 있다.
④ 탈색제 도포 시 모발의 적당한 수분이 있어야 한다.
⑤ 탈색제 도포 시 두피의 자극이 가지 않도록 한다.

23. 탈색제와 염모제의 사용 방법으로 알맞은 것을 고르시오.

① 염모제와 산화제의 혼합은 비율보다 적게 또는 많게 사용할 수 있다.
② 탈색제와 산화제의 혼합이 적을수록 탈색력은 떨어진다.
③ 염모제 도포 시 작업의 편리를 위하여 빗을 사용한다.
④ 탈색의 힘을 올리기 위하여 열처리를 한다.
⑤ 염모제와 산화제의 혼합은 정해져 있는 비율로 사용한다.

24. 산화제의 설명에 관한 내용으로 알맞지 않는 것을 고르시오.

① 산화제 6%(20v)는 모발의 밝기를 2레벨 밝게 해준다.
② 산화제는 염모제, 탈색제와 함께 혼합하여 사용한다.
③ 산화제 9%(30v)는 모발의 밝기를 3레벨 밝게 해준다.
④ 산화제 사전탈색과 탈염에는 사용하지 않는다.
⑤ 산화제의 주성분은 과산화수소로 알칼리와 혼합하면 물과 산소로 분해된다.

25. 탈색의 정의에 관한 설명으로 알맞은 것을 고르시오.

① 인위적인 색소 제거 - 애벌탈색
② 자연 멜라닌 색소 제거 - Cleansing, Deep Cleansing
③ 자연 멜라닌 색소 제거 - 애벌탈색, Cleansing
④ 자연 멜라닌 색소 제거 - 애벌탈색
⑤ 인위적인 색소 제거 - Cleansing, Deep Cleansing

26. 탈염의 정의에 관한 설명으로 알맞은 것을 고르시오.

① 자연 멜라닌 색소 제거 - Cleansing, Deep Cleansing
② 인위적인 색소 제거 - 애벌탈색
③ 자연 멜라닌 색소 제거 - 애벌탈색
④ 자연 멜라닌 색소 제거 - 애벌탈색, Cleansing
⑤ 인위적인 색소 제거 - Cleansing, Deep Cleansing

27. 모발을 구성하고 있는 색소로 알맞은 것을 고르시오.

① 입자형 멜라닌 색소, 분사형 멜라닌 색소
② 입사형 멜라닌 색소, 분자형 멜라닌 색소
③ 입자형 멜라닌 색소, 분자형 멜라닌 색소
④ 입사형 멜라닌 색소, 분사형 멜라닌 색소
⑤ 정답 없음

28. 입자형 멜라닌 색소의 특징으로 알맞지 않는 것을 고르시오.

① 입자의 크기는 미세하며 모피질에 고르고 넓게 분포되어 있다.
② 검은색에서 어두운 적색에 이르며 모발의 어두운 색상을 만들어 준다.
③ 입자형 멜라닌 색소의 구성은 파랑, 빨강, 노랑이다.
④ 입자형 멜라닌 색소는 모발을 갈색 계열로 보이게 한다.
⑤ 모발이 산소에 의해 산화가 되면 파랑→ 빨강→ 노랑의 순서로 제거가 된다.

29. 분사형 멜라닌 색소의 특징으로 알맞은 것을 모두 고르시오.

① 색소의 구성은 파랑, 빨강, 노랑으로 구성되어 있다.
② 색소의 구성은 노랑 또는 빨강의 색상으로 이루어져 있다.
③ 분사형 멜라닌 색소는 갈색의 계열로 보인다.
④ 입자의 크기는 쌀 알갱이의 형태이다.
⑤ 입자의 크기는 미세하며 모피질에 고르고 넓게 분포되어 있다.

30. 보기에 관한 내용으로 알맞은 것을 고르시오.

모발은 산소에 의하여 멜라닌 색소가 산화되는 과정을 거치게 된다. 이때 제거가 되고 남은 멜라닌 색소가 일정한 밝기와 반사 빛을 나타내게 된다. 이것을 일정한 밝기의 기준에 따라 나누어 놓은 것이다.

① 자연모 레벨 ② 입자형 멜라닌 색소
③ 분사형 멜라닌 색소 ④ 탈색의 원리
⑤ 블리치 레벨

31. ( ) 안에 들어갈 말로 알맞은 것을 고르시오.

모발이 산소에 의해 산화가 되면 먼저 ( )가 제거되며 다음으로( )가 제거된다.

① 분자형 색소 - 입사형 색소 ② 입자형 색소 - 분사형 색소
③ 분사형 색소 - 입자형 색소 ④ 입자형 색소 - 분자형 색소
⑤ 입사형 색소 - 분사형 색소

32. 멜라닌 구성 색상으로 알맞지 않는 것을 모두 고르시오.

① 파랑 ② 보라 ③ 빨강 ④ 노랑 ⑤ 초록

33. 멜라닌 색소가 제거되는 순서로 알맞은 것을 고르시오.

① 파랑 - 노랑 - 빨강 ② 노랑 - 빨강 - 파랑
③ 빨강 - 파랑 - 노랑 ④ 파랑 - 빨강 - 노랑
⑤ 노랑 - 파랑 - 빨강

34. (　　) 안에 들어갈 알맞은 것을 고르시오.

> 멜라닌 색소는 입자형 멜라닌 색소와 분사형 멜라닌 색소로 구성되어 있다. 입자형 멜라닌 색소는 (　　)계열이며, 분사형 멜라닌 색소는 (　　)또는 (　　)계열이다.

① 파랑 - 노랑, 빨강
② 빨강 - 노랑, 갈색
③ 노랑 - 노랑, 검정
④ 갈색 - 노랑, 빨강
⑤ 초록 - 노랑, 갈색

35. 모발의 탈색제 도포 시 주의해야할 점으로 알맞지 않는 것을 모두 고르시오.

① 조건과 상황에 따라서 탈색제와 산화제의 혼합비율이 달라질 수 있다.
② 섹션은 굵게 뜨고, 신속한 작업을 위하여 빗을 사용한다.
③ 모발 탈색작업이 끝났을 경우 두피에 자극이 가지 않도록 부드럽게 샴푸해야 한다.
④ 작업시간 단축과 효율성을 위하여 열처리를 한다.
⑤ 모발탈색 시 모발에 수분이 남아 있지 않도록 완전히 건조 후 작업해야 한다.

36. 다음은 블리치 레벨의 표이다. 빈칸에 알맞은 것을 고르시오.

① 5 - 빨강, 8 - 노랑, 10 - 아주 밝은 노랑
② 5 - 어두운 오렌지, 8 -어두운 노랑, 10 - 아주 밝은 노랑
③ 5 - 붉은 오렌지, 8 - 어두운 노랑, 10 - 아주 밝은 노랑
④ 5 - 붉은 오렌지, 8 - 노랑, 10 - 아주 밝은 노랑
⑤ 5 - 어두운 오렌지, 8 - 노랑, 10 - 아주 밝은 노랑

37. 다음 보기를 보고 알맞은 것을 고르시오.

> 모발의 염색을 위해 사용되는 염모제는 사람에 따라 접촉성 피부염, 두피 질환 및 탈모 등의 알레르기반응 검사이므로 반드시 해야 한다.

① 에멀젼
② 패치테스트
③ 연연장
④ 컬러매치
⑤ Cleansing

38. 패치 테스트의 관한 내용으로 알맞지 않는 것을 고르시오.

① 패치 테스트는 염색을 하기 48시간 전 팔의 안쪽이나 귀 뒤쪽에 하는 것이다.
② 도포 부위에 이상 반응이 생기면 씻어내고, 염색을 하지 않도록 한다,
③ 패치 테스트 후 아무런 이상 반응이 생기지 않으면 염색의 시술이 가능하다.
④ 염모제 도포 30분 후, 48시간 후 총 2회 관찰한다.
⑤ 패치 테스트를 할 경우 염모제 1제만 사용하여 실시한다.

39. 고객의 모발진단에서 들어갈 내용으로 알맞지 않는 것을 고르시오.

① 고객의 개인적인 취향
② 고객의 자연모 레벨
③ 신생모의 길이
④ 백모의 비율과 모발의 손상정도
⑤ 기염모의 블리치 레벨과 반사빛

40. 다음 보기를 보고 알맞은 것을 고르시오.

희망 색상을 혼합하여 1 ~ 1.5cm 띄우고 길이에서 길이 끝까지 도포 자연 방치 15분 후, 새로이 희망 색상을 혼합하여 모근부터 길이 끝까지 도포하여 자연 방치 한다. (제조사에서 명시한 방치 시간)

① Cleansing ② 자연모 도포법 ③ 직연연장
④ 신생모 도포법 ⑤ 원터치

주관식

1. 염모제가 일시적 염모제, 반영구 염모제, 산화 염모제로 나뉘는 기준을 쓰시오.

2. 모발을 탈색시키는 자연적인 요소를 쓰시오.

3. 아래의 보기는 무엇을 설명하는 것인지 쓰시오.

산화 염색의 결과는 탈색 작용에 의하여 만들어진 블리치 레벨과 발색의 과정으로 만들어진 도포한 색상이 합쳐져서 나타나는 것이다.

4. 자연모 레벨을 쓰시오.

	자연모 레벨
10	
9	
8	
7	
6	
5	
4	
3	
2	
1	

5. 보기를 보고 알맞은 명칭을 쓰시오.

염색의 방치시간이 끝나기 약3 ~ 5분전 모발과 두피에 부드럽게 마사지 하는 것을 말한다. 이는 두피와 모발에 남아 있는 염모제의 잔여물을 제거하지 위한 목적으로 시술한다.

6. 아래 보기를 보고 괄호 안에 알맞은 말을 쓰시오.

반영구 염모제는 (   )의 형태로 정착이 되므로 모발의 pH 밸런스의 균형이 매우 필요로 한다.

7. 블리치 레벨을 쓰시오.

	블리치 레벨
10	
9	
8	
7	
6	
5	
4	
3	
2	
1	

8. 멜라닌 색소가 제거되는 순서대로 쓰시오. 9. 괄호 안에 알맞은 명칭을 쓰시오.

10. 괄호 안에 알맞은 명칭을 쓰시오

( )이란 자연모의 멜라닌 색소를 제거하여 모발을 밝게 만드는 것을 말하며, 두발을 밝은 색상으로 염색하기 전 준비하는 과정을 말한다.

11. 괄호 안에 알맞은 명칭을 쓰시오.

제 1제(탈색제)와 제 2제(산화제)를 혼합을 하여 사용하게 되는데 이때 pH는 9 ~ 10정도 된다. 알칼리의 작용으로 모표피가 팽윤되어 과산화수소가 모피질 내 침투를 하게 된다. 과산화수소에서 생성된 유리 산소는 모피질내 있는 멜라닌 색소와 산화하여 ( )이라는 색이 없는 분자 형태로 되어 탈색의 효과를 나타낸다.

12. 보기를 보고 알맞은 도포법의 명칭을 쓰시오.

희망 색상을 혼합하여 1 ~ 1.5cm 띄우고 길이에서 길이 끝까지 도포 자연방치 15분 후, 새로이 희망색상을 혼합하여 모근부터 길이 끝까지 도포하여 자연방치 한다. (제조사에서 명시한 방치 시간)

13. 보기를 보고 알맞은 명칭을 쓰시오.

모발의 염색을 위해 사용되는 염모제는 사람에 따라 접촉성 피부염, 두피 질환 및 탈모 등의 알레르기반응 검사이므로 반드시 해야 한다.

서술형

1. 반영구 염모제의 장점과 단점에 관하여 서술하시오.

2. 액상화 작업에 대해 설명하고, 작업절차와 효과를 서술하시오.

3. 염색의 결과색상을 설명하고, 하나의 예시를 들어 서술하시오.

4. 염색의 방치시간을 정확하게 지켜야 하는 이유에 대하여 서술하시오.

5. 산화 염모제에 염모제와 산화제의 혼합 비율이 적거나 많을 경우 어떤 결과가 나타나는지에 대하여 서술하시오.

6. 탈색의 원리에 관하여 서술하시오.

7. 산화제의 과산화수소 농도별 차이에 관하여 서술하시오.

구분 / 농도	유리 산소 발생 양	영구 염모제 혼합 시 모발 명도의 변화 양

8. 탈색제의 사용 시 탈색과 탈염에 관하여 설명하시오.

9. 블리치 레벨의 정의를 서술하시오.

10. 패치 테스트를 해야 하는 이유와 작업방법에 관하여 설명하시오.

11. 자연모 도포방법에 대하여 서술하시오.

염색 기초이론과 실무 학습 문제 해답 편

객관식

1	①	2	③	3	②	4	①	5	③
6	④	7	⑤	8	①	9	④	10	③
11	②	12	①	13	①	14	⑤	15	⑤
16	①	17	④	18	①	19	①	20	⑤
21	②	22	④	23	⑤	24	④	25	④
26	⑤	27	①	28	①	29	②⑤	30	⑤
31	②	32	②⑤	33	④	34	④	35	②④
36	④	37	②	38	⑤	39	①	40	②

주관식

1	염모제의 작용이 유지되는 유지력, 각 염모제의 정착되는 부분으로 나뉜다.
2	공기 중의 산소, 태양의 열, 수분
3	염색의 결과색상
5	에멜tus
6	이온 결합(음이온 결합)
8	입자형 멜라닌 색소 – 분사형 멜라닌 색소
9	과산화수소수, 알칼리제
10	애벌탈색
11	옥시 멜라닌(Oxy-melanin)
12	자연모 도포법
13	패치 테스트

4

	자연모 레벨
10	금색
9	아주 밝은 황갈색
8	밝은 황갈색
7	황갈색
6	어두운 황갈색
5	밝은 갈색
4	갈색
3	어두운 갈색
2	아주 어두운 갈색
1	흑색

7

	블리치 레벨
10	아주 밝은 노랑
9	밝은 노랑
8	노랑
7	노랑 오렌지
6	오렌지
5	붉은 오렌지
4	빨강
3	(어두운) 빨강
2	빨강(적보라)
1	검정

서술형

1	◆ 장점 • 모발의 손상이 거의 없다. • 탈색과 병행하여 원색적인 색 및 다양한 색상을 나타낼 수 있다. • 염색 시 두피 온도 차에 의한 영향을 받지 않으므로 작업시간에 대한 제약이 적다. • 시술한 뒤 약 2 ~ 4주가 지나면 모발 본래의 색으로 돌아가기 때문에 신생모의 색상과 차이가 ◆ 단점 • 장기간 반복하여 염색할 경우 모발이 뻣뻣해진다. • 색상의 차이에 의한 명도 이외에 모발의 명도를 높이지 못한다. • 어두운 모발을 밝고 선명한 색으로 염색하기가 어렵다. • 피부에 염색제가 묻으면 잘 지워지지 않는다.
2	◆ 액상화 작업이란? 염색 시술 끝나기 약 3~5분전 모발과 두피에 부드럽게 마사지를 하는 것을 말한다. 이는 두피와 모발에 남아 있는 염모제의 잔여물을 제거하기 위한 목적으로 시술한다. ◆ 효과 • 두피와 모발의 염모제 잔여물 제거 • 색소의 정착을 도와준다. • 부드러움과 윤기를 더해 준다. • 유지력을 증가시킨다. ◆ 작업방법 • 시술 의자에서 길이 부분을 크게 뜨고 길이에서 끝 방향으로 마사지를 한다. • 전체적으로 돌아가며 반복적으로 시술한다. • 샴푸 실에서 두피에 물을 두르지 않고 먼저 두피 마사지를 한다. • 조금씩 물을 두르며 두피와 모발의 염모제를 제거한다.
3	• 산화 염색의 결과색상은 탈색 작용에 의하여 만들어진 블리치 레벨과 발색의 과정으로 만들어진 도포한 색상이 합쳐져서 나타나는 것이다.
4	• 방치시간은 결과의 색상에 매우 중요한 영향을 미친다. 방치시간이 부족하면 탈색과 발색이 떨어져 정확한 결과의 색상분만 아니라 유지력도 떨어지게 된다. 만일 방치 시간을 오버타임 한다면 색은 탁하고 어두워지는 결과 색상을 얻게 된다.
5	• 염색제의 혼합의 비율을 정확히 하는 것은 결과의 색상에 많은 영향을 미친다. 산화제의 양이 많으면 발색력이 떨어져 결과의 색상이 흐리게 나오며, 산화제의 양이 적으면 결과색상이 탁하며 탈색력이 떨어지게 된다. 그러므로 정확한 산화제의 혼합사용이 결과색상을 정확하게 만드는 데 중요하다.
6	• 제 1제(탈색제)와 제 2제(산화제)를 혼합을 하여 사용하게 되는데 이때 pH는 9 ~ 10정도 된다. 알칼리의 작용으로 모표피가 팽윤되어 과산화수소가 모피질 내 침투를 하게 된다. 과산화수소에서 생성된 뉴리 산소는 보피실내 있는 벨라닌 색소와 산화하여 복시 벨라닌(Oxy-melanin)이라는 색이 없는 분자 형태로 되어 탈색의 효과를 나타낸다.
7	3% 10 Volume 모발을 거의 밝게 하지 못하거나 1레벨 밝게 해준다. 6% 20 Volume 모발의 밝기를 최고 2레벨 밝게 해준다. 9% 30 Volume 모발의 밝기를 보통 3레벨 밝게 해준다.
8	• 탈색: 자연 멜라닌 색소의 제거 (자연모)— 애벌 탈색(사전 탈색) • 탈염: 인위적인 색소를 제거 (기염모)—클렌징(Cleansing), 딥클렌징(Deep Cleansing)
9	• 블리치 레벨은 모발이 산소에 의하여 멜라닌 색소가 산화되는 과정을 거치게 된다. 이때 제거되고 남은 멜라닌 색소가 일정한 밝기와 반사 빛을 나타나게 된다. 이것을 일정한 밝기의 기준에 따라 나누어 놓은 것을 블리치 레벨이라고 하며 이 블리치 레벨은 1단계에서 10단계까지의 등급으로 나누어 말한다.

10	◆ 패치 테스트는 산화 염색 시 염색 시술 48시간 전 반드시 패치 테스트를 통하여 알레르기 반응 검사를 한다. ◆ 산화 영구 염색의 패치 테스트 방법 • 염색 48시간 전 팔의 안쪽이나 귀의 뒤쪽에 주변을 깨끗이 씻고 물기를 닦아 낸다. • 염모제 제 1제와 산화제 제 2제를 혼합 비율에 맞추어 혼합한다. • 팔 안쪽 또는 귀 뒤쪽의 피부 부분에 소량을 바른다. • 염모제를 도포 후 30분 후, 48시간 후에 2회 관찰 한다. • 아무런 이상이 없을 시 염색의 시술이 가능하다. • 도포 부위에 이상 반응이 생기면 씻어 내고, 시술은 하지 않도록 한다. • 눈썹이나 속눈썹 등 모발을 제외한 부분에는 사용하지 않는다.
11	• 모근 2cm와 길이에서 길이 끝의 비교 시 모근은 두피의 열이 전달되는 반면, 길이에서 길이 끝은 열이 부족하여 결과의 색이 모근 쪽 약 2cm가 밝게 나오게 된다. 이것은 두피의 열의 전달이 문제가 아니라 길이의 열이 부족하여 발생되는 문제이다. • 먼저 희망색상을 모근 1 ~ 1.5cm를 띄우고 길이에서 길이 끝까지 도포 자연 방치 15분(열 보충) 후, 새로이 희망 색상을 혼합하여 모근 에서 길이 끝까지 도포하여 자연 방치한다. 방치 시간은 제조사에 따라 달라질 수도 있다.

Ⅰ-3. 염색 기초이론과 실무 학습 문제

※ 각각의 문제를 풀어 보세요.(자연모 도포법)

1) 고객의 자연모는 2레벨이고 희망색상은 블루 블랙이다

답:

2) 고객의 자연모는 3레벨 희망색상은 4.56의 적 자주빛 갈색이다

답:

3) 고객의 자연모는 3레벨 희망색상은 5.64의 구리 적빛 밝은 갈색이다

답:

4) 고객의 자연모는 3레벨 희망색상은 6.45의 자주 구리빛 어두운 황갈색이다

답:

5) 고객의 자연모는 2레벨 희망색상은 7.43의 금 구리빛 황갈색이다

답:

※각각의 문제를 풀어 보세요.(애벌탈색)

6) 고객의 자연모는 2레벨 희망색상은 6.45 자주 구리빛 어두운 황갈색이ㄷ

답:

7) 고객의 자연모 4레벨 희망색상은 8.1 잿빛 밝은 황갈색이다.

답:

8) 고객의 자연모 3레벨 희망색상은 6.3 금빛 어두운 황갈색이다.

답:

염색 기초이론과 실무 실기 학습 문제 해답 편

※ 각각의 문제를 풀어 보세요.(자연모 도포법)

1) 고객의 자연모는 2레벨이고 희망색상은 블루 블랙이다

답: 1. 희망색상 블루 블랙 + 20v - 원터치 도포

원터치 도포 (모근에서 길이 끝까지 한 번에 바른다.)

2) 고객의 사연보는 3레벨 희망색상은 4.56의 적 자주빛 갈색이다

답: 1. 희망색상 4.56 + 20v - 원터치 도포

3) 고객의 자연모는 3레벨 희망색상은 5.64의 구리 적빛 밝은 갈색이다

답: 1. 희망색상 5.64 + 20v - 자연모 도포

자연모 도포 (모근 1cm를 띄우고 길이에서 길이 끝까지 도포 자연방치 15분, 새로이 희망 색상을 산화제와 혼합 모근에서 길이 끝까지 도포 자연방치 30~35분)

4) 고객의 자연모는 3레벨 희망색상은 6.45의 자주 구리빛 어두운 황갈색이다

답: 1. 희망색상 6.45 + 30v - 자연모 도포

만일 30v 산화제가 없다면 3단계까지 자연모를 밝게 할 수 있는 방법이 필요 애벌 탈색을 한다.

1. 애벌탈색 BL 6(오렌지) 레벨 업
2. 희망색상 6.45 + 20v - 원터치 도포

5) 고객의 자연모는 2레벨 희망색상은 7.43의 금 구리빛 황갈색이다

답: 1. 애벌탈색 BL 7(노랑 오렌지) 레벨 업
2. 희망색상 7.43 + 20v - 원터치 도포

애벌탈색 후에는 희망색상 도포는 원터치로 도포한다.

※각각의 문제를 풀어 보세요.(애벌탈색)

6) 고객의 자연모는 2레벨 희망색상은 6.45 자주 구리빛 어두운 황갈색이다.

답: 1. 애벌탈색 BL 6(오렌지) 레벨 업
2. 희망색상 6.45 + 20v - 원터치 도포

7) 고객의 자연모 4레벨 희망색상은 8.1 잿빛 밝은 황갈색이다.

답: 1. 애벌탈색 BL 10(아주 밝은 노랑) 레벨 업
2. 희망색상 8.1 + 20v - 원터치 도포

보통 잿빛 계열은 최소 블리치 레벨 9번(밝은 노랑), 10번(아주 밝은 노랑)에서 그 색상을 표현한다.

8) 고객의 자연모 3레벨 희망색상은 6.3 금빛 어두운 황갈색이다.

답: 1. 애벌탈색 BL 8(노랑) 레벨 업
2. 희망색상 6.3 + 20v - 원터치 도포

6.3은 명도는 6번의 레벨을 가지고 있으나 컬러 차트의 금빛을 만들어 주기 위해서는 그 반사 빛이 잘 표현 될 수 있는 블리치 레벨이 필요, 금빛은 블리치 레벨 8(노랑)에서 가장 이상적으로 표현된다.

Ⅱ-3. 색채학 학습 문제

객관식

1. 다음 중 면적 대비에 대한 설명으로 알맞지 않은 것을 고르시오.

① 같은 색이라도 면적이 클수록 명도와 채도가 높아 보이는 현상이다.
② 명도로 표현해야 하고 중간 명도의 경우 가장 효과적이다.
③ 일반적으로 면적이 넓은 색의 부분은 명도와 채도가 크게 보인다.
④ 작은 색의 부분은 명도와 채도가 작아 보인다.
⑤ 다른 종류의 대비가 주는 효과를 강조한다.

2. 다음 중 채도 대비에 대한 설명으로 알맞지 않은 것을 고르시오.

① 바탕색의 채도에 따라 원 색이 선명해 보이거나 탁해 보이는 현상이다.
② 무채색 위의 유채색은 채도가 더 높아 보인다.
③ 순색과 탁색 사이에 생기는 대비이다.
④ 고채도의 순수하고 강한 색과 저채도의 흐릿한 색을 상대적으로 대비 시켜야 효과가 크다.
⑤ 배색된 색의 관계에서 명도의 차이가 크게 되면 서로를 더욱 강조하는 역할이다.

3. 다음 중 보색 대비에 대한 설명으로 알맞지 않은 것을 고르시오.

① 색의 배색으로 상대의 색이 더 선명해 보이는 현상이다.
② 채도가 높아 보이며, 색상은 변함없어 보인다.
③ 바탕색의 영향으로 색상 차가 크게 보이는 현상이다.
④ 색상이 반대색끼리 배색 되었을 때에는 색상은 뚜렷해지고 채도가 높아 보인다.
⑤ 색 면적이 서로 맞닿아 있거나 가까울 경우 선명한 효과가 있다.

4. 색채의 심리 중 빨간색의 연상언어에 대한 설명으로 알맞은 것을 고르시오.

① 차분함 ② 부드러움 ③ 신비로움
④ 궁중 ⑤ 정열

5. 색채의 심리 중 파란색의 연상언어에 대한 설명으로 알맞은 것을 고르시오.

① 냉정 ② 따뜻함 ③ 황제
④ 휴식 ⑤ 가을

6. 노랑의 연상언어에 대한 설명으로 알맞은 것을 고르시오.

① 냉정 ② 기쁨 ③ 황제
④ 휴식 ⑤ 섬세함

7. 밝은 등의 이미지를 가지고 있으며, 비비드 톤 보다 명도가 높고 조금 채도가 낮은 위치에 있다.

① 브라이트 톤(Bright tone) ② 페일 톤(Pale tone)
③ 라이트 톤(Light tone) ④ 스트롱 톤(Strong tone)
⑤ 소프트 톤(Soft tone)

8. 큰 대비요인이며, 선명하고 활기가 있고 명쾌한 느낌을 준다.

① 덜 톤(Dull tone) ② 라이트 그레이시 톤(Light grayish tone)
③ 비비드 톤(Vivid tone) ④ 라이트 톤(Light tone)
⑤ 브라이트 톤(Bright tone)

9. PCCS톤 표에서 봄에 해당되는 것을 고르시오.

① 비비드 톤(Vivid tone) ② 페일 톤(Pale tone)
③ 덜 톤(Dull tone) ④ 브라이트 톤(Bright tone)
⑤ 라이트 그레이시 톤(Light grayish tone)

10. PCCS톤 표에서 여름에 해당되는 것을 고르시오.

① 다크 톤(Dark tone) ② 브라이트 톤(Bright tone)
③ 비비드 톤(Vivid tone) ④ 다크 그레이시 톤(Dark grayish tone)
⑤ 라이트 그레이시 톤(Light grayish tone)

11. PCCS톤 표에서 가을에 해당되는 것을 고르시오.

① 딥 톤(Deep tone) ② 브라이트 톤(Bright tone)
③ 비비드 톤(Vivid tone) ④ 다크 그레이시 톤(Dark grayish tone)
⑤ 라이트 그레이시 톤(Light grayish tone)

12. PCCS톤 표에서 겨울에 해당되는 것을 고르시오.

① 덜 톤(Dull tone) ② 브라이트 톤(Bright tone)
③ 비비드 톤(Vivid tone) ④ 라이트 톤(Light tone)
⑤ 소프트 톤(Soft tone)

주관식

1. 다음 보기를 보고 알맞은 답을 쓰시오.

· 본래 색이 갖고 있는 특성보다 대비에 의해 색의 차고 따뜻함이 강조되어 색의 온도감이 강하게 느껴지게 되는 현상이다. · 같은 명도로 표현해야 하고 중간 명도의 경우 가장 효과적이다.

답:

2. 다음 보기를 보고 알맞은 답을 쓰시오.

· 배색된 색의 관계에서 명도의 차이가 크게 되면 서로를 더욱 강조하는 역할이다. · 강한 조형적 힘에 의한 입체적이고 공간적으로 변화 시키는 효과가 있다.

답:

3. 다음 보기를 보고 알맞은 답을 쓰시오.

· 바탕색의 영향으로 색상 차가 크게 보이는 현상이다. · 주로 배색은 힘차고, 활발하고, 결정적이고, 단호한 느낌이다.

답:

4. 다음 보기를 보고 알맞은 답을 쓰시오.

대조색, 보색의 조합으로 명도, 채도, 색상의 레벨 차가 많은 배색 변화가 있고 다이내믹한 느낌을 준다.

답:

5. 다음 보기를 보고 알맞은 답을 쓰시오.

어떤 색을 보았을 때 개인적인 경험, 기억, 사상, 의견 등의 심리적 활동의 영향으로 어떤 추상적 언어나 이미지(형상)가 나타나는 것을 말한다.

답:

6. 다음 보기를 보고 알맞은 답을 쓰시오.

가장 채도가 높은 색이다. 순색이며 선명하고 활기가 있다. 명쾌한 느낌을 준다. 큰 대비요인을 갖고 있다.

답:

7. 다음 보기를 보고 알맞은 답을 쓰시오.

비비드 톤 바로 옆에 위치하며 명도는 거의 같지만 채도가 낮다, 그러나 채도가 낮다고 해도 비비드 톤에 비해 아주 약간만 낮은 것이므로 색으로서는 강하고 선명한 이미지를 갖는다.

답:

8. 다음 보기를 보고 알맞은 답을 쓰시오.

라이트 톤이나 페일 톤 같은 고명도의 톤에 비교하여 선명도는 떨어지지만 약간 탁하면서 부드럽다. 라이트 톤의 아래에 위치한 중간색조이다.

답:

9. 다음 보기를 보고 알맞은 답을 쓰시오.

전체가 어두운 색조에 속한다. 이 톤 그룹 중에서도 가장 밝은 색상인 기호 8의 노랑은 명도가 4(채도4)이고, 최저 명도인 색상 기호 20의 청자는 명도 2(채도 4)로 명도 차가 불과 2단계에 지나지 않는다.

답:

10. 다음 보기를 보고 알맞은 답을 쓰시오.

명도는 높고 약간의 어두운 회색이 들어간 색으로 둔탁하지만 부드러운 느낌이 드는 색으로 내츄럴한 실내의 인테리어에 적합한 안정감을 주는 톤이다.

답:

11. 다음 보기를 보고 알맞은 답을 쓰시오.

소프트 톤보다 약간 무거운 느낌으로 회색을 다량 포함한 색 같은 느낌이지만, 라이트 톤과 같은 중채도로 색 기미를 분명히 유지하고 있다. 중명도, 중채도 톤이다.

답:

12. 다음 보기를 보고 알맞은 답을 쓰시오.

많은 양의 어두운 회색이 들어간 색으로 언뜻 봐서는 깨끗하지 못한 느낌이 드는데, 하나하나의 색들은 각각 무거우면서도 깊이감이 드는 색이다.

답:

염색 기초이론과 실무 학습 문제 해답 편

객관식

1	②	2	⑤	3	③	4	⑤	5	①
6	③	7	①	8	③	9	④	10	⑤
11	①	12	③						

1	한난 대비	2	명도 대비
3	색상 대비	4	콘트라스트(contrast)
5	색채연상	6	비비드 톤(Vivid tone)
7	스트롱 톤(Strong tone)	8	소프트 톤(Soft tone)
9	다크 톤(Dark tone)	10	라이트 그레이시 톤(Light Grayish tone)
11	덜 톤(Dull tone)	12	그레이시 톤(Grayish tone)

Ⅱ-2. 재염색 기법의 실무 학습 문제

객관식

1. 다음 보기를 보고 알맞은 것을 고르시오.

모발의 염색을 위해 사용되는 염모제는 사람에 따라 접촉성 피부염, 두피 질환 및 탈모 등의 알레르기반응 검사이므로 반드시 해야 한다.

① 액상화　② 패치 테스트　③ 연연장
④ 컬러매치　⑤ Cleansing

2. 패치 테스트의 관한 내용으로 알맞지 않는 것을 고르시오.

① 패치 테스트는 염색을 하기 48시간 전 팔의 안쪽이나 귀 뒤쪽에 하는 것이다.
② 도포 부위에 이상 반응이 생기면 씻어내고, 시술은 하지 않도록 한다,
③ 패치 테스트 후 아무런 이상 반응이 생기지 않으면 염색의 시술이 가능하다.
④ 염모제 도포 30분 후, 48시간 후 총 2회 관찰한다.
⑤ 패치 테스트를 할 경우 염모제 1제만 사용하여 실시한다.

3. 고객의 모발진단에서 들어갈 내용으로 알맞지 않는 것을 고르시오.

① 고객의 개인적인 취향
② 고객의 자연모 레벨
③ 신생모의 길이
④ 백모의 비율과 모발의 손상정도
⑤ 기염모의 블리치 레벨과 반사빛

4. 다음 보기를 보고 알맞은 것을 고르시오.

희망 색상을 혼합하여 1~1.5cm 띄우고 길이에서 길이 끝까지 도포 자연방치 15분 후, 새로이 희망 색상을 혼합하여 모근부터 길이 끝까지 도포하여 자연방치 한다.(제조사에서 명시한 방치 시간)

① Cleansing　② 자연모 도포법　③ 직연연장
④ 신생모 도포법　⑤ 원터치

5. 다음 보기를 보고 일치성이 있는 것을 고르시오.

번호	모발색상	희망색싱
1	.1	.2
2	.3	.6
3	.6	.4
4	.1	.7
5	.2	.3
6	.4	.6
7	.7	.3
8	.5	.6
9	.5	.4
10	.3	.4
11	.4	.5
12	.1	.4

① 1, 2, 4, 5, 6, 8, 10, 11, 12 ② 3, 7, 9, 10, 11, 12
③ 2, 4, 6, 11, ④ 2, 6, 8, 10, 11
⑤ 2, 4, 5, 7, 9, 12

6. 연연장의 종류와 설명에 관한 내용으로 알맞은 것을 고르시오.

① 연연장이란 신생모에 염색을 도포한 후 남은 약액과 온수를 섞어 기염부에 바르는 것을 말한다.
② 직연연장은 퇴색이 적을 때 사용하는 기법이다.
③ 반연연장은 퇴색이 없을 때 사용하는 기법이다.
④ 종연연장은 퇴색이 많을 때 사용하는 기법이다.
⑤ 연연장 시술시 기염무의 손상정두에 따라 시술한다.

7. 연연장 작업 시 온수의 효과로 알맞지 않는 것을 고르시오.

① 암모니아를 날려줌으로 탈색의 힘을 떨어뜨린다.
② 모발의 재생능력을 극대화 시켜준다.
③ 과산화를 막는다.
④ 재염색시 색상의 겹침으로 탁해지는 것을 방지한다.
⑤ 손상 도를 줄여준다.

8. Cleansing의 관한 설명으로 알맞은 것을 모두 고르시오.

① Cleansing 작업 시 섹션은 굵게 도포 량은 충분히 빠르게 도포한다.
② Cleansing 작업의 시간은 20분 이상 작업을 진행해야 반사 빛의 제거가 가능하다.
③ 재염색시 희망색상이 기염모의 색상과 일치성이 없는 경우 반사 빛을 제거하는 방법을 말한다.
④ 기염모의 레벨 업을 목적으로 작업하는 방법을 말한다.
⑤ Cleansing의 작업은 탈색제+산화제+온수+샴푸(1:1:1:1) 혼합하여 사용한다.

9. Deep Cleansing의 관한 설명으로 알맞지 않는 것을 고르시오.

① 효율적인 작업을 위해 열처리를 한다.
② 기염모에 인위적인 색소의 제거와 레벨 업을 위한 목적으로 사용한다.
③ Deep Cleansing 작업 전 Cleansing 작업을 필수로 한다.
④ Deep Cleansing의 작업은 탈색제+산화제(1:2~3) 혼합하여 사용한다.
⑤ Deep Cleansing 작업 후 샴푸는 두피에 자극을 주지 않도록 주의하며 탈색제의 잔여물이 남지 않도록 깨끗하게 샴푸한다.

10. 다음 보기를 보고 알맞은 것을 고르시오.

보충색이라고도 하며, 이미 제거된 멜라닌 색소를 보충하여 동일한 결과 색상을 얻기 위해 제거된 블리치 레벨을 보충하여 주는 색상을 말한다.

① 2차 색상　② 기본색상　③ 희망색상　④ 중화색상　⑤ 필러 색상

11. 필러 색상을 사용하는 이유로 알맞지 않는 것을 고르시오.

① 정확한 레벨 다운을 위하여 필러 색상을 사용한다.
② 모발의 손상 도를 줄이기 위하여 필러 색상을 사용한다.
③ 제거된 멜라닌 색소를 보충하기 위해 사용한다.
④ 유지력을 증가시키기 위해 사용한다.
⑤ 필러 색상은 블리치 레벨과 유사한 색상으로 구성된다.

12. 컬러 매치의 관한 설명으로 알맞은 것을 모두 고르시오.

① 모발 손상이 없을 때
② 희망색이 기염모의 색보다 1~2레벨 어두워 질 때
③ 모발 손상이 있을 때
④ 희망색이 기염모의 색보다 3레벨 이상 어두워 질 때
⑤ 희망색이 기염모의 색보다 밝을 때

13. 프리 피그멘테이션의 관한 설명으로 알맞은 것을 모두 고르시오.

① 희망색이 기염모의 색보다 밝을 때
② 모발 손상이 있을 때
③ 희망색이 기염모의 색보다 3레벨 이상 어두워 질 때
④ 모발 손상이 없을 때
⑤ 희망색이 기염모의 색보다 1~2레벨 어두워 질 때

14. 백모의 관한 설명으로 알맞지 않는 것을 고르시오.

① 백모는 멜라닌 색소가 없는 모발이다.
② 커버력을 높이기 위하여 방치시간을 5~10분 오버타임을 두기도 한다.
③ 백모 염색 시 저항성을 떨어뜨리기 위하여 사전연화기법을 사용한다.
④ 커버력을 높이기 위하여 산화제의 혼합 량을 줄인다.
⑤ 백모는 저항성이 강한 것이 특징이다.

15. 사전 연화를 하는 목적으로 알맞은 것을 고르시오.

① 기염모의 레벨 업을 위해서 사용한다.
② 인위적인 색소를 제거하기 위해서 사용한다.
③ 모발의 손상 도를 줄이기 위해서 사용한다.
④ 재염색시 색상의 겹침으로 탁해지는 것을 방지하기 위해서 사용한다.
⑤ 백모의 저항성 또는 자연모의 부족한 열을 보충하기 위해서 사용한다.

주관식

1. 보기를 보고 알맞은 도포법의 명칭을 쓰시오.

희망색상을 혼합하여 1 ~ 1.5cm 띄우고 길이에서 길이 끝까지 도포 자연 방치 15분 후, 새로이 희망 색상을 혼합하여 모근부터 길이 끝까지 도포하여 자연 방치 한다. (제조사에서 명시한 방치 시간)

2. 보기를 보고 알맞은 명칭을 쓰시오.

모발의 염색을 위해 사용되는 염모제는 사람에 따라 접촉성 피부염, 두피 질환 및 탈모 등의 알레르기반응 검사이므로 반드시 해야 한다.

3. 다음 보기를 보고 일치성이 있는 것에 O, 없는 것에 X표시를 하시오.

모발색상	희망색상	O / X	정답
.1	.2		
.2			
	.4		
.5	.6		
.7	.1		
.1	.6		
	.7		
.2	.5		
.4	.2		
.5	.4		

4. 다음 보기를 보고 알맞은 명칭을 쓰시오.

기염모의 도포하는 방법으로 손상을 최소화하고 신생모와 기염모의 결과색상을 정확히 연결하는 방법이다.

5. 연연장 작업 시 온수의 효과를 쓰시오.

6. 다음 보기를 보고 알맞은 답을 쓰시오.

재염색시 희망색상이 기염모의 색상과 일치성이 없는 경우 반사 빛을 제거하는 방법을 말한다.

7. 다음 보기를 보고 알맞은 답을 쓰시오.

기염모의 인위적인 색소 제거와 레벨 업을 목적으로 작업하는 방법을 말한다.

8. 다음 보기를 보고 알맞은 답을 쓰시오.

보충색이라고도 하며, 이미 제거된 멜라닌 색소를 보충하여 동일한 결과색상을 얻기 위해 제거된 블리치 레벨을 보충하여 주는 색상을 말한다.

9. 다음 보기를 보고 알맞은 답을 쓰시오.

◆ 기염모가 1 ~ 2레벨 정도 밝아 레벨다운을 할 때 ◆ 모발의 손상이 적을 때

10. 다음 보기를 보고 알맞은 답을 쓰시오.

◆ 기염모가 3레벨 이상 밝아 레벨다운을 할 때 ◆ 모발의 손상이 많을 때

서술형

1. 고객 상담카드 작성 시 들어가야 할 사항을 서술하시오.

2. 색상의 일치성에 대해 하나의 예시를 들어 서술하시오.

3. 제스처 테스트의 방법에 관하여 서술하시오.

4. 스타일 테스트의 방법에 관하여 서술하시오.

5. Cleansing의 정의와 작업방법에 관하여 설명하고 예시를 들어 서술하시오.

클렌징의 예시 :

6. Deep Cleansing 정의와 작업방법에 관하여 설명하고 예시를 들어 서술하시오.

클렌징의 예시 :

7. 필러 색상에 대하여 설명하고 각 레벨 별 필러 색상을 쓰시오.

레벨 별 필러 색상

	블리치 레벨	블리치 레벨 넘버링	활용 필러 색상
10			
9			
8			
7			
6			
5			
4			
3			
2			
1			

8. 컬러 매치에 대해 예시를 들어 서술하시오.

9. 프리 피그멘테이션에 대해 예시를 들어 서술하시오.

재염색 기법의 실무 학습 문제 해답 편

객관식

1	①	2	③	3	②	4	①	5	③
6	④	7	⑤	8	①	9	④	10	③
11	②	12	①	13	①	14	⑤	15	⑤

주관식

1	자연모 도포법
2	패치 테스트
3	정답 X X O O X X X X X X
4	연연장
5	암모니아를 날려줌으로 탈색의 힘을 떨어뜨린다. 과산화를 막는다. 손상도를 줄여준다.
6	Cleansing
7	Deep Cleansing
8	필러 색상
9	컬러 매치
10	프리 피그멘테이션

서술형

1	▶ 고객 상담 시 파악할 사항 ① 싫어하는 색상 ② 좋아하는 색상 ③ 즐겨 입는 옷의 색상 ④ 즐겨 하는 색조 화장 ⑤ 즐겨 하는 액세서리 ⑥ 원하는 색상	▶ 고객의 모발 진단 ① 자연모의 레벨 ② 신생모의 길이 ③ 백모의 비율 ④ 길이와 블리치 레벨과 반사빛 ⑤ 길이 끝의 블리치 레벨과 반사빛 ⑥ 모발의 손상 정도(데미지 레벨)

2	◆ 기염모(기존에 염색한 모발)의 밝기와 희망 색상의 밝기가 동일한 경우, 재염색 시술 시에 고려해야 하는 것은 색상의 일치성이다. 왜냐하면, 기염모에 기존 시술한 색상이 남아 있는 상황에서, 희망 색상 시술 시 남아 있는 색상과 재염색 색상이 겹쳐서 다른 색상으로 나타날 수 있기 때문이다. 그러므로 명도의 변화가 없는 상황에서 색상의 일치성 여부를 시술 전에 꼭 확인하고 재염색을 계획하여야 한다.
3	◆ 제스처 테스트 • 고객을 거울을 등지게 앉힌다. • 양해를 구한 뒤 평소습관을 보기 위해 현재 스타일을 헝클어뜨린다. • 고객 스스로 평소 습관대로 연출하도록 한다. • 자세히 관찰 후 기록한다.(하는 중간중간 왜 그렇게 하는지 묻는다.) • 고객의 언어를 그대로 사용하여 요구조건을 확인한다. • 시술방법을 2가지 이상 제안한다.
4	◆ 스타일 테스트 • 기다리는 대기 시간을 이용한다. • 스타일링 잡지 (뷰티 잡지)와 빨강. 초록색 핀셋(핀컬핀)을 준비하여 3개씩 준다. • 빨강-〉 싫어하는 스타일 • 초록-〉 좋아하는 스타일. 컬러차트에 꼽도록 한다. • 잡지를 가지고 상담을 시작한다. • 스타일을 보면서 이유를 꼭 묻는다. • 고객의 요구조건을 고객의 언어를 사용하여 파악한다.
5	◆ 클린징(cleansing)기법: 재염색시 희망색상이 기염모의 색상과 일치성이 없는 경우 기염모의 색상을 제거하는 방법. ◆ 작업방법: ① 탈색제+산화제 20v(6%)+온수+샴푸 (1:1:1:1)혼합한다. ② 기염모 도포: 슬라이스는 얇게 도포 량은 충분히 빠르게 도포한다. ③ 5~20분까지 부드럽게 마사지를 한다. ④ 샴푸-두피에 자극을 주지 않도록 주의 탈색제의 잔여물이 남지 않도록 깨끗하게 샴푸. ⑤ 희망색상 도포는 직연연장 도포 고객의 신생모는 3레벨에 길이는 4Cm 기염모는 5.64(구리 적빛 밝은 갈색)이다. 희망 색상: 5.45(자주 구리빛 밝은 갈색) 답: 기염모가 동일한 색상이므로 일치성 확인(X) 1. 기염모: Cleansing 2. 신생모: 희망색상 5.64+20v - 자연모 도포 3. 기염모: 남은 염모제+온수(10~15cc) — 직연연장
6	◆ 딥 클린징(cleansing)기법: 기염모에 인위적인 색소의 제거와 레벨 업을 위한 목적으로 사용하며, 항상 deep cleansing(딥 클린징)시 cleansing(클린징)을 필수로 시술한다. ◆ 작업방법: ① cleansing 필수 작업 후 ② 탈색제(1) + 산화제(2~3)혼합 ③ 기염모 : 슬라이스는 얇게 도포 량은 충분히 빠르게 도포 희망 색상의 블리치 레벨이 나올 때까지 부드럽게 마사지를 한다. ④ 샴푸- 두피에 자극을 주지 않도록 주의하고 탈색제의 잔여물이 남지 않도록 깨끗하게 샴푸한다. ⑤ 희망색상 도포는 직연연장

고객의 신생모는 3레벨에 길이는 3Cm 기염모는 5.64(구리 적빛 밝은 갈색)이다.
희망 색상: 6.45(자주 구리빛 어두운 황갈색)
답: 희망 색상이 기염모보다 밝으므로 기염모의 레벨 업
1. 기염모: Cleansing 후 Deep Cleansing BL 6(오렌지)
2. 신생모: 희망색상 6.45 + 30v - 자연모 도포
3. 기염모: 희망색상 6.45 + 20v + 온수(10 ~ 15cc)— 직연연장

7

- 필러 색상이란? 보충색이라 하며, 이미 제거된 멜라닌 색소를 보충하여 동일한 결과 색상을 얻기 위해 제거된 블리치 레벨을 보충하여 주는 색상을 말한다.
- 필러 색상은 일반적으로 블리치 레벨의 색상과 유사한 색상으로 구성되나 명도를 조절 할 수 있게 할 목적으로 염색제품에서 기본 색상을 주로 사용한다. 그러나 이는 제조사 마다 차이가 조금씩 있으므로 사용하는 제품의 사용 설명서나 시술법을 참조하여 선택하여야 한다.

	블리치 레벨	블리치 레벨 넘버링	활용 필러 색상
10	아주 밝은 노랑	10.03	
9	밝은 노랑	9.3	
8	노랑	8.3	8.3
7	노랑 오렌지	7.43	7.43
6	오렌지	6.4	6.45
5	붉은 오렌지	5.64	5.64, 5.5
4	빨강	4.6	4.56
3	(어두운) 빨강		
2	빨강(적보라)		
1	검정		

8

◆ 컬러 매치(color match): 기염모 손상이 거의 없고 희망 색상이 기염모보다 2레벨 미만 어두워질 경우 시술하는 방법이다.
◆ 작업방법:
① 신생모: 희망색상+산화제 - 신생모 도포
② 기염모: 남은 염모제+온수(10~15cc)+필러 색상(3~5cm) — 직연연장

9

◆ 프리 피그멘테인션 (pre -pigmentation): 기염모의 손상이 있으며 희망 색상과 비교 3레벨 이상 어두워질 경우에 시술하는 방법이다. 단 레벨의 차이가 2레벨 미만으로 어두워져도 기염부의 손상이 있을 시 프리 피그멘테이션 기법을 사용한다.
◆ 작업방법:
① 기염모: 필러 색상 + 온수 - 기염모 도포
② 신생모: 희망색상 + 산화제 - 신생모 도포
③ 기염모: 남은 염모제 + 온수(10 ~ 15cc) — 직연연장

재염색 기법의 실무 실기 학습 문제

※ 각각의 문제를 풀어 보세요.(Cleansing과 직연연장)

1) 고객의 신생모는 3레벨에 길이는 2cm 기염모는 5.64(구리 적빛 밝은 갈색)이다.
희망색상: 5.45(자주 구리빛 밝은 갈색)

답:

2) 고객의 신생모는 3레벨에 길이는 4cm 기염모는 5.64(구리 적빛 밝은 갈색)이다.
희망색상: 5.45(자주 구리빛 밝은 갈색)

답:

3) 고객의 신생모는 2레벨에 길이는 4cm 기염모는 6.64(구리 적빛 어두운 황갈색)이다.
희망색상: 6.35(자주 금빛 어두운 황갈색)

답:

4) 고객의 신생모는 2레벨에 길이는 4cm 기염모 길이 6.35(자주금빛 어두운 황갈색) 길이 끝 6.45(자주 구리빛 어두운 황갈색)이다.
희망색상: 6.35(자주 금빛 어두운 황갈색)

답:

※ 각각의 문제를 풀어 보세요.(Cleansing과 Deep Cieansing)

1) 고객의 신생모는 3레벨에 길이는 4cm 기염모는 4.56(적 자주빛 갈색)이다.
희망색상: 5.5(자주빛 밝은 갈색)

답:

2) 고객의 신생모는 3레벨에 길이는 3cm 기염모는 5.64(구리 적빛 밝은 갈색)이다.
희망색상: 6.45(자주 구리빛 어두운 황갈색)

답:

3) 고객의 신생모는 2레벨에 길이는 2cm 기염모는 5.64(구리 적빛 밝은 갈색)이다.
희망색상: 6.45(자주 구리빛 어두운 황갈색)

답:

4) 고객의 신생모는 2레벨에 길이는 4cm 기염모는 6.64(구리 적빛 어두운 황갈색)이다.
희망색상: 6.1(잿빛 어두운 황갈색)

답:

※ 각각의 문제를 풀어 보세요.(컬러 매치)

1) 고객의 신생모는 3레벨에 길이는 2cm 기염모는 6.66(진한 적빛 어두운 황갈색)이다.
희망색상: 5.5(자주빛 밝은 갈색)

답:

2) 고객의 신생모는 3레벨에 길이는 3cm 기염모는 6.66(진한 적빛 어두운 황갈색)이다.
희망색상: 5.5(자주빛 밝은 갈색)

답:

3) 고객의 신생모는 3레벨에 길이는 2cm 기염모는 7.43(금 구리빛 황갈색)이다.
희망색상: 5.5(자주빛 밝은 갈색)

답:

4) 고객의 신생모는 3레벨에 길이는 4cm 기염모는 7.43(금 구리빛 황갈색)이다.
희망색상: 5.5(자주빛 밝은 갈색)

답:

5) 고객의 신생모는 2레벨에 길이는 4cm 기염모는 7.43(금 구리빛 황갈색)이다.
희망색상: 5.5(자주빛 밝은 갈색)

답:

※ 각각의 문제를 풀어 보세요.(프리 피그멘테이션)

1) 고객의 신생모는 2레벨에 길이는 2cm 기염모는 7.43(금 구리빛 황갈색)이다.
희망색상: 4.45(자주 구리빛 갈색)

답:

2) 고객의 신생모는 2레벨에 길이는 3cm 기염모는 7.43(금 구리빛 황갈색)이다.
희망색상: 4.45(자주 구리빛 갈색)

답:

3) 고객의 신생모는 2레벨에 길이는 3cm 기염모는 7.43(금 구리빛 황갈색)이다.
희망색상: 2.10(블루 블랙)

답:

4) 고객의 신생모는 3레벨에 길이는 3cm 기염모는 8.3(금빛 밝은 황갈색)이다- 기염모 손상 있음.
희망색상: 7.43(금 구리빛 황갈색)

답:

5) 고객의 신생모는 3레벨에 길이는 3cm 기염모는 8.1(잿빛 밝은 황갈색)이다- 기염모 손상 있음.
희망색상: 7.43(금 구리빛 황갈색)

답:

6) 고객의 신생모는 4레벨에 길이는 2cm 기염모는 6.45(자주 구리빛 어두운 황갈색)이다- 기염모 손상 있음.
희망색상: 6.66(진한 적빛 어두운 황갈색)

답:

※ 각각의 문제를 풀어 보세요.(종합 문제)

1) 고객의 자연모는 3레벨에 길이는 2cm이고 기염모의 길이는 4레벨에 반사빛은 .45(자주 구리빛)이며 길이 끝은 5레벨에 .45(자주 구리빛)이다.
희망색상은 5.64(구리 적빛 밝은 갈색)

답:

2) 고객의 자연모는 4레벨에 길이는 4cm이고 기염모의 길이는 6레벨에 반사빛은 .45(자주 구리빛)이며 길이 끝은 6레벨에 .43(금 구리빛)이다.
희망색상은 6.64(구리 적빛 어두운 황갈색)

3) 고객의 자연모는 2레벨에 길이는 2cm이고 기염모의 길이는 6레벨에 반사빛은 .45(자주 구리빛)이며 길이 끝은 6레벨에 .44(진한 구리빛)이다.
희망색상은 6.35(자주 금빛 어두운 황길색)

답:

4) 고객의 자연모는 2레벨에 길이는 3cm이고 기염모의 길이는 6레벨에 반사빛은 .45(자주 구리빛)이며 길이 끝은 6레벨에 .44(진한 구리빛)이다.
희망색상은 6.35(자주 금빛 어두운 황갈색)

답:

5) 고객의 자연모는 4레벨에 길이는 2cm이고 기염모의 길이는 5레벨에 반사빛은 .45(자주 구리빛)이며 길이 끝은 6레벨에 .45(자주 구리빛)이다.
희망색상은 7.35(자주 금빛 황갈색)

답:

6) 고객의 자연모는 2레벨에 길이는 4cm이고 기염모의 길이는 5레벨에 반사빛은 .45(자주 구리빛)이며 길이 끝은 6레벨에 .45(자주 구리빛)이다.
희망색상은 7.35(자주 금빛 황갈색)

답:

7) 고객의 자연모는 2레벨에 길이는 4cm이고 기염모의 길이는 5레벨에 반사빛은 .45(자주 구리빛)이며 길이 끝은 7레벨에 .45(자주 구리빛)이다. 기염모 C부분 손상 있음.
희망색상은 6.35(자주 금빛 어두운 황갈색)

8) 고객의 자연모는 3레벨에 길이는 4cm이고 기염모의 길이는 5레벨에 반사빛은 .64(구리 적빛)이며 길이 끝은 7레벨에 .45(자주 구리빛)이다. 기염모 C부분 손상 있음.
희망색상은 5.35(자주 금빛 밝은 갈색)

답:

9) 고객의 자연모는 3레벨에 길이는 2cm이고 기염모의 길이는 6레벨에 반사빛은 .7(카키빛)이며 길이 끝은 8레벨에 .7(카키빛)이다. 기염모 B, C부분 손상 있음.
희망색상은 6.45(자주 구리빛 어두운 황갈색)

답:

10) 고객의 자연모는 3레벨에 길이는 2cm이고 기염모의 길이는 6레벨에 반사빛은 .7(카키빛)이며 길이 끝은 8레벨에 .7(카키빛)이다.
희망색상은 6.1(잿빛 어두운 황갈색)

답:

11) 고객의 자연모는 3레벨에 길이는 2cm이고 기염모의 길이는 6레벨에 반사빛은 .35(자주 금빛)이며 길이 끝은 8레벨에 .35(자주 금빛)이다.
희망색상은 2.10(블루 블랙)

답:

12) 고객의 자연모는 4레벨에 길이는 4cm이고 기염모의 길이는 7레벨에 반사빛은 .34(구리 금빛)이며 길이 끝은 8레벨에 .03(자연스러운 금빛)이다.
희망색상은 7.4(구리빛 황갈색)

답:

13) 고객의 자연모는 5레벨에 길이는 4cm이고 기염모의 길이는 6레벨에 반사빛은 .35(자주 금빛)이며 길이 끝은 9레벨에 .3(금빛)이다. 기염모 C부분 손상 있음.
희망색상은 7.44(진한 구리빛 황갈색)

답:

14) 고객의 자연모는 3레벨에 길이는 4cm이고 기염모의 길이는 5레벨에 반사빛은 .35 (자주 금빛)이며 길이 끝은 9레벨에 .3(금빛)이다.
희망색상은 6.45(자주 구리빛 어두운 황갈색)

답:

15) 고객의 자연모는 3레벨에 길이는 4cm이고 기염부의 길이는 5레벨에 반사빛은 .35 (자주 금빛)이며 길이 끝은 6레벨에 .3(금빛)이다. 기염모 C부분 손상 있음.
희망색상은 5.5(자주빛 밝은 갈색)

답:

재염색 기법의 실무 실기 학습 문제 해답 편

※ 각각의 문제를 풀어 보세요.(자연모 도포법)

1) 답: 기염모가 동일한 색상이므로 일치성 확인(X)

1. 기염모: Cleansing
2. 신생모: 희망색상 5.45 + 20v - 신생모 도포
3. 기염모: 남은 염모제 + 온수(10 ~ 15cc)— 직연연장

2) 답: 기염모가 동일한 색싱이므로 일치성 확인(X)

1. 기염모: Cleansing
2. 신생모: 희망색상 5.45 + 20v - 자연모 도포
3. 기염모: 남은 염모제 + 온수(10 ~ 15cc)— 직연연장

3) 답: 기염모가 동일한 색상이므로 일치성 확인(X)

1. 기염모: Cleansing
2. 신생모: 애벌탈색 BL 6(오렌지) 레벨 업
3. 신생모: 희망색상 5.35 + 20v - 원터치 도포
4. 기염모: 남은 염모제 + 온수(10 ~ 15cc)— 직연연장

4) 답: 기염모가 동일한 색상 길이 일치성 확인(O)
길이 끝 일치성 확인(X)

1. 기염모 길이 끝: Cleansing
2. 신생모: 애벌탈색 BL 6(오렌지) 레벨 업
3. 신생모: 희망색상 5.35 + 20v - 원터치 도포
4. 기염모: 남은 염모제 + 온수(10 ~ 15cc)— 직연연장

※각각의 문제를 풀어 보세요.(Cleansing과 Deep Cieansing)

1) 답: 희망색상이 기염모보다 밝으므로 기염모의 레벨 업

1. 기염모: Cleansing후 Deep Cleansing BL 5(붉은 오렌지)
2. 신생모: 희망색상 5.5 + 20v - 자연모 도포
3. 기염모: 남은 염모제 + 온수(10 ~ 15cc)— 직연연장

2) 답: 희망색상이 기염모보다 밝으므로 기염모의 레벨 업

1. 기염모: Cleansing후 Deep Cleansing BL 6(오렌지)
2. 신생모: 희망색상 6.45 + 30v - 자연모 도포
3. 기염모: 희망색상 6.45 + 20v + 온수(10~15cc)— 직연연장

3) 답: 희망색상이 기염모보다 밝으므로 기염모의 레벨 업

1. 기염모: Cleansing후 Deep Cleansing BL 6(오렌지)
2. 신생모: 애벌탈색 BL 6(오렌지)
3. 신생모: 희망색상 6.45 + 20v - 원터치 도포
4. 기염모: 남은 염모제 + 온수(10 ~15cc)— 직연연장

4) 답: 희망색상이 기염모보다 밝으므로 기염모의 레벨 업

1. 기염모: Cleansing후 Deep Cleansing BL 10(아주 밝은 노랑)
2. 신생모: 애벌탈색 BL 10(아주 밝은 노랑)
3. 신생모: 희망색상 6.1 + 20v - 원터치 도포
4. 기염모: 남은 염모제 + 온수(10 ~ 15cc)— 직연연장

※각각의 문제를 풀어 보세요.(컬러 매치)

1) 답: 기염모보다 희망색상이 어둡다 그러므로 1레벨다운

1. 신생모: 희망색상 5.5 + 20v - 신생모 도포
2. 기염모: 남은 염모제 + 필러(5.64)+온수(10 ~ 15cc)— 직연연장

2) 답: 기염모보다 희망색상이 어둡다 그러므로 1레벨다운

1. 신생모: 희망색상 5.5 + 20v - 자연모 도포
2. 기염모: 남은 염모제 + 필러(5.64) + 온수(10 ~ 15cc)— 직연연장

3) 답: 기염모보다 희망색상이 어둡다 그러므로 2레벨다운

1. 신생모: 희망색상 5.5 + 20v - 신생모 도포
2. 기염모: 남은 염모제 + 필러(5.64) + 온수(10 ~ 15cc)— 직연연장

4) 답: 기염모보다 희망색상이 어둡다 그러므로 2레벨다운

1. 신생모: 희망색상 5.5 + 20v - 자연모 도포
2. 기염모: 남은 염모제 + 필러(5.64) + 온수(10 ~ 15cc)— 직연연장

5) 답: 기염모보다 희망색상이 어둡다 그러므로 2레벨다운

1. 신생모: 희망색상 5.5 + 30v - 자연모 도포
2. 기염모: 희망색상 5.5 + 20v + 필러(5.64) + 온수(10 ~ 15cc)— 직연연장

※각각의 문제를 풀어 보세요.(프리 피그멘테이션)

1) 답: 기염모보다 희망색상이 어둡다 그러므로 3레벨다운

1. 기염모: 필러 색상(4.6) + 온수 - 기염모 도포
2. 신생모: 희망색상 4.45 + 20v - 신생모 도포
3. 기염모: 남은 염모제 + 온수(10 ~ 15cc)— 직연연장

2) 답: 기염모보다 희망색상이 어둡다 그러므로 3레벨다운

1. 기염모: 필러 색상(4.6) + 온수 - 기염모 도포
2. 신생모: 희망색상 4.45 + 20v - 자연모 도포
3. 기염모: 남은 염모제 + 온수(10 ~ 15cc)— 직연연장

3) 답: 기염모보다 희망색상이 어둡다 그러므로 5레벨다운

1. 기염모: 필러 색상(4.6) + 온수 - 기염모 도포
2. 신생모: 희망색상 2.10 + 20v - 자연모 도포
3. 기염모: 남은 염모제 + 온수(10 ~ 15cc)— 직연연장

4) 답: 기염모보다 희망색상이 어둡다 그러므로 1레벨다운이나 손상이 있으므로 프리 피그멘데이션

1. 신생모: 애벌탈색 BL 7(노랑 오렌지)
2. 기염모: 필러 색상(7.43) + 온수 - 기염모 도포
3. 신생모: 희망색상 7.43 + 20v - 원터치 도포
4. 기염모: 남은 염모제 + 온수(10 ~ 15cc)— 지연연장

※각각의 문제를 풀어 보세요.(프리 피그멘테이션)

5) 답: 기염모보다 희망색상이 어둡다 그러므로 3레벨다운, 손상이 있으므로 프리 피그멘테이션 또한 필러 색싱이 중화가 되므로 기염부에 Cleansing을 시술한다.

1. 기염모: Cleansing
2. 신생모: 애벌탈색 BL 7(노랑 오렌지)
3. 기염모: 필러 색상(7.43) + 온수 - 기염모 도포

4. 신생모: 희망색상 7.43 + 20v - 원터치 도포
5. 기염모: 남은 염모제 + 온수(10 ~ 15cc)— 직연연장

6) 답: 기염모와 희망색상이 동일한 레벨이다 그러나 기염모에 손상이 있으므로 프리 피그멘테이션을 시술한다.

1. 기염모: 필러 색상(6.4)+ 온수 - 기염모 도포
2. 신생모: 희망색상 6.66 + 20v - 신생모 도포
3. 기염모: 남은 염모제 + 온수(10 ~ 15cc)— 직연연장

※각각의 문제를 풀어 보세요.(종합 문제)

1) 답:

1. B: Cleansing후 Deep Cleansing BL 5(붉은 오렌지)
2. A: 희망색상 5.64 + 20v - 신생모 도포
3. B~C: 남은 염모제 + 온수(10 ~ 15cc)— 직연연장

2) 답:

1. A: 희망색상 6.64 + 20v - 자연모 도포
2. B~C: 남은 염모제 + 온수(10 ~ 15cc)— 직연연장

3) 답:

1. B~C: Cleansing
2. A: 애벌탈색 BL 6(오렌지)
3. A: 희망색상 6.35 + 20v - 원터치 도포
4. B~C: 남은 염모제 + 온수(10 ~ 15cc)— 직연연장

4) 답:

1. B~C: Cleansing
2. A: 애벌탈색 BL 6(오렌지)
3. A: 희망색상 6.35 + 20v - 자연모 도포
4. B~C: 남은 염모제 + 온수(10 ~ 15cc)— 직연연장

5) 답:

1. B~C: Cleansing후 Deep Cleansing BL 7(노랑 오렌지)
2. A: 희망색상 7.35 + 30v - 신생모 도포
3. B~C: 희망색상 7.35 + 20v + 온수(10 ~ 15cc)— 직연연장

6) 답:

1. B~C: Cleansing후 Deep Cleansing BL 7(노랑 오렌지)
2. A: 애벌탈색 BL 7(노랑 오렌지)
3. A: 희망색상 7.35 + 20v - 원터치 도포
4. B~C: 희망색상 7.35 + 20v + 온수(10 ~ 15cc)— 직연연장

7) 답:

1. B: Cleansing후 Deep Cleansing BL 6(오렌지)
2. A: 애벌탈색 BL 6(오렌지)
3. C: 필러 색상 6.4 + 온수 - 도포
4. A: 희망색상 6.35 + 20v - 원터치 도포
5. B~C: 남은 염모제 + 온수(10 ~ 15cc)— 직연연장

8) 답:

1. B: Cleansing
2. C: 필러 색상 5.64 + 온수 - 도포
3. A: 희망색상 5.35 + 20v - 자연모 도포
4. B~C: 남은 염모제 + 온수(10 ~ 15cc)— 직연연장

9) 답:

1. B~C: Cleansing
2. B~C: 필러 색상 6.4 + 온수 - 도포
3. A: 희망색상 6.45 + 30v - 신생모 도포
4. B~C: 희망색상 6.45 + 20v + 온수(10 ~ 15cc)— 직연연장

10) 답:

1. B~C: Cleansing후 Deep Cleansing BL 10(아주 밝은 노랑)
2. A: 애벌탈색 BL 10(아주 밝은 노랑)
3. A: 희망색상 6.1 + 20v - 원터치 도포
4. B~C: 남은 염모제 + 온수(10 ~ 15cc)— 직연연장

11) 답:

1. B~C: 필러 색상 4.6 + 온수 - 도포
2. A: 희망색상 2.10 + 20v - 신생모 도포
3. B~C: 남은 염모제 + 온수(10 ~ 15cc)— 직연연장

12) 답:

1. A: 7.4 + 30v - 자연모 도포
2. B: 7.4 + 20v + 온수(10 ~ 15cc)—직연연장
3. C: 남은 염모제 + 필러 색상(7.43)— 직연연장

13) 답:

1. B: Cleansing 후 Deep Cleansing BL 7(노랑 오렌지)
2. A: 희망색상 7.44 + 20v - 자연모 도포
3. B: 남은 염모제 + 온수(10~ 15cc)— 직연연장
4. C: 남은 염모제 + 필러 색상(7.43)— 직연연장

14) 답:

1. B: Cleansing후 Deep Cleansing BL 6(오렌지)
2. C: 필러 색상(6.4) + 온수 - 도포
3. A: 희망색상 6.45 + 30v - 자연모 도포
4. B~C: 희망색상 6.45 + 20v + 온수(10 ~ 15cc)— 직연연장

15) 답:

1. C: 필러 색상(5.64) + 온수 - 도포
3. A: 희망색상 5.5 + 20v - 자연모 도포
4. B~C: 남은 염모제 + 온수(10 ~ 15cc)— 직연연장

Ⅱ-3. 색채학 학습 문제

객관식

1. 다음 중 면적 대비에 대한 설명으로 알맞지 않은 것을 고르시오.

① 같은 색이라도 면적이 클수록 명도와 채도가 높아 보이는 현상이다.
② 명도로 표현해야 하고 중간 명도의 경우 가장 효과적이다.
③ 일반적으로 면적이 넓은 색의 부분은 명도와 채도가 크게 보인다.
④ 작은 색의 부분은 명도와 채도가 작아 보인다.
⑤ 다른 종류의 대비가 주는 효과를 강조한다.

2. 다음 중 채도 대비에 대한 설명으로 알맞지 않은 것을 고르시오.

① 바탕색의 채도에 따라 원 색이 선명해 보이거나 탁해 보이는 현상이다.
② 무채색 위의 유채색은 채도가 더 높아 보인다.
③ 순색과 탁색 사이에 생기는 대비이다.
④ 고채도의 순수하고 강한 색과 저채도의 흐릿한 색을 상대적으로 대비 시켜야 효과가 크다.
⑤ 배색된 색의 관계에서 명도의 차이가 크게 되면 서로를 더욱 강조하는 역할이다.

3. 다음 중 보색 대비에 대한 설명으로 알맞지 않은 것을 고르시오.

① 색의 배색으로 상대의 색이 더 선명해 보이는 현상이다.
② 채도가 높아 보이며, 색상은 변함없어 보인다.
③ 바탕색의 영향으로 색상 차가 크게 보이는 현상이다.
④ 색상이 반대색끼리 배색 되었을 때에는 색상은 뚜렷해지고 채도가 높아 보인다.
⑤ 색 면적이 서로 맞닿아 있거나 가까울 경우 선명한 효과가 있다.

4. 색채의 심리 중 빨간색의 연상언어에 대한 설명으로 알맞은 것을 고르시오.

① 차분함 ② 부드러움 ③ 신비로움
④ 궁중 ⑤ 정열

5. 색채의 심리 중 파란색의 연상언어에 대한 설명으로 알맞은 것을 고르시오.

① 냉정 ② 따뜻함 ③ 황제
④ 휴식 ⑤ 가을

6. 노랑의 연상언어에 대한 설명으로 알맞은 것을 고르시오.

① 냉정 ② 기쁨 ③ 황제
④ 휴식 ⑤ 섬세함

7. 밝은 등의 이미지를 가지고 있으며, 비비드 톤 보다 명도가 높고 조금 채도가 낮은 위치에 있다.

① 브라이트 톤(Bright tone) ② 페일 톤(Pale tone)
③ 라이트 톤(Light tone) ④ 스트롱 톤(Strong tone)
⑤ 소프트 톤(Soft tone)

8. 큰 대비요인이며, 선명하고 활기가 있고 명쾌한 느낌을 준다.

① 덜 톤(Dull tone) ② 라이트 그레이시 톤(Light grayish tone)
③ 비비드 톤(Vivid tone) ④ 라이트 톤(Light tone)
⑤ 브라이트 톤(Bright tone)

9. PCCS톤 표에서 봄에 해당되는 것을 고르시오.

① 비비드 톤(Vivid tone) ② 페일 톤(Pale tone)
③ 덜 톤(Dull tone) ④ 브라이트 톤(Bright tone)
⑤ 라이트 그레이시 톤(Light grayish tone)

10. PCCS톤 표에서 여름에 해당되는 것을 고르시오.

① 다크 톤(Dark tone) ② 브라이트 톤(Bright tone)
③ 비비드 톤(Vivid tone) ④ 다크 그레이시 톤(Dark grayish tone)
⑤ 라이트 그레이시 톤(Light grayish tone)

11. PCCS톤 표에서 가을에 해당되는 것을 고르시오.

① 딥 톤(Deep tone) ② 브라이트 톤(Bright tone)
③ 비비드 톤(Vivid tone) ④ 다크 그레이시 톤(Dark grayish tone)
⑤ 라이트 그레이시 톤(Light grayish tone)

12. PCCS톤 표에서 겨울에 해당되는 것을 고르시오.

① 덜 톤(Dull tone) ② 브라이트 톤(Bright tone)
③ 비비드 톤(Vivid tone) ④ 라이트 톤(Light tone)
⑤ 소프트 톤(Soft tone)

주관식

1. 다음 보기를 보고 알맞은 답을 쓰시오.

· 본래 색이 갖고 있는 특성보다 대비에 의해 색의 차고 따뜻함이 강조되어 색의 온도감이 강하게 느껴지게 되는 현상이다.
· 같은 명도로 표현해야 하고 중간 명도의 경우 가장 효과적이다.

답:

2. 다음 보기를 보고 알맞은 답을 쓰시오.

· 배색된 색의 권계에서 명도의 차이가 크게 되면 서로를 더욱 강조하는 역할이다.
· 강한 조형적 힘에 의한 입체적이고 공간적으로 변화 시키는 효과가 있다.

답:

3. 다음 보기를 보고 알맞은 답을 쓰시오.

· 바탕색의 영향으로 색상 차가 크게 보이는 현상이다.
· 주로 배색은 힘차고, 활발하고, 결정적이고, 단호한 느낌이다.

답:

4. 다음 보기를 보고 알맞은 답을 쓰시오.

대조색, 보색의 조합으로 명도, 채도, 색상의 레벨 차가 많은 배색 변화가 있고 다이내믹한 느낌을 준다.

답:

5. 다음 보기를 보고 알맞은 답을 쓰시오.

어떤 색을 보았을 때 개인적인 경험, 기억, 사상, 의견 등의 심리적 활동의 영향으로 어떤 추상적 언어나 이미지(형상)가 나타나는 것을 말한다.

답:

6. 다음 보기를 보고 알맞은 답을 쓰시오.

가장 채도가 높은 색이다. 순색이며 선명하고 활기가 있다.
명쾌한 느낌을 준다. 큰 대비요인을 갖고 있다.

답:

7. 다음 보기를 보고 알맞은 답을 쓰시오.

비비드 톤 바로 옆에 위치하며 명도는 거의 같지만 채도가 낮다, 그러나 채도가 낮다고 해도 비비드 톤에 비해 아주 약간만 낮은 것이므로 색으로서는 강하고 선명한 이미지를 갖는다.

답:

8. 다음 보기를 보고 알맞은 답을 쓰시오.

라이트 톤이나 페일 톤 같은 고명도의 톤에 비교하여 선명도는 떨어지지만 약간 탁하면서 부드럽다. 라이트 톤의 아래에 위치한 중간색조이다.

답:

9. 다음 보기를 보고 알맞은 답을 쓰시오.

전체가 어두운 색조에 속한다. 이 톤 그룹 중에서도 가장 밝은 색상인 기호 8의 노랑은 명도가 4(채도4)이고, 최저 명도인 색상 기호 20의 청자는 명도 2(채도 4)로 명도 차가 불과 2단계에 지나지 않는다.

답:

10. 다음 보기를 보고 알맞은 답을 쓰시오.

명도는 높고 약간의 어두운 회색이 들어간 색으로 둔탁하지만 부드러운 느낌이 드는 색으로 내츄럴한 실내의 인테리어에 적합한 안정감을 주는 톤이다.

답:

11. 다음 보기를 보고 알맞은 답을 쓰시오.

소프트 톤보다 약간 무거운 느낌으로 회색을 다량 포함한 색 같은 느낌이지만, 라이트 톤과 같은 중채도로 색 기미를 분명히 유지하고 있다. 중명도, 중채도 톤이다.

답:

12. 다음 보기를 보고 알맞은 답을 쓰시오.

많은 양의 어두운 회색이 들어간 색으로 언뜻 봐서는 깨끗하지 못한 느낌이 드는데, 하나하나의 색들은 각각 무거우면서도 깊이감이 드는 색이다.

답:

염색 기초이론과 실무 학습 문제 해답 편

객관식

1	②	2	⑤	3	③	4	⑤	5	①
6	③	7	①	8	③	9	④	10	⑤
11	①	12	③						

주관식

1	한난 대비	2	명도 대비
3	색상 대비	4	콘트라스트(contrast)
5	색채연상	6	비비드 톤(Vivid tone)
7	스트롱 톤(Strong tone)	8	소프트 톤(Soft tone)
9	다크 톤(Dark tone)	10	라이트 그레이시 톤(Light Grayish tone)
11	덜 톤(Dull tone)	12	그레이시 톤(Grayish tone)

참고 문헌

곽진만 외, 헤어컬러리스트, 도서출판 청구문화사, 2011

곽진만 외, 스페셜헤어컬러리스트, 도서출판 청구문화사, 2014

류은주 외, 염탈색 미용교육론, 한국학술정보(주), 2012

남철현 외, 공중 보건학, 청구문화사, 2010

김민선 외, 헤어 컬러 디자인, 도서출판 예림, 2006

문음배, 색채의 활용, 도서출판 국체, 2002

곽진만 외, 컬러코디 컨설턴트, 뷰티에듀테인먼트, 2013

하병조, 미용생화학, 형설출판사, 2002

비자지즘: 끌로드 주리아 세미나

NCS이용학습모듈 염·탈색, 직업능력개발원, 2016

참고 자료

http://old.ncs.go.kr/nos/dispatcher.jsp(국가직무능력표준 구 사이트)

자료 제공

웰라 코리아, 밀본 코리아, 로레알 코리아

저 자

곽진만(한국헤어컬러리스트협회)
김미선(제주관광대학교)
김성아(대경대학교)
이수인(충남도립대학교)
이정례(전남과학대학교)
이효숙(전주비전대학교)
정지영(우송정보대학교)
정희영(계명문화대학교)
김미정(대구보건대학교)
김명주(광주보건대학교)
유현주(원광보건대학교)
이세희(경북보건대학교)
이재숙(광주여자대학교)
전홍신(가톨릭관동대학교)
정현숙(대전과학기술대학교)

NCS 헤어컬러리스트

2018년 1월 10일 초판인쇄
2018년 1월 20일 초판발행

지은이 : 곽진만·김미정·김미선·김명주·김성아·유현주
이수인·이세희·이정례·이재숙·이효숙·전홍신
정지영·정현숙·정희영
펴낸이 : 이상태
펴낸곳 : 청구문화사
주 소 : (03706)서울특별시 서대문구 성산로11길 15
전 화 : 02-332-0541(代) FAX : 02-337-9577
등 록 : 1990년 11월 2일 제0-247호

가격 40,000원

ISBN 978-89-5616-765-7 93590